电解铝液铸轧生产板带箔材

肖立隆　肖菡曦　编著

北　京
冶　金　工　业　出　版　社
2011

内 容 提 要

本书系统介绍了电解铝液铸轧生产板带箔材的工艺技术和质量控制。本书从分析电解铝液的特点入手，在铸轧篇分析了铸轧工艺生产组织细小均匀、表面光洁、板形优良铸轧带坯的理论基础与技术措施；在冷轧篇简要介绍了冷轧中的板形控制、摩擦润滑、轧辊磨削以及退火、拉伸矫直等工序的理论与实践；在箔轧篇介绍了铝箔轧制的特点、基础理论与各生产工序中的技术条件与要求。书中对某些工序列出了工艺参数，可为生产实践提供参考。本书针对铸轧、冷轧、退火、箔轧等工序中的主要质量缺陷，在形成原因和机理上进行了探讨，提出了可能消除的途径和方法。

本书可供铝加工领域的技术人员、生产人员和管理人员阅读，也可供大专院校有关专业师生参考。

图书在版编目(CIP)数据

电解铝液铸轧生产板带箔材/肖立隆，肖菡曦编著．—北京：冶金工业出版社，2011.1
ISBN 978-7-5024-5375-6

Ⅰ.①电…　Ⅱ.①肖…　②肖…　Ⅲ.①炼铝—电解冶金
Ⅳ.①TF821

中国版本图书馆 CIP 数据核字(2010) 第 196038 号

出 版 人　曹胜利
地　　址　北京北河沿大街嵩祝院北巷 39 号，邮编 100009
电　　话　(010)64027926　电子信箱　yjcbs@cnmip.com.cn
责任编辑　刘小峰　美术编辑　李　新　版式设计　孙跃红
责任校对　卿文春　责任印制　张祺鑫
ISBN 978-7-5024-5375-6
北京兴华印刷厂印刷；冶金工业出版社发行；各地新华书店经销
2011 年 1 月第 1 版，2011 年 1 月第 1 次印刷
787mm×1092mm　1/16；14 印张；335 千字；212 页
45.00 元

冶金工业出版社发行部　电话：(010)64044283　传真：(010)64027893
冶金书店　地址：北京东四西大街 46 号(100010)　电话：(010)65289081(兼传真)
(本书如有印装质量问题，本社发行部负责退换)

前　言

长期以来，生产铝板带箔材，特别是生产优质板带材和双零铝箔材，一般均采用铝锭重熔—铸造锭坯—热轧—冷轧或铝锭重熔—铸轧—冷轧生产工艺，以保证产品的加工性能和最终质量。采用电解铝液直接铸轧生产软铝合金板带箔材新工艺，可简化生产工序，大幅度减少能耗，节约资源，降低成本，符合国家倡导的低碳环保、节能高效、可持续发展的要求，具有良好的经济效益和社会效益。

采用电解铝液直接铸轧生产板带箔材，在理论上和技术上是一次突破和创新。本书在铸轧篇首先分析了电解铝液的特点，探讨了电解铝液铸轧生产板带箔材在理论上的可行性，并根据其特点，从理论和实践的结合上提出了解决电解铝液存在缺点的技术措施，例如：配比一定的固体料，快速降温增核；根据情况选择合适的精炼剂，确定最佳精炼工艺，降低熔体含气量；合理设计和选用过滤器，优化过滤条件，降低含渣量；选择优质变质剂，优化变质工艺，提高变质效果；合理设计铸轧参数，稳定铸轧工艺，生产优质铸轧坯料。也就是说，尽最大努力，提高熔体洁净度，细化晶粒组织，获得组织细小均匀、表面光洁、板形优良的铸轧带坯。

在冷轧篇根据铸轧坯料生产的特点，简要介绍了冷轧中的板形控制、摩擦润滑、轧辊磨削以及退火、拉伸矫直等工序的理论与实践；在箔轧篇介绍了铝箔轧制的特点、基础理论与各生产工序中的技术条件与要求。书中对某些工序列出了工艺参数，可为生产实践提供参考。

本书针对铸轧、冷轧、退火、箔轧等工序中产品产生的主要缺陷，在形成原因和机理上进行了探讨，提出了可能消除的途径和方法。

本书较全面地介绍了采用电解铝液直接铸轧生产板带箔材的原理、设备、工艺、过程控制和质量控制等内容，兼顾理论性和实用性，可为有关铝加工工业的技术人员和生产工人阅读借鉴，也可供大专院校有关专业师生参考。

本书在编写过程中得到了西北铝加工厂、中南大学、湖南科技大学等有关单位的专家、领导、同仁的大力支持，提出了许多宝贵意见，在此致谢！

由于作者水平所限，书中不足之处在所难免，恳请读者指正赐教，深表谢忱。

肖立隆　肖菡曦

2010 年 7 月

目　录

绪　论

当前生产板带箔产品，如双零箔材，高、中、低档 PS 版铝板基等材料，一般均采用

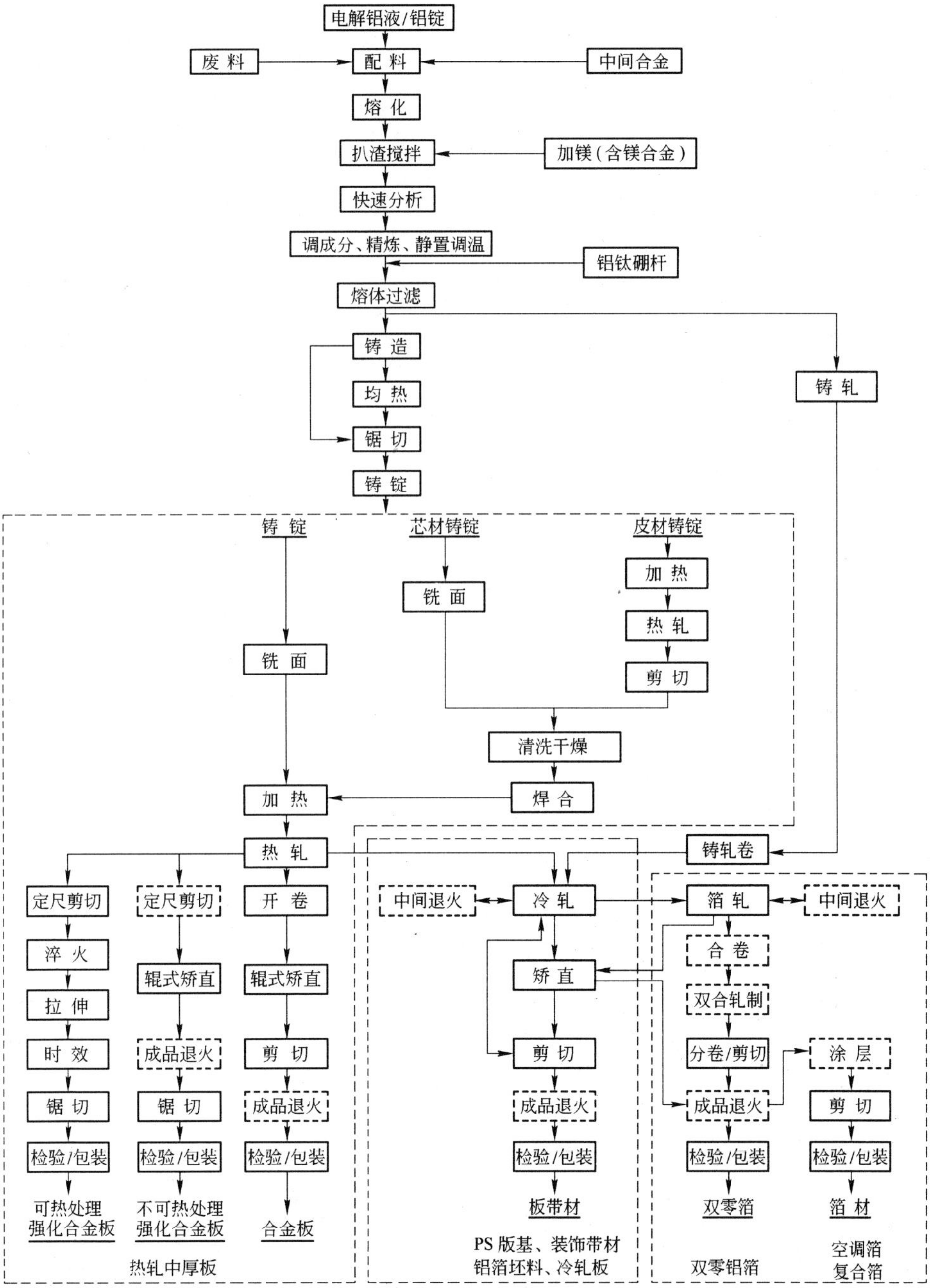

热轧中厚板生产流程图　板带材生产流程图　铝箔生产流程图

铝锭重熔—铸轧—冷轧或铝锭重熔—铸造锭坯—加热—热轧—冷轧的方式进行生产。

从生产工艺流程图看出：采用铸轧法生产板带箔材工艺与热轧开坯法生产板带箔材工艺减少了均热、锯切、铣面、加热、热轧开坯等工序，大大节省了能耗和设备投资，降低了生产成本；但是将铝锭重新加热熔化，还需要消耗大量热能。同时在熔化过程中，铝会产生烧损，既浪费资源，又污染环境，不符合国家倡导的“节能减排”精神。开发直接采用电解铝液进行铸轧，提供坯料，生产板带箔材，可节约资源，降低成本，符合低碳经济要求，减少温室气体排放，提高经济效益和社会效益，实现可持续发展，促进铝加工技术的进步。

铸 轧 篇

1 铝液熔炼

1.1 电解铝液的特点

电解铝液是由特殊工艺将氧化铝在某些电解质（如冰晶石等）的参与下，通过高温电解而制得。电解铝液的温度一般在920～950℃之间，在槽中的停留时间长，大概每24小时从电解槽中抽取铝液一次，因此电解铝液不可避免地存在如下问题：

（1）含渣量。众所周知，在熔融的铝液表面覆盖着一层α氧化铝膜。α氧化膜密度为3.47g/cm^3，是比较致密的，可以隔离熔融铝液与空气的接触，保护熔体内部不被继续氧化。但是，与此同时还存在着一种γ氧化铝膜。这种膜表面疏松，存在ϕ5～10nm的小孔，易吸附水汽，在熔炼温度下含有1%～2%的H_2O。温度升高吸附的水汽量减少，但在900℃时仍然吸附有0.34%的H_2O。当温度高于900℃时，γ-Al_2O_3转变成α-Al_2O_3，完全脱水，密度增大至3.97g/cm^3，体积收缩13%，从而破坏了氧化铝膜的连续性。其密度大于熔融铝的2.3g/cm^3，搅入铝液中即成为夹渣。因此，在电解铝液中的夹渣含量远高于正常熔化条件下铝锭重熔铝液的夹渣含量[1]。

其实在高温电解铝液中，除了氧化铝夹渣外，还存在因电解产生或残留的CaF_2、MgF_2、SiO_2、Fe_2O_3及富余的Na等众多离子或夹杂颗粒。

（2）气体含量。无论是电解铝液还是铝锭重熔铝液，都含有一定量的氢。氢含量的多少与熔体温度和在高温下停留的时间有着密切的关系。

1）气体含量与熔体温度的关系。氢在铝熔体中的溶解度与温度和氢分压的关系可用下式表示：

$$\lg S = -\frac{A}{T} + B + \frac{1}{2}\lg p \tag{1-1}$$

式中 S——熔体中的氢含量，即氢的溶解度，mL/100g铝；

T——铝液温度，K；

p——测得的氢分压；

A，B——与合金本质有关的常数，其数值见表1-1。

表 1-1 铝合金气体溶解方程常数

合金成分	*A*	*B*	合金成分	*A*	*B*
Al99.9985%（液态）	2760	1.356	Al+3%Mg	2695	1.506
Al99.9985%（固态）	2080	-0.625	Al+3.5%Mg	2682	1.521
Al+2%Si	2800	1.35	Al+4%Mg	2670	1.535
Al+4%Si	2950	1.47	Al+5%Mg	2640	1.549
Al+6%Si	3000	1.49	Al+5.5%Mg	2632	1.563
Al+8%Si	3050	1.51	Al+6%Mg	2620	1.574
Al+10%Si	3070	1.52	工业纯铝，3A21，2A16，	2760	1.356
Al+2%Cu	2950	1.46	2A50，2A14	2750	1.296
Al+4%Cu	3050	1.50	6A02，2A11	2730	1.454
Al+6%Cu	3100	1.50	2A12,2A70,2A80,5A02,7A04,2A06	2714	1.482
Al+2%Mg	2720	1.469			
Al+2.5%Mg	2710	1.491			

纯铝熔体中氢的溶解度示于图 1-1。

氢在熔体中的溶解度与氢分压的关系可改写成下述表达式：

$$S = K\sqrt{p_{H_2}}$$

或

$$S = Kp_{H_2}^{n} \tag{1-2}$$

式中 K——常数；

n——指数（气体呈原子态时为1/2，呈分子态时为1）。

由式1-1 和图1-1 看出，铝液温度越高，氢的溶解度越高。熔体超过850℃以后，铝液的氧化铝薄膜遭到严重破坏，使溶解度急剧增加。在900℃的条件下，其饱和溶解度远超过2.2mL/100g 铝。因此，在使用铝锭重新熔化的生产中，必须严格控制熔体温度。但用电解铝液直接生产，熔体温度已经高达920℃左右，就电解铝液本身再控制其熔体温度是不现实的。

2）熔体停留时间与含气量的关系。不言而喻，铝熔体在空气中停留，氢在其中的溶解度未达到饱和之前，总是在不断地与空气中的水汽发生反应，吸收氢。因此，熔体停留时间越长，吸气越多，含气量越高（图1-2）。

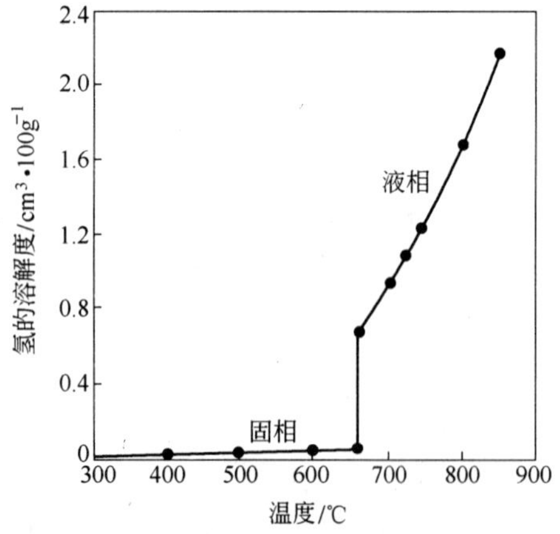

图 1-1 纯铝（99.99%）中氢的溶解度与温度的关系

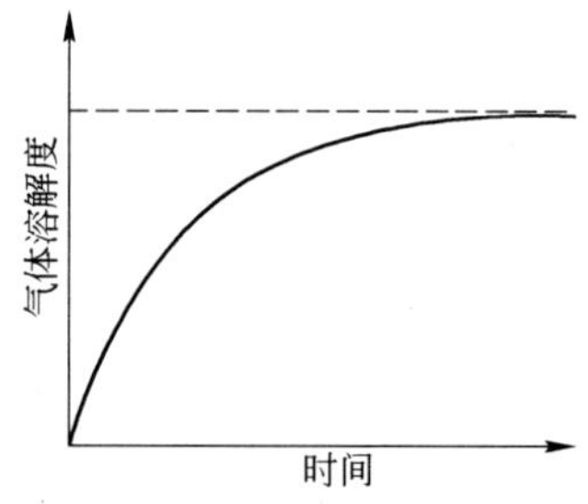

图 1-2 铝熔体中氢含量与停留时间的关系

实践表明，电解铝液中氢含量虽然远未达到饱和，出槽时经过去气精炼，但经转注至铸轧车间时，最高含气量仍可能达0.3～0.8mL/100g熔体。

（3）熔体中结晶核心。电解铝液由氧化铝电解生成，且较长时间处于高温条件下，出现严重的过热状态，其中存在的活性结晶核心极其稀少。一般认为，发生严重过热的铝熔体，必须使其降温凝固后再熔化，才能获得有效的活性结晶核心，在铸轧或铸造后，能得到正常的结晶组织。直接将过热的高温熔体进行铸造或铸轧，必然会产生粗大的晶粒组织，伴随出现各种铸造或铸轧缺陷。这一点我们将在后面的有关章节中详细讨论。

1.2 电解铝液的熔炼

电解铝液存在的上述特点，是生产优质板带箔材的重大障碍，需要采取有效的技术措施，减小或消除其存在的不利影响。就电解铝液铸轧而言，主要应做好如下方面的工作：

（1）固液成分比。上面已经说过，高温电解铝液中缺乏活性结晶核心，采用100%的电解铝液，很难获得合格、优质的铸轧坯料。

生产和试验证明，全部电解铝液采用铝钛硼、铝钛碳作变质处理，并改进和调整工艺参数进行铸轧，都很难使晶粒细化；但加入15%以上的废料，在后续工序采取相应的技术措施，即可获得满意的铸轧带坯。

在板带箔生产中，自熔炼开始，其成品率一般在55%～80%之间，生产废料约为20%～45%，因此往电解铝液中加入20%～40%的固体废料其来源是没有问题的。这样还可以充分利用铝液的高温余热，熔化固体废料。同时将废料埋入液态铝中，可减少固态废料熔化过程中的氧化作用，降低能源消耗和节约资源，提高经济效益，减小环境污染。

在生产过程中，将固体废料或重熔用固态铝锭先装入热炉中，使固体料充分吸收倒炉后的余热，让废料或铝锭表面吸着的水分蒸发。然后注入高温电解铝液，使固体废料或铝锭尽可能淹没在熔融铝液中，这样既可使固体料充分吸收高温铝熔体的过热的热量，加快固体料的熔化，迅速降低过热熔体的温度，甚至使过热熔体在与固体料接触的急冷区域发生凝固，达到快速降温增核的目的；同时提高热效率，并让固体料在与空气隔绝的条件下熔化，减少烧损。

根据热量守恒定律，固体料在炉内吸收热量，温度升高。当达到铝的熔点时（660℃）开始熔化。熔化完成后，还将继续加热升温（700～760℃）。在这个过程中所需要的热量为：

$$Q_1 = \int_{20}^{T_M} c_1 \mathrm{d}T + L + \int_{T_M}^{T} c_2 \mathrm{d}T \qquad (1\text{-}3)$$

式中 c_1——固体比热容，取1.138kJ/(kg·K)；

c_2——液体比热容，取1.046kJ/(kg·K)；

L——熔化潜热，取393.56kJ/kg；

T_M——熔点，℃。

如加入250kg的固体料和750kg的过热熔体，按混合后吨熔体计算。设铝液从电解槽抽出，转入熔炼炉中，其液体温度下降至880℃，加入的固体料料温经预热后为60℃。固体料吸热熔化所需的热量为：

$$250 \times 1.138 \times (660 - 60) + 250 \times 393.56 = 269090\text{kJ}$$

熔体降至凝固点所能释放的热量为：

$$750 \times 1.046 \times (880 - 660) = 172590\text{kJ}$$

显然在这种固液比例条件下，仅靠熔体降温所释放的热量还不足以使固体料升温至熔点温度。为了实现两物体间的热平衡，铝熔体需凝固释放出结晶潜热。若全部凝固，其结晶潜热为：

$$750 \times 393.56 = 295170\text{kJ}$$

结晶潜热很大。熔体只要有三分之一发生结晶，就可将固体料加热到660℃。

通过固体料加入的多少，可以控制过热熔体在热交换中的凝固量。加入的固体料少，熔体结晶的量少，降温增核的几率小；相反，加入的固体料多，降温增核的几率增加。由此可见，控制加入的固体量，就可以在一定程度上控制熔体的活性结晶核心。

（2）温度控制。一般地说，当在铝熔体中加入一定量的固体料后，其整体温度将下降至接近铝的熔点温度，甚至低至使铝熔体凝固，应随即加热升温。升温速度在不引起铝熔体局部过热的前提下，可尽快加速，因为铝的烧损与熔化时间成正比（见图1-3），并控制温度在700~760℃之间。超过760℃将会使固体料快速熔化新增加的活性结晶核心减少或钝化，对质量产生不良影响。

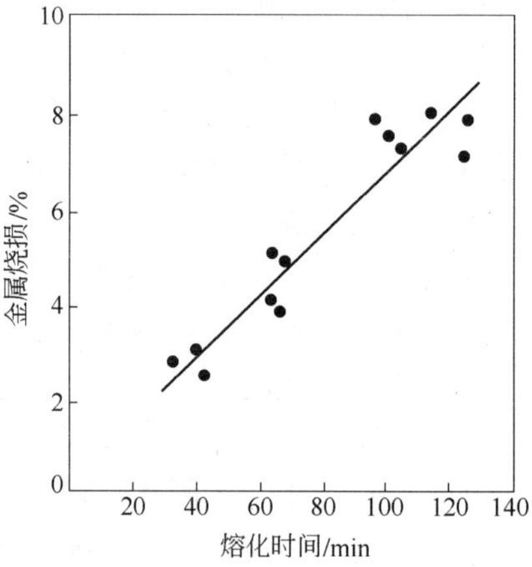

图1-3 熔化时间对金属烧损的影响

（3）化学成分调整。对纯铝系列而言，其铁、硅含量以及铁、硅含量之间的比例对铸轧晶粒度的影响是很重要的。在加Al-Ti合金变质、相同的工艺条件下，1070、1050、1235合金的铸轧晶粒度如表1-2所示。

表1-2 1070、1050、1235合金在相同工艺条件下的铸轧晶粒度

合金	工艺条件Ⅰ							工艺条件Ⅱ						
	投料卷数	两面三级		一面三级一面五级		两面五级		投料卷数	两面三级		一面三级一面五级		两面五级	
		卷	%	卷	%	卷	%		卷	%	卷	%	卷	%
1070	102	46	45.1	28	27.5	28	27.5	142	47	33.1	44	31.0	51	35.9
1050	44	21	47.7	9	20.5	14	31.8	35	12	34.3	9	25.7	14	40.0
1235	31	16	51.6	6	19.4	9	29.0	45	22	48.9	9	20.0	14	31.1
合计	177	83	46.9	43	24.3	51	28.8	222	81	36.5	62	27.9	79	35.6

由表1-2看出，随着铁、硅含量的增加，在同等条件下，晶粒度趋于细化；在铁、硅总量相同的条件下，合理调整铁、硅含量的比例，一般Fe/Si为2.5~4之间，晶粒度趋于细化。因此，控制铁、硅含量及其比例，是细化纯铝系列铸轧晶粒的有效方法之一[2]。

（4）熔体转注。将电解铝液用浇包注入熔化炉或将熔炼好的铝液转注入静置炉时，应特别注意过程中的熔体落差。落差大，熔体下落时会产生很大的冲击。这样做，一是容易裹入气体，增加熔体的含气量；二是高温熔体与空气发生反应，产生大量的氧化夹渣，既对熔体造成污染，又降低生产成品率。因此，一般采取的方法是尽可能减小落差，或在熔体转注过程中，采用竖立圆管。圆管靠近炉底，使熔体在竖直圆管中满管流动。在下落过程中，防止熔体与空气接触产生氧化和裹入气体。这种方法虽然有效，但不能根本解决裹气和氧化问题。最有效的方法是采用压缩空气引流，虹吸密闭转注，喷射氮氯（氩氯）精炼铝熔体，可完全防止裹气和转注中的氧化现象发生。

转注装置原理如图 1-4 所示。

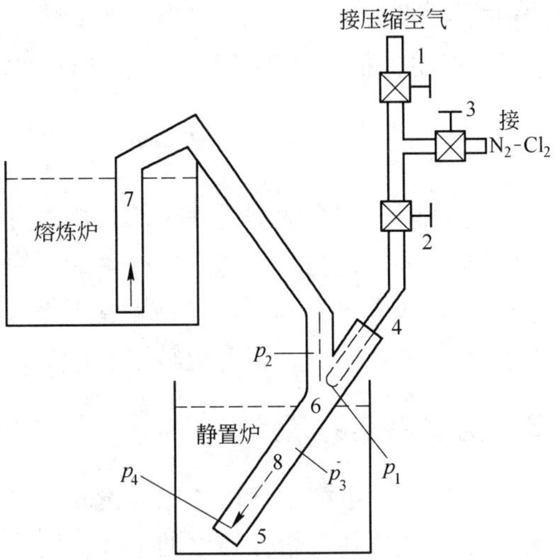

图 1-4 虹吸、精炼装置原理图

由图看出，虹吸管一头插入熔炼炉（或熔体浇包内），另一头置于静置炉（或熔化炉内）。另外，在风管 4 处接出一风管，装上阀 1、阀 2，阀 1 接压缩空气。在阀 1 与阀 2 之间再接出一风管装上阀 3，接氮气、氯气或氩氯气体。

虹吸产生的原理与压头：将阀 3 关闭，阀 1、阀 2 开启，压缩空气通过风管 4 流入虹吸管，在 6 处产生喷射，将压缩空气的压强转换为射流的动能。即由于压缩空气在 6 处速度很大，达到声速，在管 7 处产生负压，形成抽力。

设 $G_1 \sim G_3$ 分别为喷射流体、输送流体、混合流体的质量流量；$Q_1 \sim Q_3$ 分别为喷射流体、输送流体、混合流体的体积流量；$\rho_1 \sim \rho_3$ 分别为喷射流体、输送流体、混合流体的密度；$u_1 \sim u_3$ 分别为喷射流体、输送流体、混合流体的流速；$A_1 \sim A_3$ 分别为喷射流体、输送流体、混合流体的横截面积；根据气体流动连续方程有：

$$G_1 + G_2 = G_3 \tag{1-4}$$

或

$$Q_1\rho_1 + Q_2\rho_2 = Q_3\rho_3 \tag{1-5}$$

故混合流体的密度为：

$$\rho_3 = \frac{G_1 + G_2}{\dfrac{G_1}{\rho_1} + \dfrac{G_2}{\rho_2}} \tag{1-6}$$

如将喷射器中的摩擦阻力忽略不计，其动量方程为：

$$\rho_1 A_1 u_1^2 + \rho_2 A_2 u_2^2 - \rho_3 A_3 u_3^2 = A_3(p_3 - p_1) \tag{1-7}$$

式中 p_1——喷射流体压力；

p_3——混合流体压力。

设虹吸管出口端 5 处的气体压力为 p_4，则：

$$p_4 = p_3 + \frac{\varphi\rho_3 u_3^2}{2} \tag{1-8}$$

式中，φ 为扩张段的压力恢复系数。喷射器所产生的压力为：

$$h = p_4 - p_1 \tag{1-9}$$

在该装置中，当铝熔体通过之前，喷射流体所产生的负压力只起着抽气的作用，故 h 为喷射器的吸力。在实践中，若虹吸管内径为 ϕ52mm，压缩空气压力（表压）为 6.7kgf/cm^2，其产生的抽力（即负压）为 370mmHg，换算成对铝熔体的抽力为：

$$h_{Al} = \frac{\rho_{Hg} h_{Hg}}{\rho_{Al}} = 2180\text{mmAl}$$

实验证明，这个数据是正确的。用这种方法将铝熔体从熔炼炉转入静置炉，在全封闭的管道中运行，转注中不与空气接触，可完全避免氧化、造渣和裹气现象，有效地提高了转注质量。如果再引入氮氯（或氩氯）精炼（这一点在后面的精炼部分予以详细讨论），更可以提高精炼质量，实现边转注边精炼，减少后续的精炼时间[3]。

1.3 电解铝液的精炼

如上所述，电解铝液熔体中无论是含气量，还是含渣量，都远远超过重熔铝液。溶解在铝液中的气体随着熔体温度的下降，溶解度随之减小。在铸造或铸轧过程中，熔体急剧冷却，凝成固体，溶解在铝中的气体就可能出现严重的过饱和状态。欲使结晶过程中析出的气体，在无外来核心的条件下，依靠自身的过饱和度，聚集成核，扩散，使气泡长大，然后上浮逸出，是不可能的。原因如下：(1) 熔体在铸轧过程中，结晶速度很快，溶解的气体来不及成核、生长，结晶就已经完成；(2) 即使本身形成了核心，但核心尺寸处于临界状态时，很不稳定，又可能重新溶解于熔体中；(3) 纵使核心长大成气泡，但能否上浮逸出，还得满足气泡与熔体表面分开的浮力大于吸附气泡的表面张力时，气泡才能逸出。即：

$$p_1 = B_1(\rho_1 - \rho_2)d^3 \tag{1-10}$$

$$p_2 = B_2 \sigma d^2 \tag{1-11}$$

式中 p_1——气泡的浮力；
p_2——气泡与熔体界面的表面张力。

当 $p_1 \geqslant p_2$ 时，得：

$$d \geqslant A \frac{\sigma}{\rho_1 - \rho_2} \tag{1-12}$$

式中 ρ_1——熔体密度；
ρ_2——气体密度；
σ——熔体的表面张力；
d——气泡直径；
B_1，B_2，A——常数。

气泡脱离熔体表面时应具有的最小直径 d_0，可由下式确定：

$$d_0 = 0.002Q \frac{\sigma}{\rho_1 - \rho_2} \tag{1-13}$$

式中　Q——润湿角，rad。

熔体在高温状态下，气体总是处于非过饱和状态。非过饱和状态自发形成气泡核心的过程是一个自由能升高的过程。而自发发生的过程总是使自由能降低的，所以必须引入外来气泡核心，使核心直径 $d \geqslant 0.002Q[\sigma/(\rho_1 - \rho_2)]$，气泡核心才能吸收熔体中的氢，长大逸出。

1.3.1　精炼的基本原理

溶解于铝熔体中的氢，一部分以原子或离子态游离于铝液中，另一部分则扩散至铝液中的氧化夹杂中以分子态存在。这些夹杂颗粒大都不致密，中间有空穴，其假密度与液态铝相差不多，悬浮在铝熔体中。空穴中的氢分压等于零，铝液中的氢便往空穴中扩散，直到其分压与铝液中的氢分压相同，从而建立起动态平衡。

利用氢在分压不同的物相中进行扩散，以求建立动态平衡的原理，往铝液中加入某些精炼剂，输入或产生某些气体。这些气体以气泡形式分散到铝熔体中，这些气泡中的氢分压等于0，溶解在铝液中的氢便扩散到气泡中，气泡逐渐长大和上升。随着气泡的缓慢上升，扩散到气泡中的氢越来越多，最后将氢带出液面，达到除氢的目的（见图1-5）。

在精炼剂中加入某些熔盐，如 KCl、Na_3AlF_6 等。这些熔盐有两个特点：易熔化成液体，在熔融状态下密度比铝液小；熔盐溶液对非金属夹杂有润湿和溶解作用，可以提高去气除渣的效果。

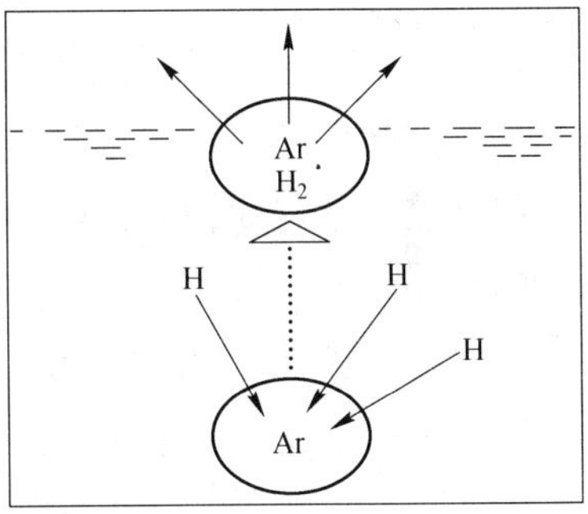

图1-5　气泡除气原理图

1.3.2　精炼剂的选择与使用方法

欲要达到良好的精炼效果，除去熔体中的绝大部分气体和夹渣，选择合适比例的精炼剂，采用合适的精炼方法是极其重要的。

精炼剂种类繁多，分固体、液体和气体三大类。固体精炼剂有六氯乙烷，氯化钠、氯化钾和冰晶石组成的混合物等；液体精炼剂主要有四氯化碳；气体精炼剂有氮气、氩气及其与氯气组成的混合气体。

应用于纯铝系列的固体精炼剂，其成分一般为 47% KCl + 30% NaCl + 23% Na_3AlF_6，可以制成粉状和块状两种。为了提高去气效果，粉状精炼剂有的还加入了一定比例的六氯乙烷。块状精炼剂用精炼框进行精炼。粉状精炼剂用惰性气体作载体，将其吹入熔体底部，使用量为铝液的 0.2% ~0.3%。

将这些盐类精炼剂加入铝熔体底部，即与铝产生如下化学反应：

$$3KCl + Al = AlCl_3\uparrow + 3K$$

$$3NaCl + Al = AlCl_3\uparrow + 3Na$$

$$Na_3AlF_6 + Al = 2AlF_3\uparrow + 3Na$$

$AlCl_3$、AlF_3 均属气态物质，在铝熔体中形成外来气泡核心。溶解于铝熔体中的氢即往气泡中扩散，气泡随之长大。当气泡长大到一定程度，其上升的浮力大于其与熔体形成的表面张力时，随即上升。气泡上升的过程中，氢又不断地向气泡中扩散，熔体中的夹渣颗粒接触到气泡就被吸附在表面上，最后将氢和夹渣从熔体中带出。夹渣颗粒表面与熔体的界面张力越小，越容易被气泡吸附带出。

固体精炼剂在去除气体的同时，具有良好的除渣效果，是因为如上所说，精炼剂中的熔盐的特点：易熔化成液体，密度小，形成液珠上浮；Na_3AlF_6 熔融后，能溶解铝熔体中的氧化铝，将氧化夹渣带出；对非金属夹杂的表面张力小，其液体溶剂对固体的润湿角 $\theta<90°$，会使夹杂物润湿。熔盐液珠和气泡上浮时遇到夹杂颗粒时，便能吸附夹杂，将其带出液面，达到去渣的目的（见图 1-6、图 1-7）。

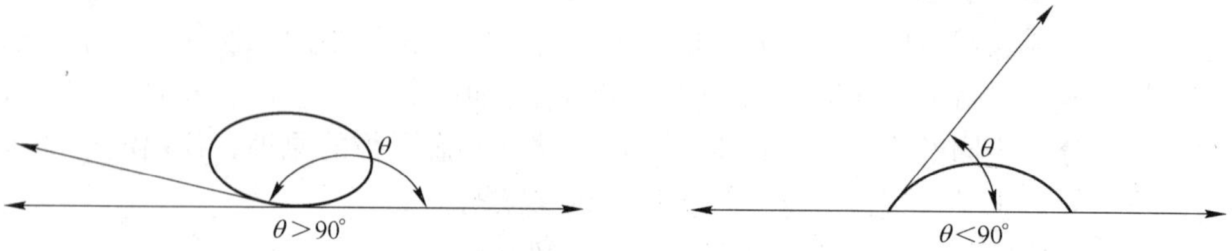

图 1-6 氧化夹杂、铝液、炉气三相间的表面张力示意图

根据热力学定律，夹杂物自动吸附在气泡上应满足下式条件：

$$\sigma_2 + \sigma_1 > \sigma_3 \tag{1-14}$$

式中 σ_1——金属与介质（气体）的界面张力；

σ_2——金属与杂质间的界面张力；

σ_3——杂质与介质间的界面张力。

因为铝液和氧化夹杂是相互不润湿的，即接触角 $\theta_{金杂} > 90°$（见图 1-6），存在下述关系：

$$\cos\theta = \frac{\sigma_3 - \sigma_1}{\sigma_2} < 0 \tag{1-15}$$

因为 σ_2 恒为正，所以：

$$\sigma_3 < \sigma_1 + \sigma_2 \tag{1-16}$$

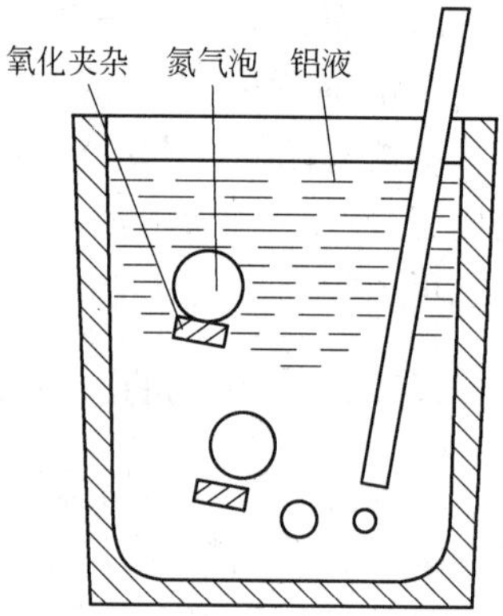

图 1-7 浮游法除去氧化夹杂原理图

在精炼剂中加入一定比例的 KCl、NaCl 以及 Na_3AlF_6 能很好满足这个条件，因而有较好的除渣效果[1]。

1.3.3 使用精炼剂时应注意的技术特点

要达到上述目的，还必须注意两点：

（1）控制好成分比例，特别是要保证 Na_3AlF_6 的含量，当然也不能用 NaCl 取代 KCl。保证 Na_3AlF_6 的含量，是为了降低熔体中的夹渣颗粒与介质之间的润湿角，即降低夹渣与介质的界面张力并溶解夹渣，将夹渣颗粒带出，提高除渣效果。

电解铝液中，存渣较多，第一次在熔炼炉精炼时宜采用含有上述成分的精炼剂，以尽可能多地降低熔体中的含渣量。

（2）严格防止熔剂受潮。钾、钠等盐类极易吸潮结块，形成附着水和结晶水。水是熔体含气量的主要来源。熔剂中如果含有 18g 附着水和结晶水，水与铝产生化学反应：

$$3H_2O + 2Al \longequal Al_2O_3 + 3H_2 \tag{1-17}$$

从式 1-17 中看出，1mol（18g）的水可产生 1mol 的氢气。如将氢气视为理想气体，则 1mol 的氢气为 22.4L。假设这些氢气全部为铝熔体所吸收，则可使 10t 铝的熔体含气量增加 0.224mL/100gAl。对纯铝熔体而言，其含气量要求在 0.12mL/100gAl 以下。事实上，即使是脱水熔剂，一旦与空气接触，都会潮解，吸收 3% ~5% 的水分，1kg 熔剂即可能超过 18g 含水量。10t 铝液使用 20kg 熔剂，其含水量有可能超过 300g。采用这样的熔剂精炼，很有可能在精炼中除去的气体远小于熔体吸收的气体，从而越精炼含气量越多。不少生产厂家出现过这样的情况。因此，最好是在精炼之前，将精炼剂加热至 350℃，以彻底除去其附着水和结晶水。

液体精炼剂当前使用的主要是四氯化碳。四氯化碳与铝液发生下述反应：

$$CCl_4 + Al = AlCl_3\uparrow + [Cl] + C$$

生成的 $AlCl_3$ 其作用与上述是相同的，但生成的游离氯则可能与溶解于铝液中的氢反应：

$$[Cl] + [H] = HCl\uparrow$$

HCl 为气体，将逸出熔体。因此，在用四氯化碳精炼时可以闻到严重的刺激性气味。四氯化碳有良好的去气效果。

四氯化碳可用泡沫轻质砖作载体，即将泡沫轻质砖浸入四氯化碳液体中，待轻质砖吸饱四氯化碳后，会沉入容器底部，即可取出使用。但轻质砖吸水严重，一块轻质砖可吸水 500g 左右。因此，使用之前必须将轻质砖置于高温下保温 4 小时以上，彻底除去水分。采用这种方法精炼不能控制其反应速度。精炼开始时，反应剧烈，随着精炼的进行，逐渐趋缓，不能充分发挥精炼效果。

另一种方法是采用惰性气体作载体，类似于虹吸，将四氯化碳带入熔体中，进行精炼。这种方法既避免了因轻质砖吸水带来的污染，又可控制反应速度，保证了精炼效果。在用四氯化碳精炼的工艺中，这种方法是比较可行而有效的。

使用四氯化碳操作简单，但四氯化碳除渣效果欠佳，同时毒性较大，对环境污染严重，属于限用或禁用产品，同时还会在铝液中留下碳元素，对某些要求高质量的产品带来一定的负面影响。一般中小型企业由于投资和规模限制，这种精炼方法基本上又不需要设备投资，采用的较多；大型企业生产规模大，较少采用。

气体精炼剂是惰性气体（氮气或氩气）或惰性气体与活性气体的混合物（氮气 + 氯气或氩气 + 氯气）。纯惰性气体精炼是在铝熔体中加入外来的分散的氮气或氩气的气泡核心，氢即往气泡中扩散，将氢带出，属物理扩散脱气性质，去气效果有限。

为了提高脱气率，在惰性气体中加入一定量的活性气体——氯气。炉内精炼加入的活性气体含量一般为 5% ~10%，在特殊情况下，可以提高到 15%；在线精炼时加入的活性气体一般为 1% ~2%。

如上所述，加入活性气体后，在铝熔体中，除参与脱气的惰性气泡核心外，又生成参与脱气的 $AlCl_3$ 气泡核心，同时氯还直接与熔体中的氢化合生成 HCl，故惰性气体与活性气体组成的精炼剂脱气效果更好。大型铝加工企业一般都采用这种精炼脱气。

欲采用电解铝液直接铸轧生产高质量双零铝箔和 PS 版铝板基，除在熔炼炉采用固体熔剂精炼，除去熔体中的大部分夹渣颗粒外，在静置炉和在线精炼中采用惰性加活性气体是比较合适的。它既可以除去熔体中的大部分气体，还可以除去熔体中由电解残存的钠等物质。

此外为了确保去气效果，还需注意做到如下几点：

（1）保证精炼气体的纯度，尽量降低气体中的水汽和氧气含量，最好将氧和水的含量降低至0.0005%以下。

水是铝中含气量的主要来源，无需多说。精炼气体中含氧时，虽不增加含气量，但却妨碍去气效果。

氧和铝发生反应，生成氧化铝。当精炼气体通入铝熔体中时，它即成为一个一个的小气泡，分散分布在铝液中。诚然，此时气泡中的氢分压等于0，溶解于熔体中的氢往气泡中扩散。氢从铝液往气泡的迁移速度是比较快的，也就是说，气泡内的氢分压很容易与铝液中的氢分压建立动态平衡，将其带出熔体表面，获得满意的去气效果。但是，气泡中含有氧时，氧与气泡四周的铝熔体反应，即生成一层致密的氧化铝薄膜，延缓了氢的迁移速度，阻碍氢的顺利通过。一般地说，氢在氧化铝中的迁移速度仅为铝熔体中的1/10左右，这就大大降低了去气效果。所以，必须对精炼气体采取深度脱水脱氧措施，将水和氧含量降到最低限度。

深度脱氧脱水装置，即惰性+活性气体的混合与脱氧、脱水的高纯净化装置结构原理如图1-8所示。

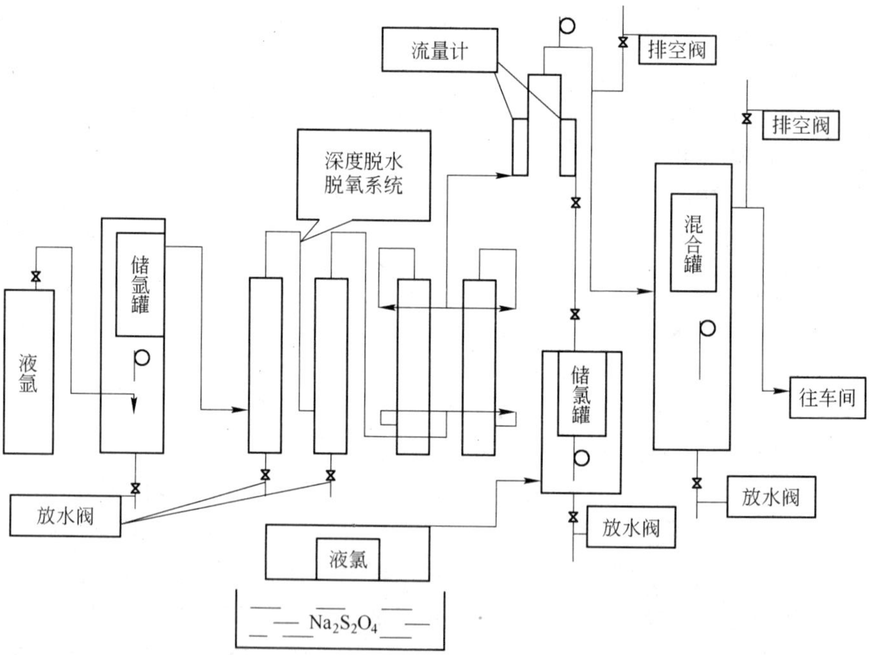

图1-8　精炼气体高纯净化装置示意图

实践证明，高纯净化后的精炼气体，具有更好的精炼效果。对电解铝液进行一系列脱气处理后，能使其含气量从0.4～0.5mL/100gAl降低至0.10～0.13mL/100gAl。某厂生产的0.006～0.007mm铝箔，针孔为28个/m^2以下。但是当深度脱氧、脱水系统发生故障，精炼气体的高纯净化失效时，去气效率明显降低，生产的0.007mm铝箔的针孔骤增至300个/m^2 以上。

（2）所有精炼应合理设计精炼器，在特定条件下，尽可能减小气泡直径，使气泡能细小、均匀、弥散地分布到铝熔体中。气泡越小，其比表面积越大，增加了气泡跟铝熔体接触的总表面积，氢往气泡中扩散的路径越短；气泡在熔体中上升的速度越慢，在铝熔体中停留的时间越长，气泡吸收氢的几率就越大，在使用同等精炼气体的条件下，带出的氢越多。前面所说的铝熔体从熔化炉向静置炉的转移过程中，采用虹吸密闭转注，喷射氮氯或氩氯气体精炼时，从喷射管喷出的气体即被雾化成一个一个的小气泡；采用SNIF或Alpur进行精炼，其旋转头分布着细微小孔（见图1-9、图1-10），都是将气体粉碎成细小气泡。

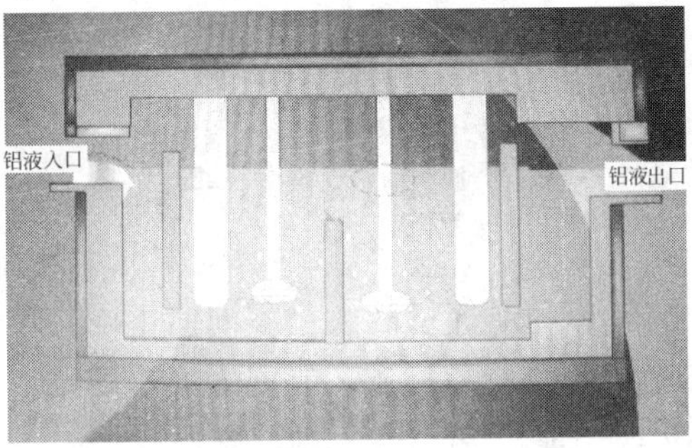

图1-9 除气设备运行示意图

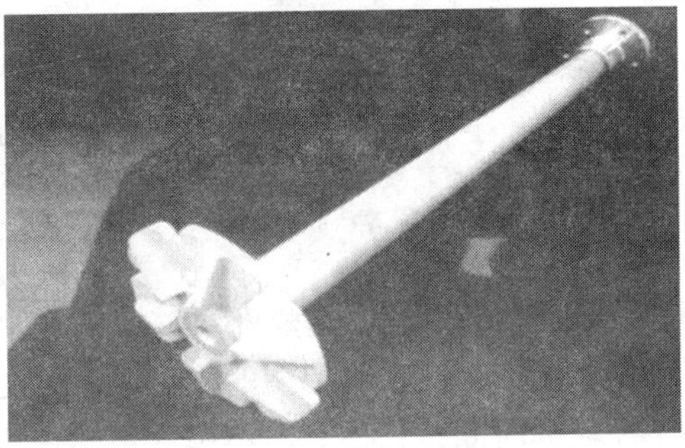

图1-10 氮化硅旋转头

图1-9为双旋转喷嘴，图1-11为单旋转喷嘴。气体通过喷嘴的转子形成分散细小的气泡，并随着转子搅动的熔体，使气泡均匀分散到整个熔体中，从而产生去气、除渣的效果。吹入气体为氮气或氩气（一般使用氩气，在高温下氮气可能与铝生成氮化铝，将喷嘴堵塞），有时加入1%～2%的氯，以提高精炼效果。此方法适用于大批量连续生产。

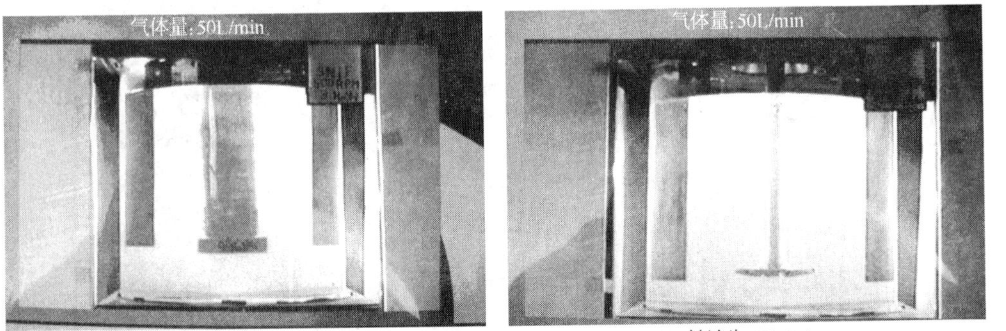

转速为500r/min　　转速为600r/min

图1-11 精炼器旋转头中产生的细小气泡均匀地弥散到流体中

Alpur法与SNIF法基本相同，均是利用旋转喷嘴使气泡分散于熔体中。不同的是，SNIF法为熔体在气体喷嘴处与气泡接触，然后借助于转子旋转的离心力将气泡分散到熔体中；而Alpur法则能使搅动的熔体进入喷嘴内与气泡接触，使气泡更细小，分布更弥散和更均匀，净化效果更好。其喷嘴结构如图1-12所示。

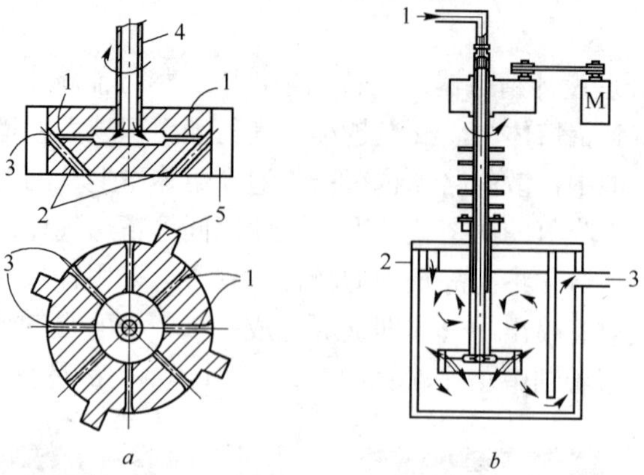

图 1-12　Alpur 法装置示意图

a—旋转喷嘴：1—气体排出孔；2—熔体通过孔；3—气体；4—回转轴；5—回转叶轮；
b—装置总体：1—气体入口；2—熔体入口；3—熔体出口

SNIF 法、Alpur 法的精炼效果均随着旋转头的转速和通气量的大小不同而不同。转速快、通气压力大，吹入铝液的气泡越多、越细小，分布越弥散均匀，气泡界面率越大，在铝中作用的时间越长，只要不引起铝熔体表面搅动、翻腾，去气效果即越好。

过去在线精炼器的旋转头多用石墨制造。这种转子在熔体与空气相交的界面附近，碳与氧发生反应，生成二氧化碳，使转子寿命降低。为了延长使用寿命，有的便降低旋转速度，这就降低了去气效果。

为了解决转子的使用寿命问题，三井金属矿业公司已开发成功氮化硅旋转头（见图1-10）。它不受铝水侵蚀，不与氧发生化学反应，使用寿命长，一个转子一般能使用三年以上；去气效果好。氮化硅头最佳除气效果见图 1-13、图 1-14。

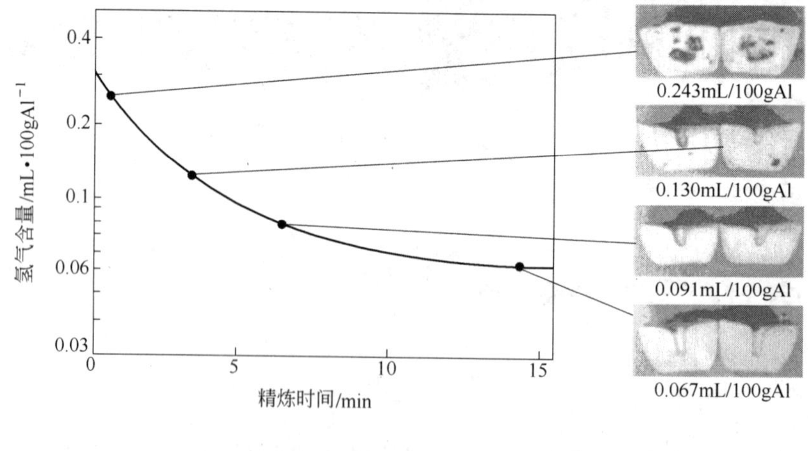

图 1-13　氮化硅转子的除气效果

前面已经说过，在除气的同时还除去部分浮渣。其除渣效果见图 1-15。

（3）炉内精炼时应合理调整气体压力。将精炼气体通入铝液中时，使铝液掀起的波高

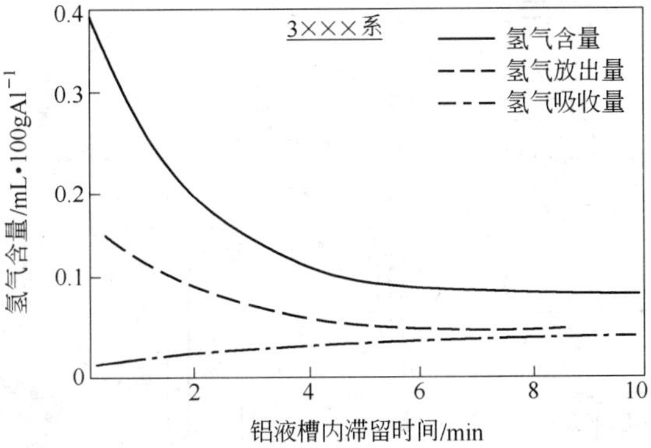

图 1-14 除气室内滞留时间熔体中氢气含量变化

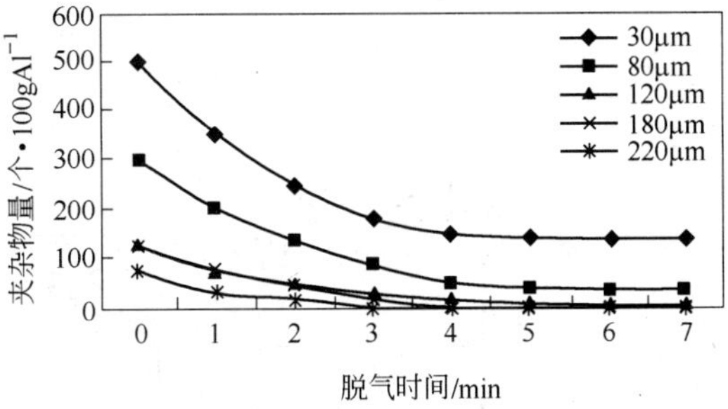

图 1-15 在线精炼除气时的除渣效果

在 50～100mm 之间。压力过大，浪高大于 100mm，波浪将呈蘑菇状下落，再次将空气裹入铝熔体中。空气中含氧气和水。水与铝发生反应，重新吸氢，并再次生成氧化铝夹渣，造成铝熔体二次污染。压力过小，浪高低于 50mm。精炼生成的气泡少，难以细小、均匀、弥散分布，精炼效果不充分。

（4）正确掌握炉内精炼时间。精炼时间随熔体的重量和含气量的高低而定。熔体容量大，精炼时间相应延长；熔体含气高，精炼时间也应适当延长。但是在生产实践中，为了达到精炼去气彻底的目的，随意地、不适当地、无限制地延长精炼时间，有的甚至二次、三次、四次地连续不断，重复精炼，以为不这样，难以除尽熔体中的气体。其实这是一种误解。每一种精炼方法都有它的极限去气效率。当达到该方法的极限效率时，即使延长时间，或继续增加精炼次数，均不会使熔体含气量继续降低，相反有时还会引起某些负面影响。

（5）做好补充精炼。静置炉中的铝熔体经过在熔炼炉和静置炉的精炼后，如不能在短时间内完成铸轧，就得进行补充精炼；或者对其进行气体分析，含气量超过允许范围时，应马上进行补充精炼，确保铝熔体的含气量控制在允许的范围内，以保证获得高质量的最终产品。

1.4 熔体中气体含量的测定

铝中的气体含量对材料的力学性能、对双零铝箔的工艺性能和成品质量（即针孔率）影响很大，必须将熔体的气体含量限制在一定的范围内。前面已经说过，对高性能、高质量要求的材料，纯铝系列应控制在 0.10～0.12mL/100gAl 以下。所以，在进行铸轧前必须对铝熔体的气体含量进行测定。目前测定的方法很多，但用得较多的主要有下列两种：

（1）Telegas 法。Telegas 法测氢装置的结构原理如图 1-16 所示。

此法利用一种特殊的薄膜泵将作为载体的纯净惰性气体（氮气或氩气）通过熔体，并迫使其在熔体和仪器管路中沿闭合通路循环。惰性气体气泡通过熔体时，熔体中的氢就向气泡中扩散。当气泡中的氢与熔体中的氢达到平衡时，测得的氢分压，计算出氢含量。这种方法简便、快速。缺点是探头较贵，容易被气泡带出的熔体中的夹渣堵塞，使用时间短，不能再生。同时，随着堵塞程度的增加，气路循环的阻力增加，从熔体中带出的气体

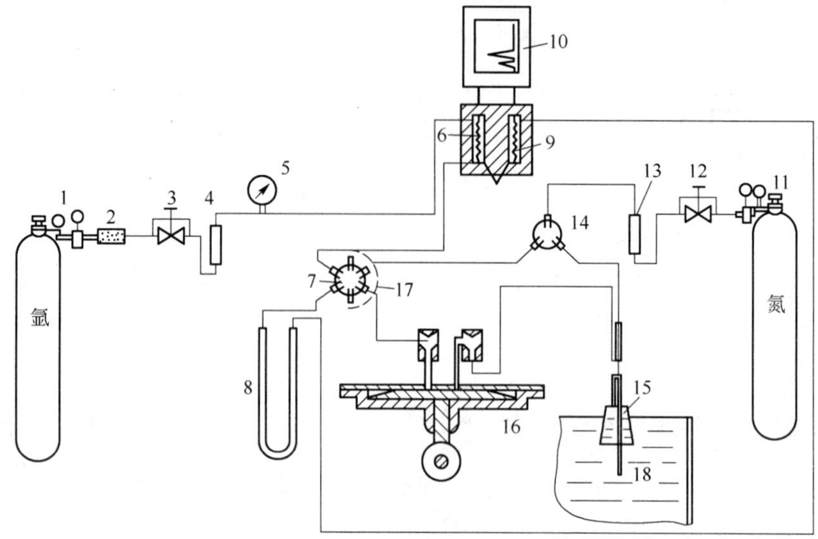

图 1-16　Telegas 法测氢装置原理图

1—气体减压阀；2—干燥气体装置；3—稳压调节阀；4—转子流量计；5—压力表；
6—热导池参比电池；7—六通阀；8—分子筛柱；9—热导气体检测电池；
10—记录仪；11—惰性气体减压阀；12—针形阀；13—转子流量计；
14—三通阀；15—探头；16—循环泵；17—采样管；18—熔融铝

相应减少，如果不随时对管路进行标定，则测试值可能低于实际值，且随着使用时间的延长，测试表征值将越来越低，偏离实际值越来越大。

（2）HYSCAN 型直读式全定量熔铝中氢气分析仪测定法。此方法是提取定量熔融铝熔体，采用快速降压技术，使铝液在受控凝固过程中释放出全部氢气，通过精确标定的皮拉尼真空计测定氢含量。装置原理如图 1-17 所示。

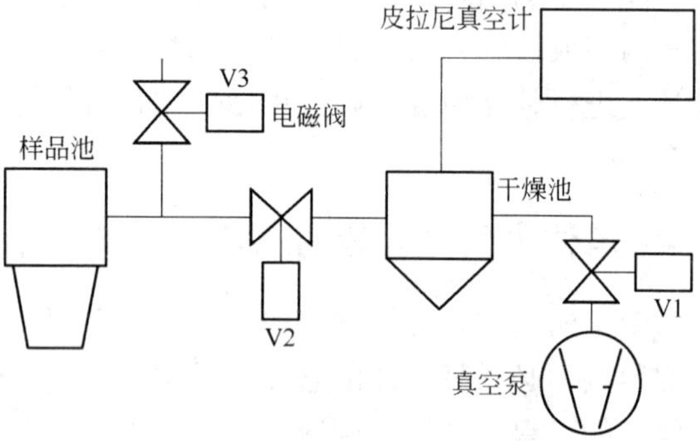

图 1-17　HYSCAN 氢分析仪原理图

HYSCAN 真空系统包括真空泵、干燥池（用于去除系统中残留水分）、电磁阀（V1、V2、V3）、样品池和皮拉尼真空计。

将 100g 熔融铝液注入一个不锈钢样品池，使用高速真空泵在几秒钟之内将样品池的压力抽至绝对压力 10Pa，然后样品池与真空泵隔离，样品开始凝固。由于此时其工作压力仅为常压凝固时的万分之一，在这样的受控凝固条件下可使样品在凝固过程中释放出全部氢气。凝固过程完成时，样品释放出氢气所产生的局部压力变化被皮拉尼（Pirani）真空计捕捉，并经过数据处理系统，计算出样品的氢气含量。测量结果以 mL/100g 显示，测量灵敏度可达 0.01mL/100g。该法测量速度快，系统干扰小，重现性好，精度高。

2　铝熔体铸轧

铝熔体经过成分调整和精炼之后，即可进入铸轧工序。铸轧之前必须进行在线过滤与变质处理。

2.1　熔体过滤

铝熔体虽然在精炼时除去了大部分夹渣，但一些微细夹渣颗粒，特别是几微米以下的夹渣颗粒，很难通过炉内精炼和在线精炼方法除去，仍然悬浮于铝熔体中，需要在铸轧前进行严格的过滤处理。即让铝熔体通过一定的过滤介质，使熔体中的杂质粒子或被过滤介质的表面拦截，或被过滤介质的内部捕捉（见图2-1），从而达到铝熔体净化的目的。

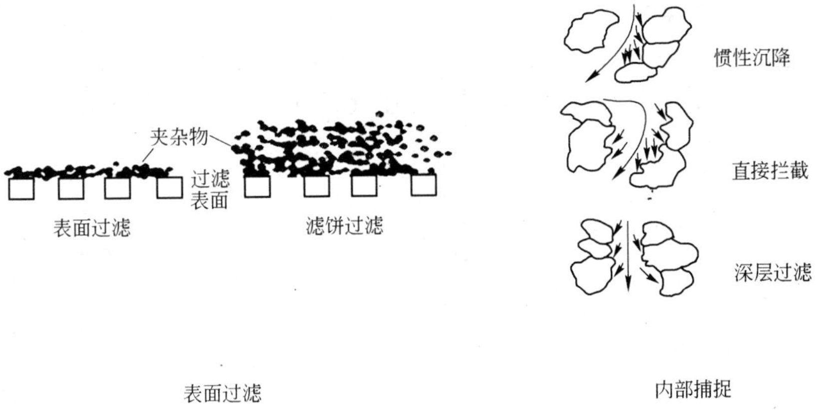

图2-1　铝熔体过滤去渣示意图

铝熔体过滤方式有很多种，主要有刚玉管式过滤器、深床过滤器、泡沫陶瓷过滤器等。目前，国内在铸轧生产中应用的主要有刚玉管式过滤器和泡沫陶瓷过滤器。

2.1.1　刚玉管式过滤

过滤器中装有数根刚玉陶瓷管，如图2-2所示。其刚玉管的根数和管径的大小，根据过流熔体的本质和单位时间所需的过流量确定。

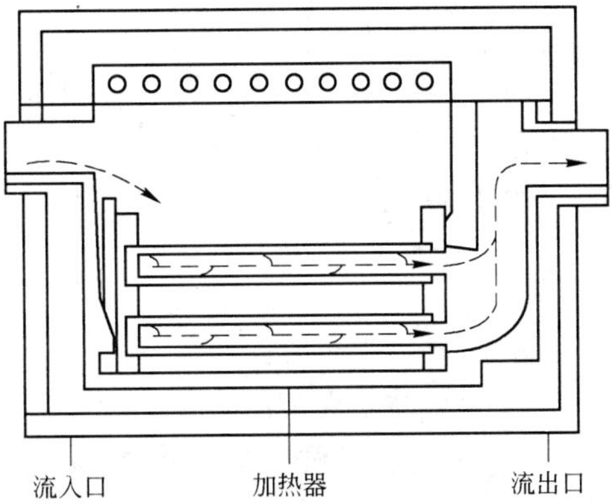

图2-2　刚玉微孔陶瓷过滤装置

熔体通过陶瓷管中大小不等、曲折不一的微细孔道，使熔体中的杂质被阻滞、沉降及介质表面对杂质的吸附和范德华力的作用，将熔体中的杂质滤除。由于陶瓷管孔隙度小，熔体通过时阻力较大，需要有较高的起始压头。起始压头用下式计算：

$$p = 2\frac{\sigma\cos\theta}{r} \tag{2-1}$$

式中　p——熔体压头；

σ——熔体表面张力；

r——毛细孔道半径；

θ——铝液与介质颗粒界面接触角。

过滤器的通过量须满足工艺需要，其过滤速度用下式计算：

$$Q = KS\frac{\Delta H}{\delta} \tag{2-2}$$

式中　Q——单位时间过滤量，cm^3/s；

K——过滤系数，$cm^3 \cdot s/g$；

S——过滤介质有效面积，cm^2；

ΔH——过滤前后的熔体压差，Pa；

δ——过滤介质厚度，cm。

这种方法过滤精度高，效果好，在熔体净度方面能满足高精产品的需要，但起始压头较高，成本较高，操作比较复杂，更换过滤管比较麻烦，不适用于小批量生产。

2.1.2　泡沫陶瓷过滤

泡沫陶瓷片过滤器的特点是使用方便，起始压头低，过滤效果较好，价格比较便宜，因此得到了广泛应用。在铸轧生产中，大多数厂家都采用这种过滤方法。下面从理论和实践上讨论泡沫陶瓷过滤的效果和作用。

图 2-3 为过滤器的微分截面图。当含有夹杂的熔体通过过滤器时，夹杂物被截留在介质表面。研究表明，大于 30μm 的夹杂物靠机械拦截作用过滤，小于 30μm 的夹杂物靠表面张力等的作用被滞留在过滤器内。

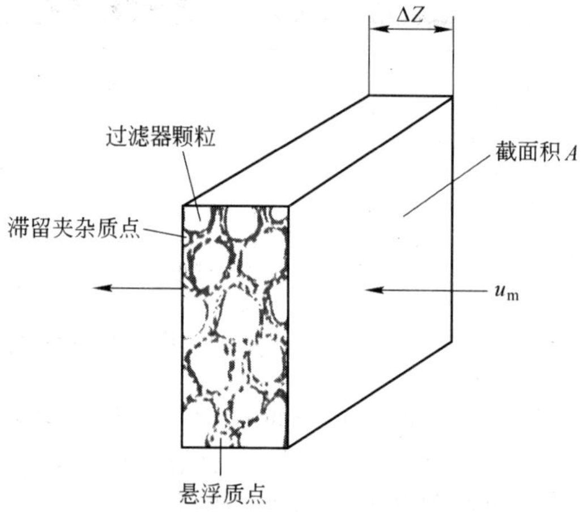

图 2-3　过滤器微分截面图

当含有夹杂物的熔体通过过滤器时，单位体积过滤介质截面夹杂物的变化率为熔体中夹杂物浓度的函数：

$$\frac{\partial Q}{\partial C} = kC \tag{2-3}$$

式中　k——动力学参数；

C——熔体中夹杂物的浓度；

Q——过滤器截留的夹杂物数量，通常 k 是截留的夹杂物 Q 的函数。

$$k = k_0\frac{-Q}{Q_m} \tag{2-4}$$

式中 k_0——动力学参数系数，与过滤熔体速度 u_m、夹杂物尺寸 d_i、过滤器孔穴大小 d_z 和熔体种类有关；

Q_m——过滤器能够截留的夹杂物的数量。

对上式导出一阶偏微方程式，并给出临界条件求解，得：

$$\frac{C}{C_i}=\frac{\exp\left[\frac{C_i}{Q_i}\xi_i\phi(Q-\eta)\right]}{\exp(\phi\eta)+\exp\left[\frac{C_i}{Q_m}\xi_i\phi(\theta-\eta)\right]-1} \tag{2-5}$$

式中 角注 i 代表初始状态；

θ——无因次时间，$\theta=\frac{\tau u_m}{\xi_i L}$；

η——无因次距离，$\eta=\frac{Z}{L}$；

ϕ——无因次动力学常数，$\phi=\frac{k_0 L}{u_m}$；

ξ_i——过滤器孔隙度；

L——过滤器厚度；

u_m——熔体过滤速度；

Z——离过滤入口处的距离；

τ——过滤时间。

在过滤器使用初始阶段，过滤器使用时间短，其能截留夹渣的最大数量值相对于已捕获的夹杂量来说大得多，即：

$$\frac{Q}{Q_m}\to 0$$

此时可表示为：

$$\frac{C_i}{Q_m}\xi_i\phi(\theta-\eta)\to 0 \tag{2-6}$$

将式 2-6 代入式 2-5，得：

$$\frac{C(Z)}{C_i}=\exp(-\phi\eta)=\exp\frac{k_0 Z}{-u_m} \tag{2-7}$$

当 $Z=L$ 时，$C(Z)=C_0$。

将式 2-7 整理化简后，得：

$$\eta=\frac{C_i-C_0}{C_i}=1-\exp\frac{-k_0 L}{u_m} \tag{2-8}$$

式中 C_i——熔体中夹杂物的初始浓度；

C_0——过滤后熔体中夹杂物的浓度；

η——过滤效率。

由式 2-8 看出，动力学系数 k_0 和过滤器厚度 L 与熔体流速 u_m 之比决定了过滤效果。动力学系数是由熔体的本质、状态和过滤方式、过滤材料决定的，当这些条件一定时就不能改变了。但过滤片的厚度是人为的，过滤片增厚，过滤截留的夹杂越多，熔体越干净；

熔体的流速也是可以根据需要调整的，流速慢，熔体中的夹杂物颗粒较易偏离流线，为过滤器所吸附，如图 2-4 所示。

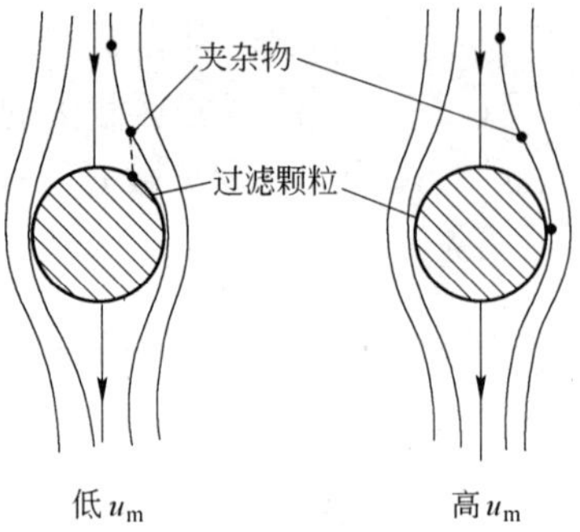

图 2-4　熔体流速对球形过滤颗粒附近的夹杂物轨迹的影响

根据这个原理，在生产实践中，可以选择不同孔径的过滤材料，改变过滤片的安装方式以改变其过滤的动力学参数系数；选择不同厚度的过滤材料，以改变其捕获夹杂物的能力；采用不同孔径的过滤材料，从大孔径到小孔径进行合理组合，即同时改变过滤参数和增加过滤器厚度、过滤级数，加强捕获夹杂物的能力；加大过流的截面积，降低熔体的过流速度，增大捕获夹杂物的几率等，以提高过滤效果，达到所要求的目标。国内某厂采用这种过滤方法，生产 0.007mm 铝箔，其平均针孔率达 21.5 个/m^2 以下；生产 0.00623mm 铝箔小于 28 个/m^2；采用电解铝液直接铸轧生产 0.007mm 铝箔的针孔率不超过 30 个/m^2[4]。

2.1.3　深床过滤

深床过滤器是近年来发展起来的一种新型过滤装置，由多层氧化铝球和合适尺寸的氧化铝砂砾层堆垛而成（见图 2-5）。氧化铝球和砂砾的尺寸以及堆垛方式依据最终产品的质量要求确定。

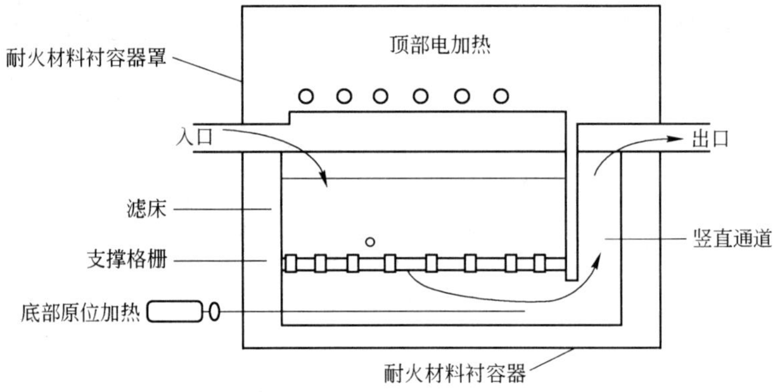

图 2-5　深床过滤器示意图

过滤床为多孔性介质。床体根据要求进行设计和计算，保证铝液实现层流，防止破坏氧化铝层发生二次污染，并使铝液在重力作用下流过曲折过滤层的路径尽可能长，从而使杂质颗粒被截留或沉积在滤床上（见图 2-6）。它适用于高要求、大批量、半连续铸造生产的需要，产量较小的单体铸轧生产线当前应用较少。

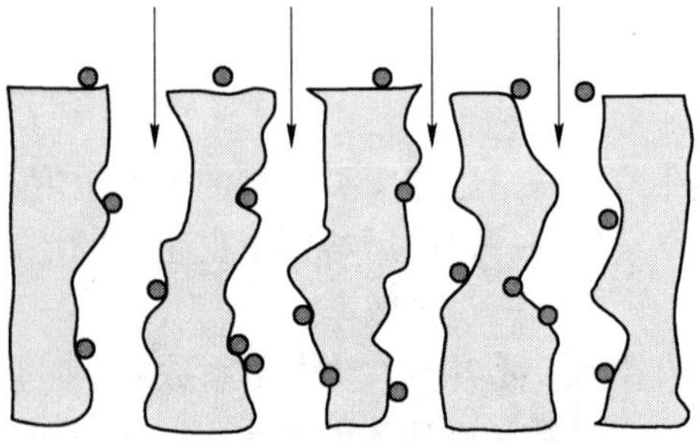

图 2-6　过滤杂质捕获示意图

采用深床过滤器必须使熔融铝液完全浸泡过滤床体，否则会使某些局部温度过低，造成铝液凝固，减少过流面积，缩短过流路线，影响过滤床的效果和使用寿命。因此，床体过滤前，一方面，必须充分预热，并保持床体受热均匀；另一方面，必须用适当温度的铝液，以合适的流速充填过滤床体。充填的程序是：将液态铝从过滤床出口注入，使铝液从滤床底部上升，慢慢漫过滤床顶部，以保证过滤床100%浸入到液态铝中。

2.1.4 不同过滤方法比较

刚玉管式过滤器、泡沫陶瓷片过滤器、深床过滤器三种不同的过滤方法，虽然结构形式有所不同，但其对杂质颗粒的拦截与捕获机理基本上是相同的。

无论何种过滤器，其能滤除杂质颗粒尺寸的大小远远小于过滤介质孔隙尺寸的大小，其原因是杂质颗粒被过滤介质捕获主要存在如下四种情况（见图2-7）：

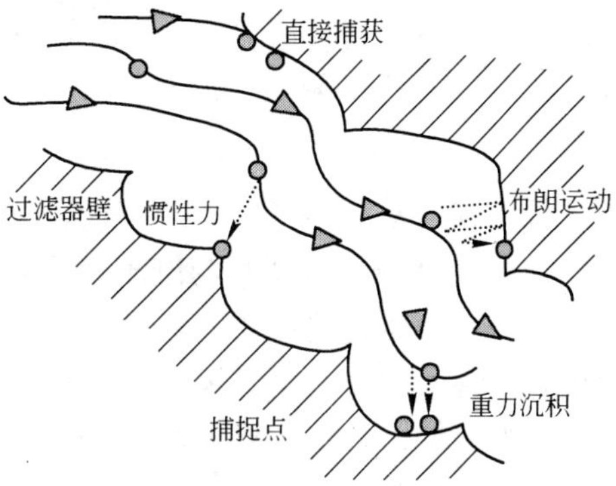

图2-7 四种主要杂质捕获机理

（1）直接拦截。杂质颗粒尺寸大于过滤介质的孔隙尺寸时，被阻挡在孔隙之外而滤除。

（2）惯性力作用使杂质粒子偏离流体的流动方向，为过滤介质孔隙薄壁所吸引而被滞留。

（3）杂质粒子在熔体中做无规则的布朗运动，当与过滤介质发生碰撞时，被介质吸附而滞留。

（4）杂质粒子因重力作用沉积到过滤介质器壁上而被俘获。

无论采用什么过滤方法，其过滤效果均与过滤元件的过流速度相关。过滤速度越低，过滤效果越好，反之越差。

不同过滤方法比较如下：

（1）深床过滤器的优点是过滤层厚，过流路径长，吸附的杂质粒子多；过流量大，可达5～100t/h，适于大规模、大批量生产。但是，深床过滤只采用充填形成过滤层，过滤介质容易松懈和移动（见图2-8），使得某些细小杂质被搅动进入熔体而降低过滤效果。

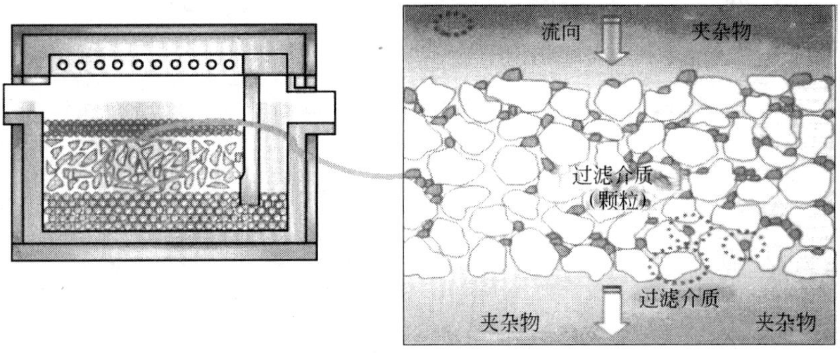

图2-8 深床过滤器的结构工作示意图

（2）管式过滤器的过滤管采用紧固不动结构，过滤管本身的结构颗粒不像深床的滤层发生松懈和移动（见图2-9），因而过滤效果好。但过滤起始压头大，过滤管更换比较麻

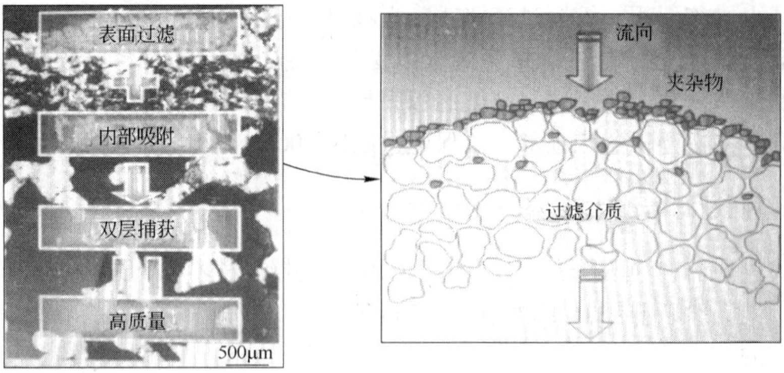

图 2-9　刚玉管过滤工作示意图

烦，过滤成本较高。

（3）泡沫陶瓷过滤片与刚玉管比较，孔隙直径较大，致密度小（见图2-10），过滤精度较低；与深床过滤器比较，过滤层薄，能吸附的杂质微粒少；但这可以通过增加过滤级数进行改善，即可采用二级、三级过滤以提高过滤精度。其优点是起始压头小，更换方便，操作简单，过滤效果较好。

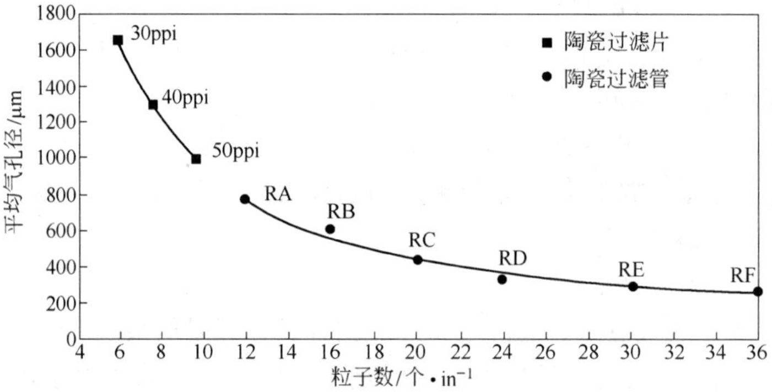

图 2-10　陶瓷过滤片与刚玉过滤管的平均粒径

RA、RB、RC…—陶瓷过滤管的等级（即陶瓷过滤管孔径大小，RA > RB > RC…）

三种过滤方法综合过滤效果如图2-11所示，其中管式过滤器效果最好。

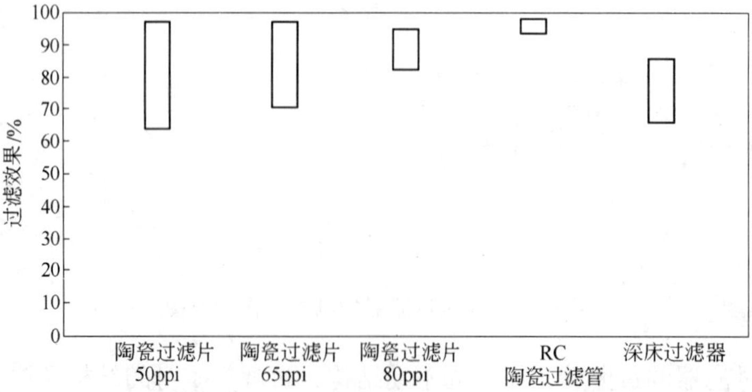

图 2-11　陶瓷过滤片、管式过滤器、深床过滤器的过滤效果

2.2 熔体变质

在铸轧生产中熔体变质要求非常严格，特别是对电解铝液直接铸轧，尤其如此。稍有疏失，就可能出现恶性缺陷而导致产品报废。为了了解这个问题，这里首先介绍结晶过程中发生的物理化学变化。

熔体结晶要经历形核→长大→结晶完成的过程，其中形核非常重要。形成核心的数量多，晶核长大速度慢，晶粒细。

2.2.1 均匀形核

熔体结晶不进行变质处理时是一个自发形核→晶核长大的过程。结晶前沿的铝熔体是处于亚稳状态的亚稳流体，亚稳流体形核长大的过程是体内自由能变化的过程。亚稳流体中单个原子或分子转变为稳定相中（晶体）的原子或分子，所引起的吉布斯自由能的降低为 Δg，设晶体中的原子体积或分子体积为 Ω_s，晶体和流体的界面能为 r_{sf}，则在亚稳流体中形成一半径为 r 的球状晶体所引起的自由能变化为：

$$\Delta G(r) = \frac{\frac{4}{3}\pi r^3}{\Omega_s}\Delta g + 4\pi r^2 r_{sf} \tag{2-9}$$

对半径为 r 的球状晶体是 i 个原子或分子的集合体，则：

$$\Delta G(i) = i\Delta g + A(i) r_{sf} \tag{2-10}$$

$$A(i) = \eta i^{2/3} \tag{2-11}$$

式中 η——形状因子。

对于立方体，形状因子：

$$\eta = 6\Omega_s^{2/3} \tag{2-12}$$

对于球体，形状因子：

$$\eta = (36\pi)^{1/3}\Omega_s^{2/3} \tag{2-13}$$

考虑不同形状的几何体，其形状因子 η 不同，同时 η 和原子体积 Ω_s 有关，将式 2-11 代入式 2-10，得：

$$\Delta G(i) = i\Delta g + \eta i^{2/3} r_{sf} \tag{2-14}$$

式 2-9 和式 2-14 分别表明了在流体相中，形成一半径为 r 的球状晶体和出现由 i 个原子或分子组成的球形晶体所引起的自由能的变化，即形成上述晶核所需要的能量。ΔG 也称形成能，它为两项之和。第一项 $i\Delta g$，若流体为亚稳相，体自由能 Δg 为负，即 $i\Delta g$ 为负，否则为正。第二项是流体中出现晶体时所引起的界面能的变化，又称面自由能，恒为正。

当 $\Delta g > 0$，即为稳定流体时，系统出现晶体，其自由能是升高的，这种现象不可能自动出现。对于铝熔体来说，没有过冷度，就不可能出现晶核和结晶。

当 $\Delta g < 0$ 时，体自由能项为负，它随 i 和 r 的增加而减小，且随 r^3 减小。面自由能项为正，随 r^2 增加而增加。由此可知，当 $r > r^*$，或 $i > i^*$ 时，ΔG 随 r 的增加而减少，亚稳流体中的晶体会自动长大（见图 2-12）。

对 $\Delta G(r)$ 或 $\Delta G(i)$ 求极值，并令其等于 0，即得临界半径 r^* 和临界原子数 i^*。由式 2-9 和式 2-14 可得：

$$r^* = 2\frac{r_{sf}\Omega_s}{\Delta g} \tag{2-15}$$

$$i^* = \left(\frac{2\eta r_{sf}}{3\Delta g}\right)^3 \tag{2-16}$$

对球状晶体将式 2-13 代入可得：

$$i^* = \frac{32\pi r_{sf}^3\Omega_s^2}{3\Delta g^3} \tag{2-17}$$

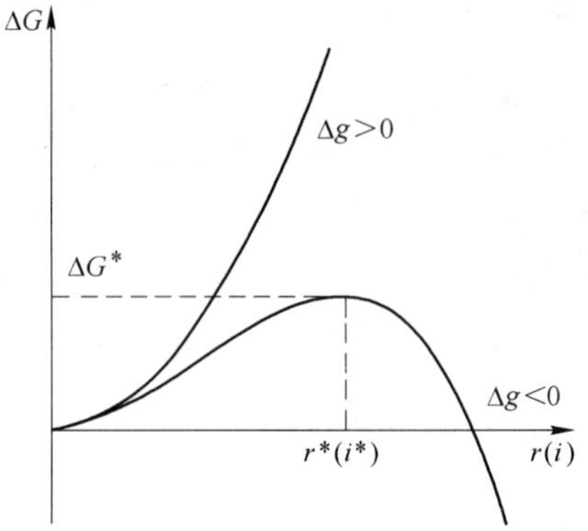

图 2-12　晶核形成自由能的改变与尺寸的关系

将晶粒半径 r^* 和原子数 i^* 的式 2-15、式 2-16 代入式 2-9 和式 2-14，即得到晶核的形成能：

$$\Delta G^* = \frac{4\pi r^{*2} r_{sf}}{3} = \frac{16\pi\Omega_s^2 r_{sf}^3}{3\Delta g^2} = \frac{16\pi r^2\Omega_s^3 T_m^2}{3L^2(\Delta T)^2} \tag{2-18}$$

$$\Delta G^* = \eta\frac{r_{sf} i^{*2/3}}{3} = \frac{4\eta^3 r_{sf}^3}{27\Delta g^2} = \frac{4r^3\eta^3 T_m^2}{27L^2(\Delta T)^2} \tag{2-19}$$

式中　L——单位原子的相变潜热；

T_m——熔体的凝固点；

ΔT——过冷度。

ΔG^* 即为亚稳流体中成核所需要的能量起伏，没有这个能量起伏，晶核就不能形成。

能量起伏满足了晶核的形成能，晶核即可以生成。但是单位体积内能生成多少晶核数，则与复相起伏在流体中的胚团的分布规律有关。若系统中单位体积内未联合的分子数或原子数为 n，单位体积内的胚团数为：

$$n(r) \approx n\exp\frac{-\Delta G(r)}{KT} \tag{2-20}$$

$$n(i) \approx n\exp\frac{-\Delta G(i)}{KT} \tag{2-21}$$

其中，$\Delta G(r)$、$\Delta G(i)$ 分别是半径为 r 和原子数为 i 的胚团的形成能，表示为：

$$\Delta G(r) = \frac{\frac{4}{3}\pi r^3}{\Omega_s}\Delta g + 4\pi r^2 r_{sf} \tag{2-22}$$

$$\Delta G(i) = i\Delta g + \eta i^{2/3} r_{sf} \tag{2-23}$$

对于亚稳流体，$\Delta g < 0$，$r < r^*$ 的胚团不能长大，但 $r = r^*$ 的胚团是可以长大的，且一旦长大，就形成宏观晶体。在这里我们关心的是系统中单位体积内的晶核数，即 $r = r^*$ 的胚团数为：

$$n(r^*) \approx n\exp\frac{-\Delta G^*}{KT} \tag{2-24}$$

$$n(i^*) \approx n\exp\frac{-\Delta G^*}{KT} \tag{2-25}$$

晶体的成核率除和单位体积内的晶核数成比例外，还和晶核捕获流体中原子或分子的几率成比例，故晶体成核率可表示为：

$$I = Bn\exp\frac{-\Delta G^*}{KT} \tag{2-26}$$

熔体生长系统中晶核捕获原子的几率为：

$$B = \nu_0\exp\frac{-\Delta q}{KT} \tag{2-27}$$

式中　n——熔体中单位体积内未被联合的分子数（或原子数）；

ν_0——熔体中原子振动频率；

Δq——原子越过固液界面的扩散激活能。

将式2-27、式2-18代入式2-26，得熔体生长系统的成核率为：

$$I = n\nu_0\exp\frac{-\Delta q}{KT}\exp\frac{-16\pi r^2\Omega_s^3T_m^2}{3KTL^2(\Delta T)^2} \tag{2-28}$$

式2-28反映了在无外来核心的亚稳流体中均匀成核的规律。一般说来，在这种条件下，其结晶后应呈等轴晶组织。但是，铸轧冷却速度很大，其熔体从铸嘴流出至结晶完成，其时间约为1s左右。在这样短的时间内要通过能量起伏、复相起伏，形核、长大的过程可能性是很小的。其最大的可能是：熔体从铸嘴流出，与通水内冷的铸轧辊套接触，在辊套衬底上形成球冠状核心。设球冠形晶体胚团为s，球冠的曲率半径为r，三相交界处的接触角为θ（见图2-13），将接触角余弦记为m，设各界面能为各向同性，则：

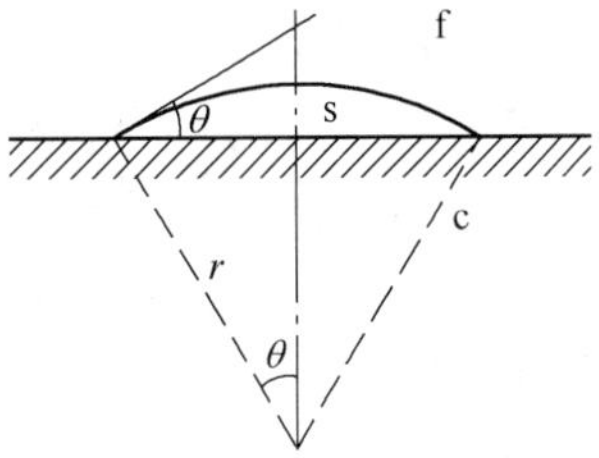

图2-13　衬底上球冠核的形成

$$m = \cos\theta = \frac{r_{cf} - r_{sf}}{r_{sf}} \tag{2-29}$$

可求出胚团体积V_s，胚团与流体的界面面积A_{sf}，胚团与衬底的界面面积A_{sc}，分别为：

$$V_s = \frac{\pi r^3}{3}(2+m)(1-m)^2 \tag{2-30}$$

$$A_{sf} = 2\pi r^2(1-m) \tag{2-31}$$

$$A_{sc} = \pi r^2(1-m^2) \tag{2-32}$$

球冠核形成之后，在系统中引起的自由能变化为：

$$\Delta G(r) = \frac{-V_s}{\Omega_s}\Delta g + (A_{sf}r_{sf} + A_{sc}r_{sc} - A_{sc}r_{cf}) \tag{2-33}$$

将式2-30～式2-32代入式2-33，利用式2-29化简，得：

$$\Delta G(r) = \left(\frac{-4\pi r^3}{3\Omega_s}\Delta g + 4\pi r^2 r_{sf}\right)(2+m)(1-m) \tag{2-34}$$

将式 2-34 对 r 求微商，并令 $\frac{\partial G(r)}{\partial r}=0$，得球冠胚团的曲率半径为：

$$r = \frac{2r_{sf}\Omega_s}{\Delta g} \tag{2-35}$$

将式 2-35 代入式 2-34，得到球冠晶核的形成能：

$$\Delta G^* = \frac{16\pi\Omega_s^2 r_{sf}^3}{3\Delta g^2} f_1(m) \tag{2-36}$$

$$f_1(m) = \frac{(2+\cos\theta)(1-\cos\theta)^2}{4} \tag{2-37}$$

由式 2-36、式 2-37、式 2-18 看出，在辊套衬底上形成球冠状晶核所需要的能量表达式与熔体中均匀成核所需要的能量表达式比较，两者相差一个因子 $f_1(m)$。现在讨论 $f_1(m)$ 函数的性质，了解熔体中均匀成核与平衬底上非均匀成核的区别与联系。首先分析 $f_1(m)$ 的变化范围，接触角 θ 的变化范围是 $0°\leqslant\theta\leqslant180°$，故接触角余弦 m 在区间 $1\geqslant m\geqslant -1$ 内变化，从而 $f_1(m)$ 的变化范围是 $0\leqslant f_1(m)\leqslant 1$。由此可知，衬底具有降低晶核形成能 ΔG^* 的性质，也就是说衬底上成核比均匀成核要容易得多。那么平衬底上成核与均匀成核有什么区别和关联，由式 2-37 和式 2-29 看出，$f_1(m)$ 的大小完全决定于衬底、流体与晶体间的界面能的大小，或者说决定于三相间的接触角 θ。可以看出，$\theta=0°$，$f_1(m)=0$，衬底上晶核形成能 $\Delta G^*=0$，这表明不需要成核，在衬底上胚团可立即转变为晶体。这在物理上是容易理解的，因为 $\theta=0°$，表明胚团（晶体）完全浸润衬底，在结晶器衬底上将覆盖一层具有宏观厚度的晶体薄层（胚团），于是等价于籽晶生长。$\theta=180°$，$f_1(m)=1$，此时衬底上非均匀成核的形成能与均匀成核的形成能完全相等，衬底对成核过程没有贡献。这是由于 $\theta=180°$，是完全不浸润的情况，此时胚团与衬底只相切于一点，球冠胚团完全变成球形胚团，因而和均匀成核没有差异。所以，在熔体生长系统中，具有不同接触角的衬底，在成核过程中所起的作用是不同的。

铸轧辊套和铸造结晶器对于铝熔体既不是完全浸润的，又不是不完全浸润的，它既可以降低晶核形成能，又不可能不形成晶核即直接在衬底上生长，因此当熔体一与辊套接触，就在衬底上形成球冠形晶核，并迅速长大成粗大的晶粒组织（见图 2-14）[5]。

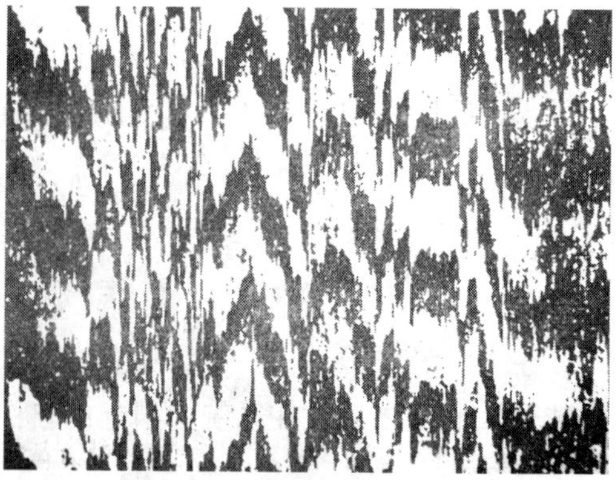

图 2-14　未用 Al-Ti-B 变质处理的铸轧带坯的粗大晶粒组织

2.2.2　变质处理

2.2.2.1　变质处理的目的

无论是铸造锭坯，还是铸轧带坯，其晶粒的形状和大小，都会影响以后的加工性能和成品的组织与力学性能。粗大晶粒会恶化这些性能，因此要生产出高性能、高质量的铝加工产品，首先要获得细小均匀的晶粒组织。而要获得这样的组织，不能单纯依靠亚稳流体的自发形核、长大、结晶完成（当然铝熔体中完全没有均匀成核作用也不行）；而必须做好熔体的变质处理。特别是电解铝液直接铸造、铸轧，变质处理显得尤为重要。能否做好电解铝液的熔体净化和变质细化工作，是关系到能否生产高质量板带箔材的技术关键。

铸造锭坯和铸轧带坯的晶粒度决定于结晶时熔体内的晶核数和晶粒长大的速度。晶核数越多，晶粒长大的速度慢，晶粒越细。因此，铸造或铸轧时，要使熔体具有尽可能多的晶核，不能完全依赖于熔体的自发形核和熔体中存在的活性结晶核心，而需往熔体中加入某些特殊物质。这些物质中含有某些不溶解的化合物颗粒，它与铝晶粒存在一定的共格关系，可作为铝熔体的外来结晶核心，起晶粒细化的作用；或者采用某些特殊方法，击碎结晶前沿的枝晶，并使碎晶块分布到熔体中，成为结晶核心，达到细化晶粒的目的。

2.2.2.2　变质剂的种类及变质方法

晶粒细化剂包括：

（1）铝钛中间合金。含钛3%～5%，对铸造组织有良好的细化作用。

（2）铝锆中间合金。含锆3%左右，对铸造组织细化效果较好，用于某些要求焊接性能的合金，改善焊缝组织性能。

（3）铝锶中间合金。含锶5%左右，用于细化高硅合金的初晶硅。

（4）铝钛硼中间合金。钛、硼含量不等，常用的有Al-5%Ti-1%B、Al-3%Ti-0.6%B、Al-3%Ti-1%B等，是当前铸轧坯料不可缺少的细化剂。

（5）铝钛硼稀土中间合金。在铝钛硼的基础上加入一定量的稀土元素（主要为铈、钕等），以延长铝钛硼的有效作用时间。

（6）铝钛碳中间合金。用于铸轧变质处理，有较好的变质效果，但变质工艺要求比较严格。

其他变质方法包括：

（1）超声波振动法。利用超声疏密波的交替变换，击碎枝晶，引入“外来核心”。

（2）电磁振荡法。利用电磁力作用原理，将结晶前沿枝晶击碎，使之成为结晶核心。

（3）机械振动法。利用机械振动，碎裂枝晶，作为结晶核心。

这三种方法有试验报道，细化晶粒效果比较明显，特别是电磁铸轧，当其磁场强度达到一定时，可以取代铝钛硼，获得均匀细小的等轴晶组织。但因为生产中有些技术问题尚待解决，还未投入工业生产。

2.2.2.3　铝钛和铝钛硼变质细化机理

在铝合金铸轧中，目前用得最多、最有效的变质剂是铝钛硼中间合金，其次是铝钛碳中间合金。采用铝钛硼中间合金细化晶粒，在生产实践中取得了很大成功，但对其细化机理的研究，尚未完全清楚，没有统一认识。当前有多种学说，归纳起来可分为两种理论：

（1）非均质形核理论，认为钛在熔体中发生包晶反应，生成$TiAl_3$、TiB_2等质点作为非均质晶核，$TiAl_3$和铝晶格上存在共格关系，增加了熔体核心和形核速率，使晶粒组织细化；

（2）α-Al晶体增值理论，也叫偏析系数理论，认为钛的偏析系数$|1-k|$值最大，固-液界面前溶质偏析最严重，在型壁上形成晶体的颈缩也最厉害，容易游离产生晶体的增殖作用。而当钛与硼同时加入时，使游离的初晶数增多，因此提高了细化效果。

2.2.2.4　变质剂的要求与添加方法

不同的变质剂，其添加的方法也不尽相同。

铝钛硼中间合金作变质剂，细化效果虽然显著，但就铸轧而言，对其成分、组织和添加工艺都有着相当严格的要求。铝钛硼中间合金，钛、硼含量不等，常用的 Al-5% Ti-1% B、Al-3% Ti-0.6% B、Al-3% Ti-1% B 等，其铁含量均要求在 0.2% 以下，硅含量在 0.35% 以下，钛、硼含量要求控制在严格的比例范围之内；材料中不允许有夹渣；$TiAl_3$ 呈块状，其尺寸要求在一定范围内；分布要均匀；TiB_2 团块尺寸小，均匀弥散分布。若达不到这些要求，特别是 $TiAl_3$ 呈针条状时，对铸轧带坯而言，会显著降低细化效果，有时甚至基本上没有细化作用。

铝钛硼中间合金作用有效时间短。从加入铝熔体到铝熔体结晶凝固，10min 左右细化效果最好。不能超过 30min，超过 30min 细化作用明显减弱；主要原因是：（1）作为外来核心的质点被钝化；（2）可能这些质点产生沉淀，使活性核心质点减少或丧失形核的功能。因此，只能用专门装置进行在线加入，不能在炉内使用。其添加装置结构如图 2-15 所示。

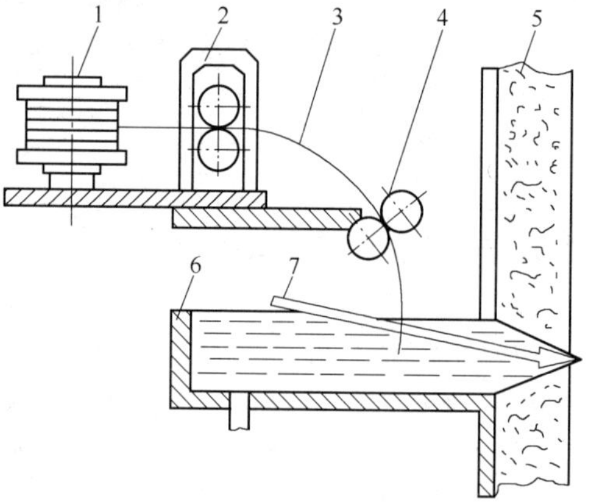

图 2-15　细化丝添加装置

1—放线架；2—递送机；3—合金丝；4—中间导向辊；5—静置炉；6—流槽；7—堵头

变质剂添加装置由微型直流电机带动，通过一减速机传送带有刻槽的递送辊，递送辊上方有压紧装置，能咬紧铝钛硼丝，将其送入流槽或过滤箱中。加入铝钛硼丝的多少可以通过调整电机运转速度自由调节[6]。

添加铝钛硼丝时温度不能太低。这是因为铝钛硼丝熔化时吸收热量较多，温度太低，熔化不充分，增大了铝液的黏度，降低细化效果。但温度太高，减小铝液结晶时的过冷度，使铸轧工艺条件恶化，削弱细化作用。采用刚玉管过滤铝熔体时，有时由于刚玉管过滤精度太高，可能将 $TiAl_3$、TiB_2、BAl_2 等粒子过滤掉而使细化作用削弱，如果发生这种情况，可改在过滤之后加入，但要注意防止变质剂加入时引起造渣和熔化不充分问题。

2.2.2.5　变质剂添加量

添加变质剂的目的是细化晶粒，因此只要将晶粒细化，达到一级晶粒就可以了，并不是添加得越多越好。添加多了，变质剂价格较高，增加成本；$TiAl_3$、TiB_2 等硬脆相颗粒物含量多了，会改变材料的力学性能，降低塑性，增加双零铝箔的针孔，增加 PS 版铝板基的黑白条缺陷。在能细化晶粒的基础上，应是越少越好。对含 5% Ti、1% B 的铝钛硼丝，添加量为 0.15% 左右。

2.3　铸轧

铸轧是将熔融铝液通过分配器和铸嘴导入两个铸轧辊的辊缝之间。铸轧辊内通水冷却，两个轧辊以相同速度但方向相反同时作旋转运动。铝液在辊缝间冷却，结晶凝固，轧制变形，形成带坯，其间要经过一系列复杂的物理化学变化。这个过程仅仅在几秒钟内完成，而涉及的学科又多，包括传热学、黏性流体力学、摩擦学和轧制塑性变形理论等，很多问题在理论上还没有完全弄清楚，因此在生产实践中要完全把握好显得很困难。而对企业来说，了解这个狭小的辊缝空间在几秒钟内可能发生的问题，对产品质量产生的影响是极其重要的，更是每个从事铸轧工作的人员需要解决的首要课题。

铸轧的基本形式如下：

底注式——两轧辊水平布置，从下面注入铝液，上面出带（见图2-16）。这种方法生产的制品组织致密，质量较好，但操作麻烦，现在很少有人采用。

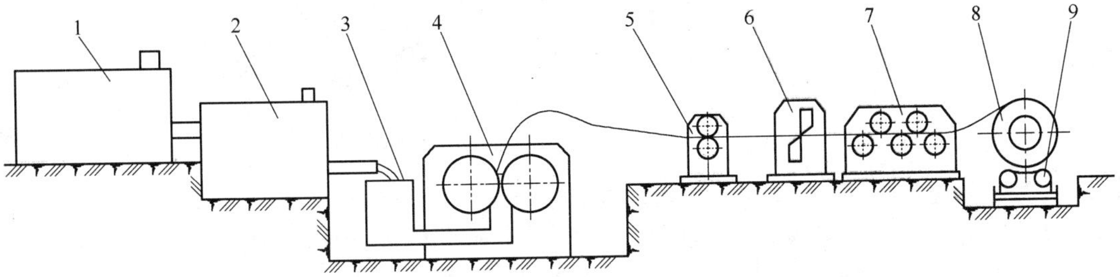

图2-16　底注式铸轧机示意图

1—熔炼炉；2—静置炉；3—前箱；4—铸轧机；5—双辊牵引机；6—剪切机；7—矫直机；8—卷取机；9—出卷小车

倾斜式——两轧辊中心线平面与地平面成75°夹角。铝液从侧面注入，沿铸嘴斜面上升一定距离，才流出铸嘴，进入铸轧区，从另一面出带（见图2-17）。这种方法生产的制品组织较致密。但立板较困难，对操作人员要求较高，增加了立板时的几何废料，影响成品率。

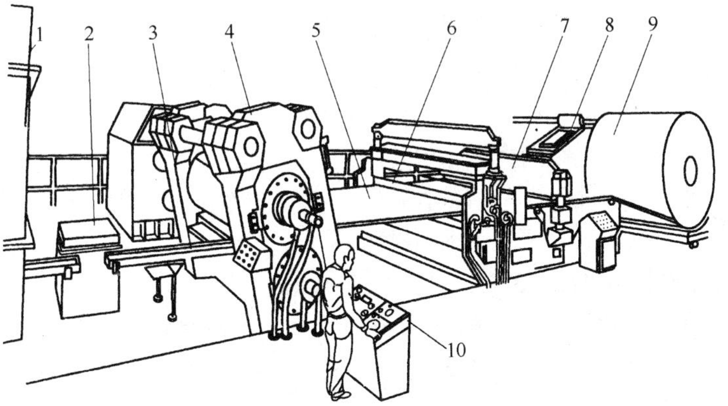

图2-17　倾斜式铸轧机示意图

1—静置炉；2—前箱；3—流槽；4—铸轧机；5—铸轧带坯；6—双辊牵引机；7—剪切机；8—卷取机；9—铸轧带卷；10—操作台

水平式——两轧辊中心线平面与地平面垂直，铝液从一侧注入，出口板面与地平面平行（见图2-18）。操作方便，立板比较容易，立板时没有几何废料产生，成品率较高，但

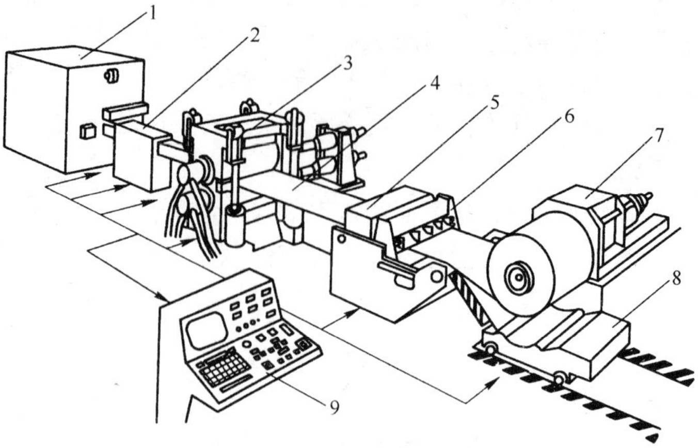

图 2-18　水平式铸轧机示意图
1—静置炉；2—前箱；3—铸轧机；4—铸轧带坯；5—双辊牵引机；
6—剪切机；7—卷取机；8—出卷小车；9—操作台

组织不如前者致密。

生产高质量双零铝箔对铸轧坯料应该说底注式最好，倾斜式次之。

2.3.1　铸轧参数及其计算

2.3.1.1　铸轧参数

铸轧参数主要有：

（1）铸轧区长度 L。铝液从铸嘴流出，到铝带离开两轧辊中心线平面间的距离，统称铸轧区。铸轧区细分成三部分，即：

冷却区 L_1——铝液离开铸嘴到与辊面接触开始结晶之间的距离。这个区间的大小与前箱液面高度，轧辊冷却强度和嘴辊间隙有关。

铸造区 L_2（也称结晶区）——从与辊面接触开始结晶到结晶完成之间的距离。这个区间的大小与铸轧温度、铸轧速度、冷却强度有关。

轧制区 L_3（也称变形区）——从结晶完成到离开轧辊中心平面线。其大小决定于铸轧温度、铸轧速度、轧辊直径和带坯压下量。

铸轧区长度示意图见图 2-19。

（2）铸轧温度，严格说应该是铸轧区内的温度。但沿带坯前进的方向，铸轧区上每一点的温度都是不一样的，而且很难准确测定。为了方便生产、便于测定和掌握，将铸轧前箱的铝液温度视为铸轧温度。

（3）铸轧速度，指铸轧带坯出辊时的速度，包括前滑值。

（4）前箱液面高度，指前箱液面与铸嘴前沿液面的高度差。

（5）冷却强度，严格说应该是铸轧过程中，铸轧辊套内冷却水和周围环境在单位时间内从铸轧区中所带走的热量。但这个问题很复杂，测定非常困难，因此生产过程中通常指进口、出口冷却水的温度差。

（6）卷取张力，指卷取机施加于带坯上的张紧力。

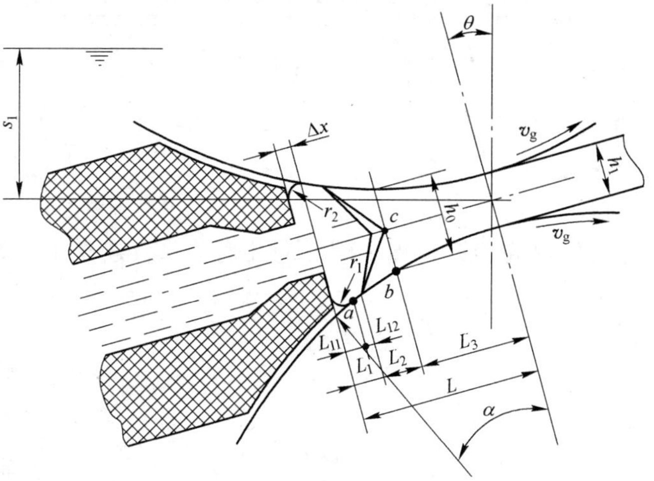

图 2-19 铸轧区长度划分示意图

2.3.1.2 铸轧区的计算

如上所述，铸轧区分为三个区，分别用 L_1、L_2、L_3 表示。欧美国家主要考虑金属氧化膜的表面张力、金属溶液密度、前箱液面高度、供料嘴高度差、出坯速度、铸轧坯的凝固速度和轧辊半径等因素，推出了下述计算公式：

$$L = L_1 + L_2 + L_3 = \frac{\sigma_{bz}}{\rho_y g s_1} + \frac{v_1(h_1 + \Delta h)}{2v_{ng}} + \sqrt{R\Delta h} \tag{2-38}$$

式中 ρ_y——金属溶液密度；

σ_{bz}——表面张力系数；

g——重力加速度；

s_1——前箱液面与供料嘴的高度差；

v_1——出坯速度；

h_1——板坯出口厚度；

Δh——绝对压下量；

v_{ng}——铸轧坯平均凝固速度，$v_{ng} = \dfrac{h_1 + \Delta h}{2t_{ng}}$；

t_{ng}——铸轧坯凝固时间；

R——铸轧机轧辊半径。

近年来，我国的科技工作者对铸轧理论进行了不懈的研究和探索，他们对 L_1 的计算，不仅考虑金属膜的表面张力，同时考虑金属的过热问题，对其作了补充修正；对倾斜式结晶区 L_2 还提出了自己的计算公式。全铸轧区的计算公式如下：

$$L = L_1 + L_2 + L_3 = \frac{\Delta T}{T_y - T_s}\frac{h_1\rho_y c_y v_1}{2\lambda_{ys}} + \frac{\sigma_{bz}}{\rho_y g s_1} + \frac{m v_1 h_1}{4k^2} + \sqrt{R\Delta h} \tag{2-39}$$

其中：

$$m = \frac{\left[h_1 + D - 2\sqrt{(D-2)^2 - (L-L_1)^2}\right]^2}{h_1 + \dfrac{D}{2} - \sqrt{\left(\dfrac{D}{2}\right)^2 - (L-L_1)^2}} \tag{2-40}$$

式中　k——凝固系数；

D——铸轧辊直径；

L——铸轧区总长。

孙斌煜教授根据铸轧辊缝和铸轧嘴装配时的几何关系，建立了铸轧区总长度 L 的计算式：

$$L = \frac{E - \Delta x}{2} \tag{2-41}$$

其中：

$$E = \sqrt{\frac{D^2 B_1{}^2}{\Delta x^2 + B_1^2} - B_1^2} \tag{2-42}$$

$$B_1 = \alpha - 2R - h_1$$

$$D = 2R$$

$$\alpha = y_{11} + y_{21}$$

Δx 为下嘴扇前伸量，mm。

铸轧区几何关系见图 2-20。铸轧区总长度与铸嘴厚度、辊缝值、辊径及铸嘴下嘴扇前伸量有关。

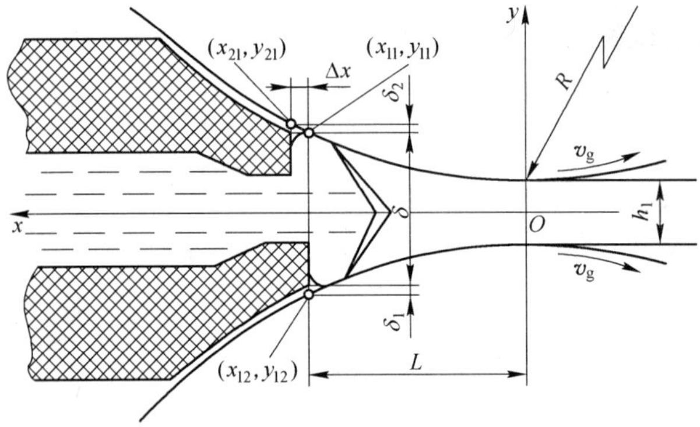

图 2-20　铸轧区几何关系

2.3.1.3　铸轧力的计算

A　传统算法

铸轧是将铸造与轧制两种工艺结合在一起的一种加工方法。铸造区与轧制区紧紧相连，铸造区中有变形，轧制区中温度变化很大，开始轧制温度约为 660℃（严格说，660℃时并没有承受轧制力），终轧温度约为 350℃。它主要呈现热变形的特点，但在变形终了又保持了一定的冷变形量。现在假设变形区中的轧制条件符合普通的热轧条件，那么与热轧时的轧制速度相似，在中性面上铸轧辊与变形金属的速度相同。在中性面的前后区轧辊与金属之间存在相对滑动，当考虑轧坯有宽展存在时，金属对轧辊的压力近似计算可采用热轧板公式：

$$p = Kn_{\sigma}n_{b}n_{s} \tag{2-43}$$

式中 K——铸坯的变形抗力，MPa；

n_{σ}——应力状态系数，考虑外摩擦和张力对单位压力的影响；

n_{b}——宽展影响系数，考虑铸轧坯有宽展时对单位压力的影响；

n_{s}——外端影响系数，考虑轧制区外端对单位压力的影响。

变形抗力由下式求得：

$$K = n_{v}n_{h}\sigma_{s} \tag{2-44}$$

式中 n_{v}——变形速度影响系数，考虑铸轧坯在不同变形速度下对变形抗力的影响；

n_{h}——加工硬化影响系数，考虑金属因变形产生的加工硬化现象对变形抗力的影响，对铸轧坯可视为平面变形，取1～1.15；

σ_{s}——铸轧坯的屈服极限，MPa。

应力状态系数 n_{σ} 按下式计算：

$$n_{\sigma} = 1 + \frac{\delta[1 - \sqrt{1 - \varepsilon}]^2}{\varepsilon} \tag{2-45}$$

其中：

$$\delta = \frac{2\mu}{\phi}$$

$$\varepsilon = \frac{\Delta h}{h_0}$$

式中 ε——相对变形率；

Δh——绝对压下量，mm；

h_0——铸轧带坯轧前的厚度，mm；

μ——铸轧带坯与铸轧辊之间的摩擦系数；

ϕ——咬入角。

外端影响系数 n_{s}，$\frac{L_3}{h} > 1$ 时，取 $n_{s} = 1$。其中，$h = \frac{h_0 + h_1}{2}$；L_3 为变形区弧长，mm。

变形速度影响系数 n_{v} 由试验数据做成表，可从表中查得，也可用下式计算：

$$n_{v} = \frac{v_1 \Delta h}{L_3 h_0} \tag{2-46}$$

式中 v_1——铸轧坯的出口速度，m/s。

加工硬化影响系数 n_{h} 用下式计算：

$$n_{h} = \frac{\sigma_{s0} - \sigma_{s1}}{2\sigma_{s0}} \tag{2-47}$$

式中 σ_{s0}——铸轧带坯在进入变形区时，材料的屈服极限，MPa；

σ_{s1}——铸轧带坯出辊时的温度下，材料的屈服极限，MPa。

求出以上各系数的值，就可算出轧辊上的平均单位压力，即：

$$p = n_v n_h n_\sigma n_b n_s \sigma_s \tag{2-48}$$

铸轧带坯的总铸轧力为：

$$P = pbL \tag{2-49}$$

式中 b——铸轧带坯宽度，mm。

B 现代算法

人们发现连续铸轧成形的流变特性与黏性流体的特性极为相似，于是研究工作者将黏性流体力学理论用于研究铸轧成形过程的力能参数，通过一系列的分析、假设、推演、计算，得出了连续铸轧力的近似解析解：

$$P = pbL_3 \tag{2-50}$$

其中：

$$p = \frac{2k}{\sqrt{h_1 \Delta h}}\left[\arctan\omega - 2\operatorname{arccot}\left(\frac{\omega}{2}\right) + \frac{2\phi}{\omega}\right] - \frac{\sigma_a - k_1}{2}$$

$$\omega = \frac{\Delta h}{h_1}$$

$$\phi = \ln\frac{3h_1 + h_0}{4\sqrt{h_1 h_0}}$$

式中 k——接触表面摩擦力；

k_1——出口区铸轧坯变形抗力，MPa；

σ_a——前张应力，MPa。

现代计算公式与传统计算公式形式上一样，但物理概念不尽相同。这里不作详细介绍。

2.3.1.4 铸轧力矩的计算

铸轧力矩主要产生在结晶区和固态变形区，由结晶区凝固锥发生塑性弯曲所产生的阻力矩 M_{z1} 和固体变形区的铸轧力矩 M_{z2} 组成。

M_{z1} 计算式如下：

$$M_{z1} = \frac{\sigma_s b h_0^2 L_2}{48} \tag{2-51}$$

式中 L_2——结晶区长度，mm；

h_0——铸轧带坯变形区入口侧厚度，mm。

M_{z2} 计算式如下：

$$M_{z2} = \frac{bKL_3^2}{4R\nu}\left[\frac{R^2}{L_3}(2L_3^2\lambda + \mu^3\lambda - L_3) - \frac{L_3^2}{3}(3L_3\lambda - 1) + \nu(L_3^2 - 2R^2)\right] \tag{2-52}$$

其中：

$$\lambda = \arctan\mu L_3$$

$$\mu = \sqrt{\frac{\Delta h}{m}}$$

$$\nu = \sqrt{h_1 \Delta h}$$

空载力矩主要根据转动零件的质量及轴承的摩擦圆半径进行计算，它等于驱动所有零件力矩之和。换算到电机轴上后的空载力矩为：

$$M_k = \Sigma \frac{G_n \mu_n \overline{d}_n}{2 i_n \eta_n} \tag{2-53}$$

式中 G_n——作用在轴承上的负荷，等于零件的质量，kg；

μ_n——轴承的摩擦系数；

i_n——由电机到所计算零件的减速比；

$\overline{d}_n$——轴承的平均摩擦直径，mm；

η_n——由电机到所计算零件的传动效率。

附加摩擦力矩主要考虑轧辊轴承引起的摩擦力矩和旋转密封引起的摩擦力矩两部分。由于铸轧要给旋转的铸轧辊供排冷却水，安装有旋转接头，因此在铸轧辊转动过程中，两道密封圈引起的附加摩擦力矩为：

$$M_{m1} = \frac{p\mu_2}{20}(d_1 + d_2) \tag{2-54}$$

式中 p——铸轧力，kN；

d_1，d_2——铸轧辊供排水处辊颈直径，mm；

μ_2——辊颈与密封圈之间的摩擦系数，经测算取值范围在0.31～0.35之间，铸轧辊新时取大值，反之取小值。

铸轧力采用下式计算：

$$P = F\rho = F\left[K\sqrt{\frac{R\overline{h}}{\Delta h}}\ln\left(\frac{h_0 h_1}{\overline{h}^2}\right) + \frac{\sigma_q - K}{2}\right] \tag{2-55}$$

式中 F——铸轧变形区接触面积水平投影，mm^2；

K——出口侧金属的变形抗力，MPa；

R——铸轧辊半径，mm；

$\overline{h}$——平均厚度，$\overline{h} = \frac{h_0 + h_1}{2}$，mm；

σ_q——前张应力，MPa。

铸轧辊轴承摩擦力矩为：

$$M_{m2} = Pd\mu_1 \tag{2-56}$$

式中 d——与铸轧辊轴承配合处的轴承直径，mm；

μ_1——轴承摩擦系数。

总的附加摩擦力矩可表示为：

$$M_m = M_{m1} + M_{m2} + \left(\frac{1}{\eta} - 1\right)\frac{M_z + M_{m2}}{i} \tag{2-57}$$

式中 i——传动系统速比；

η——传动系统总效率。

总轧制力矩由铸轧力矩 M_z、空载力矩 M_k 和摩擦力矩 M_m 组成[6]，用下式表示：

$$M = \frac{M_z}{i} + M_k + M_m \tag{2-58}$$

2.3.1.5 生产中铸轧区的确定

在生产实践中，铸轧区长度的确定是极其重要的，它关系到产品质量的好坏、生产效率的高低，设备和辊套的使用寿命等。影响铸轧区的主要因素有：

（1）在一般条件下，轧制区与铸轧区总长之比约为$\frac{7}{10}\sim\frac{8.5}{10}$，即$L_3 : L = \frac{7}{10}\sim\frac{8.5}{10}$，这一点与实测数据是吻合的。根据上面的计算可知$L_3 = \sqrt{R\Delta h}$，铸轧区随辊径和压下量的不同而不同。辊径大，压下量增加，铸轧区增大；辊径小，压下量减少，铸轧区减小。

（2）从工艺的角度考虑，在一定的铸轧区条件下，铸轧速度增加，不改变冷却强度，铸造区延长，相应地轧制区减小，这将破坏铸轧平衡，因此铸轧区应增大；相反，铸轧速度降低，铸轧区应减小（见图2-21）。

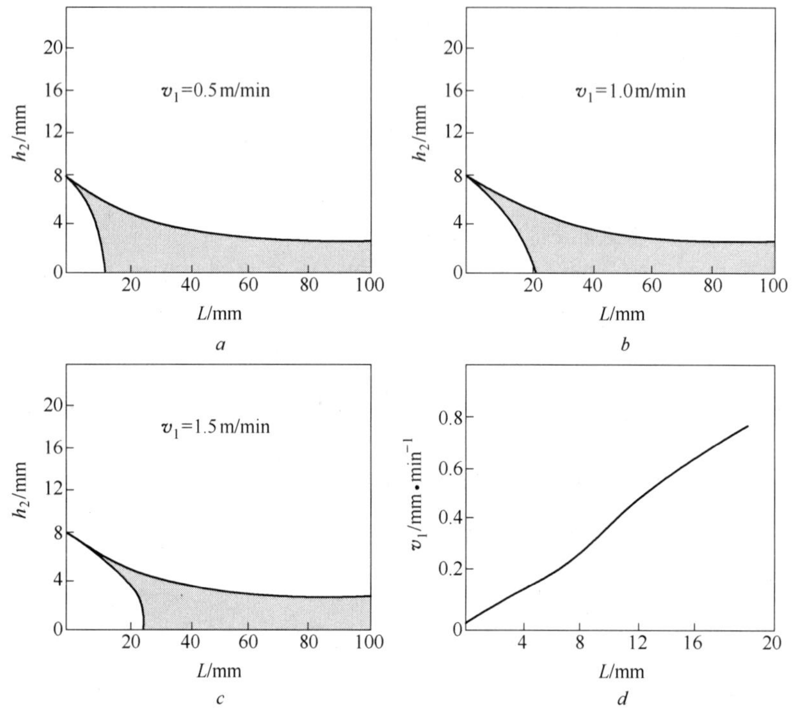

图 2-21　铸轧速度变化对结晶区长度的影响

（3）从铸轧机考虑，铸轧区越大，铸轧力越大，轧制力矩越大。过大的铸轧力和过大的轧制力矩，会使铸轧辊套龟裂加速，传动系统负荷加重，影响设备和辊套的使用寿命。

（4）从生产效率考虑，铸轧区小，铸轧速度慢，生产效率低，同时对生产工人的操作水平要求较高。要提高生产效率，增大铸轧区是方法之一。

在生产中，一定型号的铸轧机，对应于一定范围的最佳铸轧区。事实上，每次铸轧区的大小在铸嘴组装时就确定了，当然如果生产条件发生某些变化，生产中也可在一定范围内对铸轧区进行适当调整，但是调整的范围是有限的。铸轧区过大或过小都会影响铸轧质量或生产效率。有时为了解决某些技术问题，不顾最佳铸轧区的条件，一味地搞小铸轧区或大铸轧区，结果一个问题解决了，更多的问题冒了出来，既影响了质量，又损害了效益。根据有关厂家多年的生产经验，综合考虑，标型铸轧机（铸轧辊辊径650mm左右）最佳铸轧区为40～48mm，超型铸轧机（铸轧辊辊径960mm左右）为50～65mm，辊径大于960mm时可适当增大。纯铝一般取上限，合金一般取下限。

2.3.1.6 铸轧区、轧制区相互比例关系的测算

在实际生产中，为保证产品质量，对生产工艺参数在一定范围内要进行适当的调整，因此铸轧区与轧制区之间的比例关系也在一定范围内进行变化。其变化范围可以通过计算求得，但是计算结果是否准确，取决于所取参数是否客观、真实。参数略作修正，计算结果则相差甚远。最好的办法是进行实际测量。

测量的方法是：在一定的工艺条件下停止铝液供给，关掉主机，终止铸轧，保持铸轧区内的现状。待其剩余液体充分凝固后，打开辊缝，取出铸嘴和板坯。由于突然停止供液，轧制区内的金属在轧制力的作用下，已经发生轧制变形；而铸造区内上下表面已经凝固，但中心金属液体尚未凝固，所以铸造区基本上不承受轧制力。其中心金属凝固后，发生收缩，液相变固相所产生的收缩远大于固相在降温条件下的收缩，因此在轧制区与铸造区之间留下一条明显的分界线。轧制区终了阶段，即带坯脱离轧辊中心线瞬间，其变形程度最大，待其轧制区在辊缝内冷却之后，轧制区终了也留下一条明显的分界线。熔体流出铸嘴更存在着明显的分界。测量轧制区的长度和冷却区+铸造区的长度，或者用铸轧区的长度减去轧制区的长度，即可求出轧制区对铸轧区的比例关系。

2.3.1.7 铸轧温度

在板带生产过程中，铸轧辊套表面直接与熔体金属接触，在铸轧区内承受着高温热应力，离开铸轧区后，外表面受空气冷却，内表面受冷却水冷却，内外表面温度差异较大，在一个铸轧周期内，径向各个不同的点温度不同，在同一点上不同的时间温度不同，因此铸轧辊套始终处于冷热应力交变状态。

为了更好地延长铸轧辊套的使用寿命，必须了解辊面温度的分布情况。

A 辊面温度计算

俄罗斯库兹涅佐夫建议用下式计算辊面温度：

$$T_{gb} = \frac{\rho_g h_1}{2t_z(k_{gt} + k_{tk})}\left[\left(e_{jj} + c_p \frac{T_{jj} - T_{pb}}{2}\right) + \frac{c_p}{2}\left(\frac{T_{jj} - n_p T_{pb}}{n_p + 1} - T_{pl}\right) + t_z(k_{gt} T_s + k_{tk} T_f)\right] \tag{2-59}$$

式中 t_z——铸轧辊旋转一周所需要的时间，s；

ρ_g——辊套材料的密度，kg/m^3；

h_1——带坯的厚度，mm；

T_{jj}——铸轧带坯的结晶温度，℃；

T_{pb}——铸轧带坯的表面温度，℃；

T_{pl}——铸轧带坯离开铸轧区时的温度，℃；

T_s——冷却水的温度，℃；

T_f——冷风的温度，℃；

e_{jj}——铝熔体的结晶潜热，kJ/kg；

c_p——铸轧带坯的比热容，kJ/(kg·℃)；

n_p——铸轧带坯中温度分布指数；

k_{gt}——铸轧辊套材料的传热系数，$kJ/(cm^2 \cdot h \cdot ℃)$；

k_{tk}——铸轧辊套与空气的热交换系数，$kJ/(cm^2 \cdot h \cdot ℃)$。

B 铸轧辊表面温度分布

在板带铸轧生产过程中，铸轧辊既起着结晶器的作用，又起着变形工具的作用。铸轧辊与液体金属直接接触，辊芯与辊套之间又有大强度的冷却循环水，同时铸轧辊套表面还向周围空间不断地散发热量，所以铸轧辊圆周的表面温度变化范围很大。铸轧生产中，沿圆周方向实际测得的温度分布如图 2-22 所示。

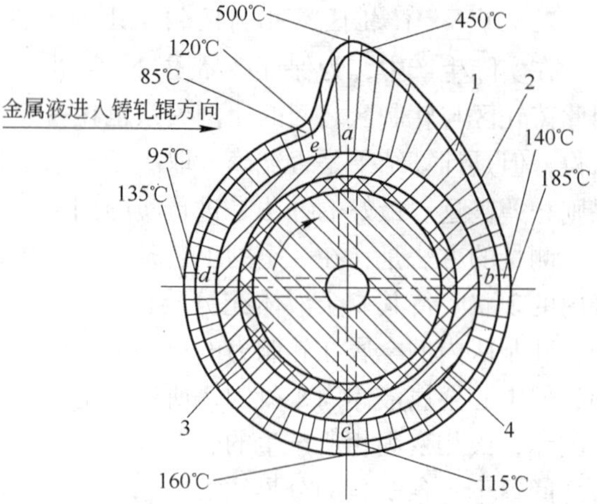

图 2-22 铸轧辊辊套表面温度分布

1—铸轧区长度 $L=70$mm，带坯厚度 $h_1=9.0$mm；
2—铸轧区长度 $L=50$mm，带坯厚度 $h_1=7.5$mm；
3—铸轧辊辊芯；4—铸轧辊辊套

由图 2-22 看出，当辊套与铝液接触时，辊套表面温度骤然升至最高，达 500℃（铸轧区 50mm，带坯厚度 7.5mm）或 450℃（铸轧区 70mm，带坯厚度 9.0mm）；随着铸轧过程的进行，轧辊旋转，逐渐与铸轧带坯脱离，辊面温度逐渐下降。当旋转至再次将与铝液接触前，温度相应降至最低点 120℃和 85℃。旋转一周的最大温差达 365℃和 380℃。这种巨大的交变的温差变化，是促使辊套发生龟裂的重要原因。

C 铸轧温度的确定

在生产实践中，铸轧温度也是一个极其重要的参数。温度高，结晶时间长（见图 2-23），铸轧速度慢，生产效率低，易发生粘板、马蹄形裂纹等缺陷；同时使轧辊表面温度变化加剧，发生的热交变应力增加，降低辊套的使用寿命；温度低，熔体流动性差，不利于变质剂的溶解和扩散，易形成大晶粒和组织不均匀现象等缺陷，同时增加冷变形当量，增加绝对压下量，加大了铸轧力。甚至易在铸嘴内结晶凝固（见图 2-24），损坏铸嘴。

一般纯铝系列的铸轧温度（前箱温度）控制在 685 ~ 700℃左右，合金则视其结晶区间的不同而异。结晶区间大的合金，铸轧温度应适当提高。5005 合金一般为 715℃。

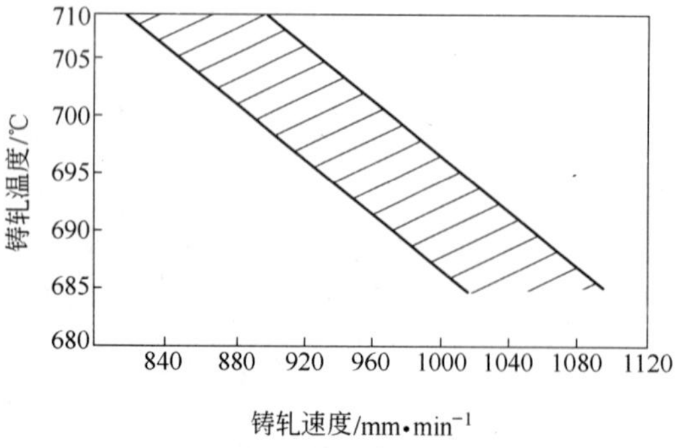

图 2-23 铸轧温度与铸轧速度的关系

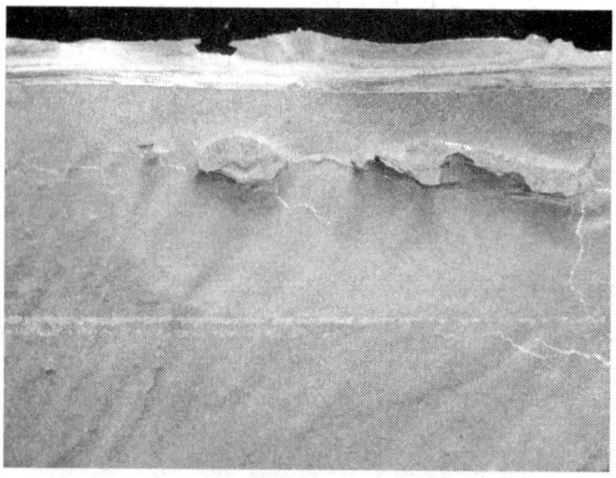

图 2-24 铸轧温度低时铸嘴内结晶前沿发生凝固的情况

2.3.1.8 铸轧速度

在板带连续铸轧时，带坯的结晶过程是从铸轧辊表面垂直地向铸轧坯料中心沿出口侧向入口侧逐渐扩展的。铸轧区呈三角形，随着铸轧轧辊的不断旋转，热量从垂直于铸轧辊表面不断由冷却水带出，与液相线相一致的等温面便逐渐地向熔体深处推移。对具有一定结晶温度范围的合金，这个等温面相当于结晶开始面。而等同于不平衡固相线温度的等温面，为结晶终了面。包含在结晶开始面和结晶终了面之间的区域，由液、固两相组成，称为两相区。所以铸轧前沿总是存在着三个区域：液相区、两相区和固相区。如前面所说，固相区即轧制区，而轧制区与铸轧区的比约为（0.7 ~ 0.85）：1 左右，小于这个比例和大于这个比例都可能破坏铸轧的稳定性，迫使铸轧终止。所以，首先要了解熔体的凝固特性，掌握熔体的凝固时间。

A 带坯凝固时间的计算

库兹涅佐夫将轧辊温度场描述成二次抛物线形，推导出微分方程解[6]，计算结果为：

$$t_{ng} = \frac{(n_p + 1)^2}{4E^2}\left[AB + \sqrt{A^2B^2 + \frac{2n_p\lambda_y h_1\rho_p(T_{pb} - T_{gb})B}{(n_p + 1)\rho_g c_g k_g}}\right]^2 \tag{2-60}$$

$$A = \frac{h_1\rho_p}{4\rho_g c_g}$$

$$B = \left[e_{jj}c_p\frac{T_{jj} - T_{pb}}{n_p + 1}\right]$$

$$E = (T_{pb} - T_{gb})\sqrt{n_p k_g(n_p + 1)}$$

式中 h_1——铸轧带坯出口厚度，mm；

t_{ng}——铸轧带坯凝固时间，s；

ρ_p——铸轧带坯密度，kg/m^3；

ρ_g——辊套材料密度，kg/m^3；

λ_y——液态金属导热系数，kJ/(cm · s · ℃)；

c_g——辊套材料的比热容，kJ/(kg · ℃)；

c_p——铸轧带坯的比热容，kJ/(kg · ℃)；

n_p——铸轧带坯温度分布指数；

e_{jj}——金属结晶的潜热系数（质量能），kJ/kg；

T_{pb}——铸轧带坯表面温度,℃；

T_{gb}——铸轧辊进入铸轧区进口处的表面温度,℃；

k_g——辊套材料的热扩散率，mm^2/h；

T_{jj}——铸轧带坯结晶温度,℃。

B 影响铸轧速度的因素

影响铸轧速度的因素包括：

（1）铸轧辊辊径。辊径增大，铸轧辊旋转一周的时间增长，在和小辊径铸轧辊轧制速度相同的情况下，其单位时间导走的热量增加。如果其他条件不变，这可能使铸轧温度过低，破坏铸轧平衡，因此速度应适当加快，以保持与之相平衡的温度。

（2）冷却强度。很明显，冷却强度增大，单位时间导走的热量增加。欲保持正常铸轧温度，铸轧速度自然需要增快。

（3）辊套材料导热系数与辊套厚度。铸轧时，熔体降温时释放的热量与凝固时释放的结晶潜热，绝大部分是由辊套传导给冷却水导走的。辊套材料导热系数大，导走的热量多；辊套厚度减薄，传热的距离减小，单位时间导走的热量多，自然铸轧速度增加；反之则应降低。

在特定的装备和工艺条件下，铸轧速度与板坯厚度的乘积基本上为一常数，即：

$$v\delta = K \tag{2-61}$$

式中 v——铸轧速度，m/min；

δ——板坯厚度，mm；

K——生产率常数。

（4）铸轧温度。铸轧温度高，熔体内所含的热量多，使熔体达到结晶温度所释放的热量增加，其传热条件不变，则需增加传热时间，故铸轧速度降低；反之应加快铸轧速度（见图 2-24）。

（5）铸轧区。铸轧区越长，熔体和带坯与铸轧辊套接触的面积越大，单位时间内所能带走的热量越多，因此铸轧速度增快；反之则减小（见图 2-25）。

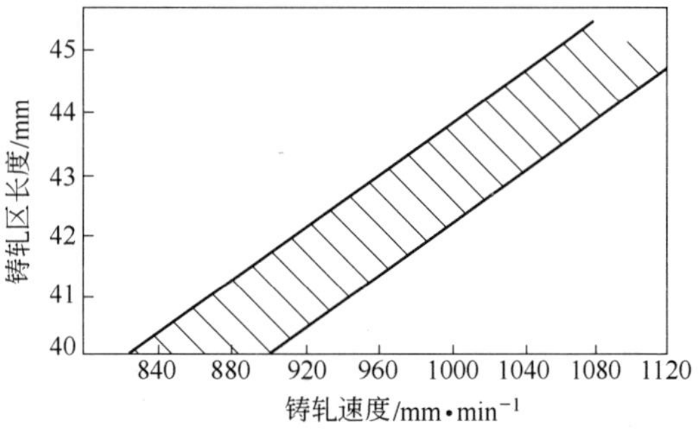

图 2-25 铸轧区长度与铸轧速度的关系

（6）合金特性。一般来说，凡合金都有一定的结晶温度区间，存在着液相与固相的两相共存区。合金成分越复杂，含量越高，两相共存区越大。结晶开始与结晶终了之间的温差越大，铸轧速度快时，在一定的铸轧区长度下，铸造区的长度加大，轧制区长度减小，将使轧制区与铸轧区之比小于 7/10 而破坏铸轧平衡，甚至将尚未完全结晶的两相区拉出铸轧区，形成热带缺陷。这就是迄今铸轧法不能生产成分复杂、结晶区间很大的硬合金系列的重要原因。

C 铸轧速度的确定

铸轧速度的具体确定，要根据各方面的实际情况，综合考虑。在一定条件下，速度太快，可能缩短轧制区（见图 2-25），加大液穴深度，产生马蹄形裂纹、粘板、热带等缺陷；速度太低，增大轧制力，影响产量，破坏轧制平衡条件，损伤铸嘴，终止铸轧（见图2-24）。其最佳速度：对标型铸轧机，一般为 0.7～1.0m/min；超型铸轧机一般取 1.1～1.3m/min。在不影响产品质量的前提下，如果调配适当，铸轧速度可适当加快。

2.3.1.9 前箱液面高度

铸嘴和辊缝之间存在一定的间隙，铝熔体对铸嘴和辊套基本上是不浸润的。所以，熔体在嘴辊之间的缝隙处，依靠其表面张力，形成一弯曲弧，与前箱熔体液面与辊缝间的高度差所产生的静压力相平衡。对倾斜式铸轧机而言，还得加上由倾斜所产生的附加高度差（见图 2-26、图 2-27），其计算过程如下。

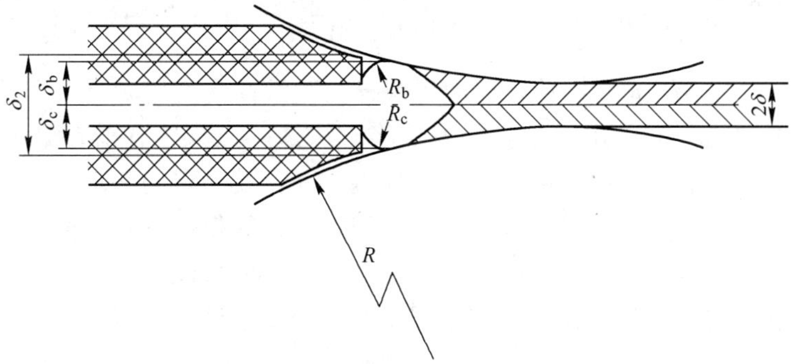

图 2-26 液穴深度示意图

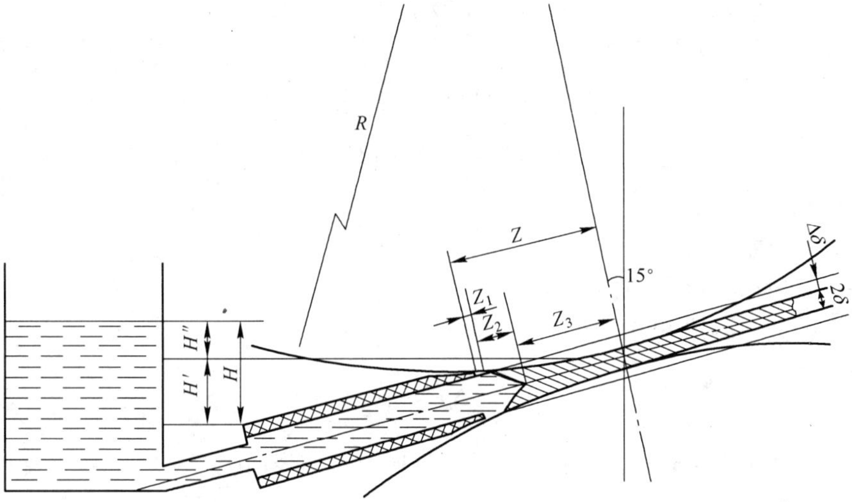

图 2-27 液面高度示意图

设前箱液面高度为 H，根据伯努利方程，得：

$$H = \frac{\sigma}{\rho g R_b} + \delta_b + \frac{v_1^2}{2g} + h_s = \frac{\sigma}{R_c \rho g} - \delta_c + \frac{v_1^2}{2g} + h_s \tag{2-62}$$

式中 σ——铝熔体表面张力系数；

ρ——铝熔体密度；

R_b，R_c——上、下液膜曲率半径，随液面高度的变化而变化；

v_1——铸轧速度；

h_s——压头损失，计算公式如下：

$$h_s = \xi_i \frac{v_1^2}{2g} \tag{2-63}$$

式中 ξ_i——阻力系数；

g——重力加速度。

将式 2-63 代入式 2-62，整理得：

$$H = \frac{\sigma}{\rho g R_b} + \delta_b + (1 + \xi_i)\frac{v_1^2}{2g} = \frac{\sigma}{\rho g R_c} - \delta_c + (1 + \xi_i)\frac{v_1^2}{2g} \tag{2-64}$$

由式2-64看出，$H \propto v_1^2$，即铸轧速度越快，前箱液面高度应越高；系统阻力增大，液面必须提高，否则就会出现孔洞、热带等缺陷。从这一点来说，应该是前箱液面高度越高，越有利于铸轧的进行。但是由于铸轧和轧辊之间存在一定的间隙，铝熔体在间隙处依靠其表面张力作用才能防止其渗入嘴辊间隙之间，使铸轧得以进行。而在一定条件下，铝熔体的表面张力系数是一定的，因此间隙间暴露的铝熔体所能承受的压力是有限的。设铝熔体表面膜所承受的压力为 Δp，则前箱液面高度对膜所产生的压力为：

$$\Delta p = \rho g(H'' + H') \tag{2-65}$$

式中　H''——倾斜式铸轧机的前箱液面高度；

H'——倾斜式铸轧机与垂直面倾斜15°所产生的附加高度。

其附加高度根据几何关系得：

$$H' = (Z\tan 15^\circ + E)\cos 15^\circ \tag{2-66}$$

$$E = R - \sqrt{R^2 - Z^2} + \delta \tag{2-67}$$

式中　Z——铸轧区长度；

R——轧辊半径；

δ——铸轧带坯厚度的1/2。

嘴辊间隙处铝熔体下表面膜对液体的压力为：

$$\Delta p = \frac{\sigma}{R_c} \tag{2-68}$$

很显然，在正常铸轧过程中，前箱液面高度对熔体表面膜产生的压力与表面膜对熔体所产生的压力应相等，即：

$$\frac{\sigma}{R_c} = \rho g(H'' + H') \tag{2-69}$$

由此可以看出，随着前箱液面高度的增加，熔体表面膜的曲率半径减小。将式2-63整理得：

$$H'' = \frac{\sigma}{R_c \rho g} - H' \tag{2-70}$$

当 $R_c \to 0$ 时，$H'' \to \infty$。显然，在连续铸轧中，嘴辊间不可能没有间隙，H''不可能无穷大。当 R_c 减小到1/2嘴辊间隙时，铝熔体将渗入嘴辊间隙中，发生泄漏。所以，前箱液面高度应遵循的原则是：

$$H'' \leqslant \frac{\sigma}{R_c \rho g} - H'$$

根据式2-70、式2-67、式2-66即可求出 H''。

2.3.1.10　冷却强度

液态金属进入铸轧区之后，即与通水内冷的铸轧辊套接触，其冷却强度与辊套材料、辊芯结构、辊套厚度、冷却水的温度和冷却水量有关。在生产中，辊套材料、辊芯结构已经确定，辊套厚度受到制约，只能在一定的范围内，有限量地进行变化，冷却水温受环境的影响，在一定的时间内，变化也是很小的。因此，热量绝大部分由冷却水带走。在特定条件下，依靠增大冷却水量，以提高冷却强度。

单位时间内冷却水从铸轧辊中带走的热量为：

$$\phi = [c_y(T_y - T_r) + c_g(T_r - T_p) + e_1]\eta \times 10^3 \tag{2-71}$$

式中 η——铸轧机生产能力，t/h；
T_y——供料嘴中流出金属液的温度,℃；
T_r——铝的熔点,℃；
T_p——铸轧带坯离开辊缝时的温度,℃；
c_g——固态铝带坯的比热容，kJ/(kg·℃)；
c_y——铝液的比热容，kJ/(kg·℃)；
e_1——铝的结晶潜热，kJ/kg。

每小时排出热量 ϕ 所需要的冷却水量为：

$$Q_{xs} = \frac{\phi}{c_s(T_{sc} - T_{sr})} \tag{2-72}$$

式中 T_{sr}——冷却水进入铸轧辊时的温度,℃；
T_{sc}——冷却水从铸轧辊排出时的温度,℃；
c_s——冷却水的比热容，kJ/(kg·℃)。

每分钟耗水量为：

$$Q_f = \frac{Q_{xs}}{60} \tag{2-73}$$

每吨铸轧铝板带的耗水量为：

$$Q_t = \frac{Q_f}{\eta} \tag{2-74}$$

实际生产中，一般来说，冷却强度越大，铸轧速度越快，生产率越高；但冷却强度过大，辊套内外表面温差增大，热应力增加，同时铸轧力增加，辊套使用寿命缩短；立板时，若环境温度较高，而冷却水温度太低时，板面容易出现三角口缺陷。在正常条件下，进出水温差控制在2~5℃之间。

2.3.2 铸轧生产实践

2.3.2.1 浇注系统准备

浇注系统的主要作用是从静置炉将液态金属输送到供料嘴，在输送过程中，进一步对铝熔体进行净化处理，提高熔体净度，保持熔体一定的、稳定的压力，保证铸轧的顺利进行。浇注系统由流槽、前箱、分配器以及附加的过滤、精炼、变质机构组成。

流槽：流槽是铝熔体从静置炉到前箱的通道。它应具有良好的保温性能、防吸潮性能，抗铝熔体腐蚀性能。如果需要在流槽中安装过滤器时，还需做成由单流槽过渡到双流槽再过渡到单流槽的形式，以利于过滤器的更换。流槽长度，在保证在线精炼和过滤的条件下，越短越好。

前箱与液面稳定器：前箱即中间包，它上连通流槽，下连接铝液分配器。它能储存一定量的铝熔体，通过漂浮式漏斗或杠杆式漂浮机构，保证液面高度的恒定。前箱也要求有良好的保温和防潮性能，浮于熔体表面的漂浮漏斗或漂浮块，其密度应小于熔体的密度，整个机构应反应灵敏，能对液面的些微变化及时进行调整（见图 2-28、图 2-29）。

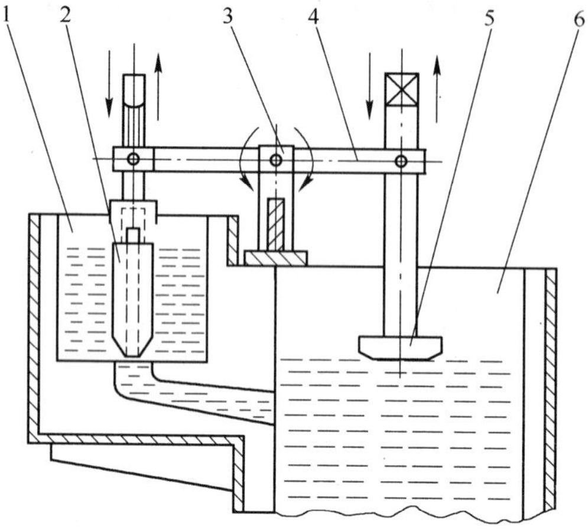

图 2-28　杠杆式金属液面高度稳定器

1—流槽；2—塞头；3—铰支座；4—杠杆；5—浮标；6—前箱

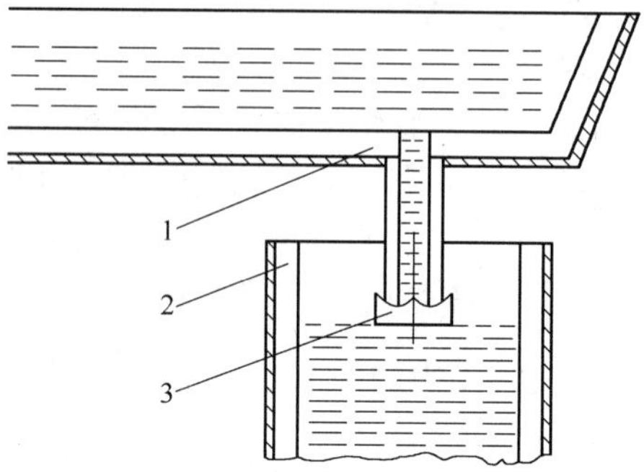

图 2-29　漂浮式金属液面高度稳定器

1—流槽；2—前箱；3—浮标

熔体分配器：铸轧带坯较宽时，有的在铸嘴（一级分配铸嘴）前即将熔体分成两股导入铸嘴内，以减少熔体在铸嘴内的行程，保证铸嘴内熔体温度的均匀。

2.3.2.2　铸嘴准备

铸嘴直接与辊缝相连，将铝熔体平稳、均匀地充满在铸轧辊缝之间，它既要保证铝液的平衡分配，又要保证铝液温度的平衡分布，又要不对熔体造成附加污染，这对保证铸轧板的尺寸精度、组织性能和表面质量是极其重要的。

对铸嘴材料的要求：具有良好的保温性能、防吸潮性能；有足够的强度和刚度，便于机械加工；良好的化学稳定性，不污染铝熔体；抗温变性好，线胀系数小，不因温度的急剧升降而变形、开裂。

A　铸嘴的制作

根据铸轧带坯的宽度、厚度，确定铸嘴的尺寸和嘴扇开口度，加工时必须保证尺寸精度和表面粗糙度，不允许有明显的坑洼和突起物，尤其是铸嘴内表面部分一定要予以保证。

B　铸嘴结构

诚如上述，铝熔体在嘴内的流线分布要合理，无死角。宽 1m 以下板坯采用单入口铸嘴，1m 以上板坯可采用双入口结构（见图 2-30、图 2-31）。近些年来，为了进一步改善铸嘴内的流场和温度场，将铸嘴内的分流布置作了较大改进，有一级分流、二级分流和三级分流结构。一级分流结构如图 2-32 所示，三级分流结构如图 2-33 所示，实现了流场和温度的均衡分布。

生产铸轧板厚度较厚时，由于铸轧区内熔体上下表面存在一定的温差，上表面温度略

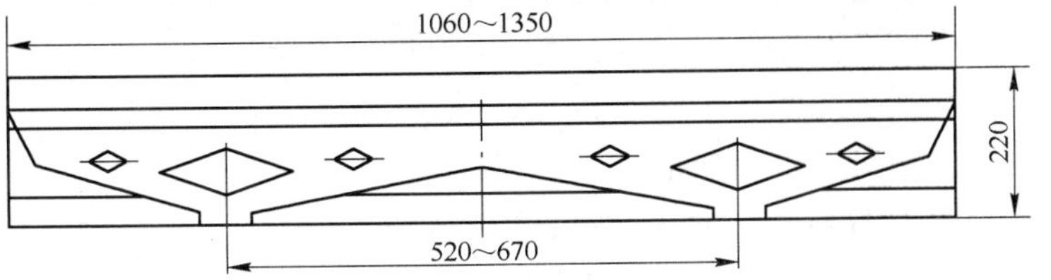

图 2-30　双入口铸嘴结构

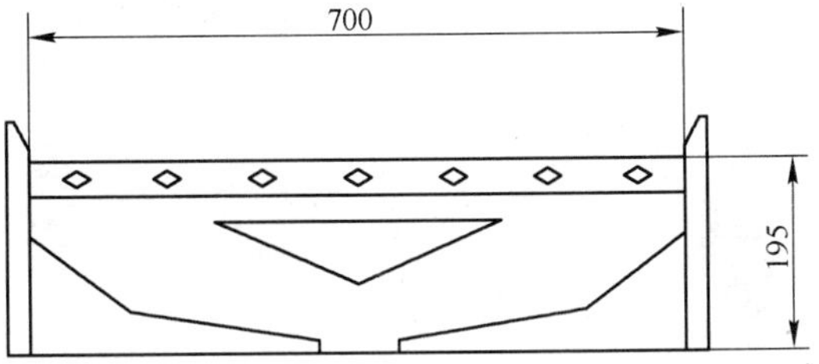

图 2-31　单入口铸嘴结构

图 2-32　一级分流铸嘴

图 2-33　三级分流铸嘴

高于下表面的温度，因而会使结晶组织中心线上移，引起上下组织的不对称（见图2-34）。为了保证上下组织的对称性，改善铸轧板的后续加工组织与工艺性能，组装铸嘴时将上嘴扇后缩一定距离。其尺寸视铸轧板的厚度而定。

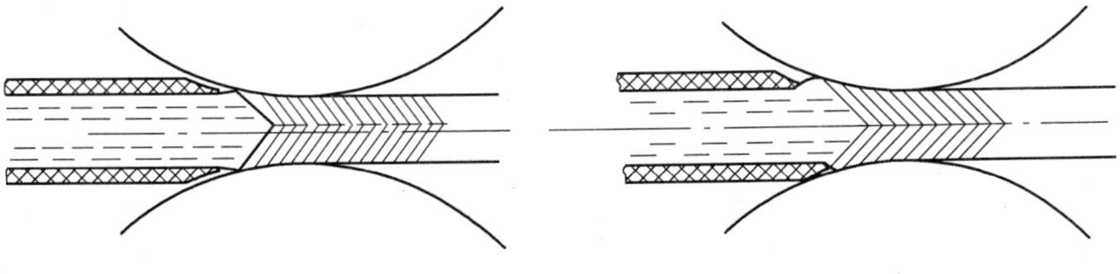

图 2-34　装配不同的嘴子结晶示意图

a—嘴唇平齐；*b*—上嘴唇向后缩进一定距离

C　耳子结构

耳子前端向铸嘴两端外面适当倾斜，与铸嘴两端存在一定的夹角，有利于铸轧板从嘴子拉出。其夹角的大小随铸轧的要求不同而异，一般有15°、30°、45°（图2-35）之分。采用45°耳子可以减少或消除铸轧板特别是纯铝板的边裂现象，减少后续冷轧加工道次的切边量，提高成品率；但是铸轧带材容易向两边扩展，边部减薄，带宽增加，引起带卷错层，特别是调整前箱液面高度或前箱液面产生波动时错层比较明显（见图2-36）。生产结晶区间比较大的合金，如5052时，有时可能在边部产生斜向裂纹（见图2-37、图2-38）。采用15°耳子，可以避免产生上述缺陷，但是易产生边裂（见图2-39）。边裂不会影响工艺性能，但可能会使成品率有所降低。采用30°耳子居于上述二者之间。

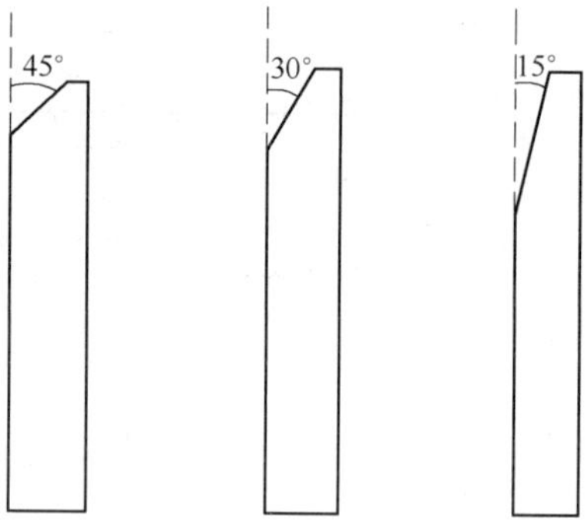

图2-35　耳子倾角示意图

图2-36　采用45°耳子生产时发生的端面错层

图2-37　5052合金铸轧卷的斜向裂纹（长白线）

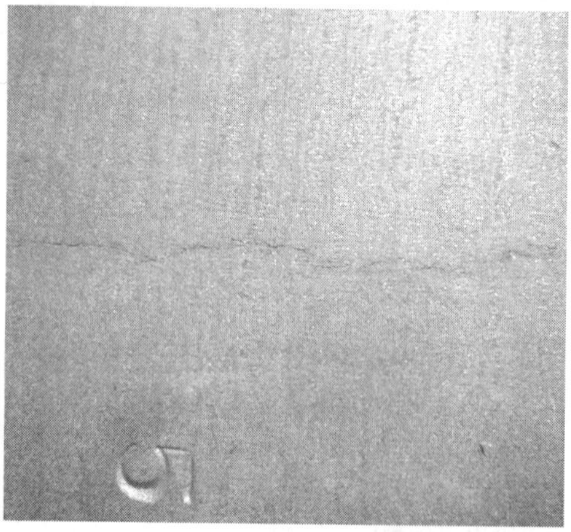
图2-38　腐蚀后裂纹的低倍组织

图2-39　铸轧卷端部的边裂状况

D　铸嘴预热

铸嘴加工组装完成之后，需将其置于加热炉内预热保温。一般预热温度100℃左右，保温4h以上。但对有一定吸潮特性，可能生成结晶水的材料的铸嘴材料，需加热至350℃，保温4h以上。预热温度高，容易引起铸嘴变形。

2.3.2.3 过滤箱准备

过滤箱式样多种多样，有单膛，有双膛；过滤片有立式单插式、双插式、多插式；有横卧式；有加热保温的，有不加热保温的等。在铸轧生产中，一般采用双膛立插式过滤箱（如图2-40），一膛在线，一膛备用，比较方便、简单适用。可采用单级过滤，也可进行双级过滤、三级过滤等。过滤效果随过滤材料的厚度、过滤孔径目数、过流面积大小、过滤级数和过滤片的组合方式有关。

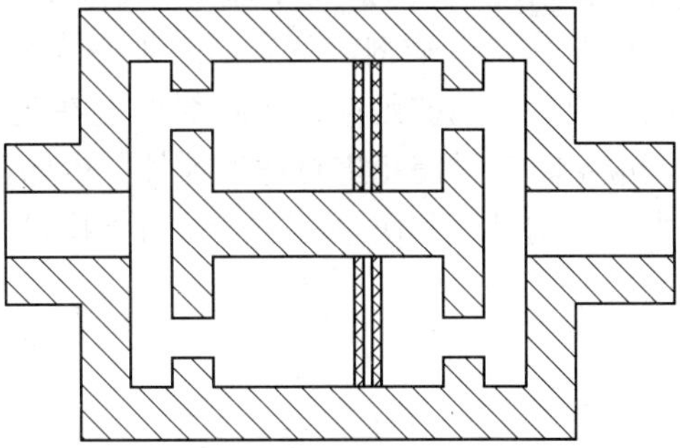

图2-40 双膛立插式过滤箱示意图（均为双级过滤）

过滤箱容积不宜过大，熔体流经过滤箱的时间宜控制在5min左右。

安放过滤片时，过滤片与箱体要接合良好，不能产生熔体旁漏现象；进行多级过滤时，目数少（孔径大）的在前，目数多（孔径小）的置后；过滤片与过滤片之间略有间隙即可。使用前，最好对过滤片加热，特别是在冬季和雨季，温度过低或湿度太大时，加热要充分，防止熔体在过滤片中凝结，造成过滤片局部堵塞，影响过流量和过滤效果。

2.3.2.4 立板

立板是铸轧带坯中的一道非常重要的工序。立板的好坏，立板是否成功，直接关系到铸轧带坯的质量。在立板作业中，必须注意下述问题：

（1）根据拟定的铸轧板坯厚度，已知的轧辊直径、轧辊凸度和铸轧机的特性，预先确定轧辊辊缝，安装铸嘴时应仔细测量和调整。调整后两边的辊缝应完全相同，不允许有偏差。

（2）安装铸嘴，测定铸轧区的大小，调整嘴辊间隙，两边的嘴辊间隙和铸轧区长度都应相同。嘴辊之间对硬嘴材料必须有一定间隙，不允许发生接触。嘴辊接触，会产生摩擦，将在铸轧带坯上留下纵向辊痕；嘴辊间隙过小，容易积留铝粉和润滑残留石墨，板面易发生组织偏析。两端耳块应紧固牢靠。调整完后，启动铸轧机正转、反转几分钟，确认嘴辊合适的间隙距离。

（3）根据环境条件适当提高熔体温度。一般将熔体温度控制在730~750℃之间。环境温度较高时取下限，环境温度较低时取上限。

（4）做好流槽、前箱、液面高度稳定器、分配器的装配工作，各连接点一定要接合良好。做好立板前跑渣的准备。经检查确认无误后放流立板。

（5）放出铝液前，应对轧辊进行加热，除去轧辊表面的附着水，防止立板时铝水爆炸。对倾斜式铸轧机，放出铝液，让高温熔体加热流槽、前箱、分配器和轧辊，提高轧辊的旋转速度，使铝液成碎块状掉入或扒入废料箱内。

（6）待流槽、前箱和轧辊加热到预定温度时，将轧辊转动速度减慢至正常轧制范围，待其正常出板。仔细观察出板情况。出板时头部基本呈一字形，比较整齐，则板带同板差一般是合格的。否则，一边先出，一边后出，则同板差可能超标。再观察板面和两边耳块有无异常情况，发现问题，立即应对处理。

（7）添加变质剂。变质剂应加在在线精炼之后与过滤之前。添加温度在715～730℃之间。随着时间的延伸，变质剂可能在过滤前产生一定沉淀，影响过滤和变质效果。因此，应定时对过滤箱进行适度搅拌，以保证变质剂成分的均匀；当过滤片前后的压头差异过大，影响供流和质量时，应及时更换过滤槽。

3 电磁铸轧

当前在铝及铝合金的铸轧生产中，为了获得均匀细小的等轴晶组织，最有效的办法是采用铝钛硼丝进行在线变质处理。但这种方法对铝钛硼丝的技术要求相当严格，同时在材料中增加了 $TiAl_3$、TiB_2 等硬相颗粒物，会影响加工产品的组织和性能，如增加双零铝箔的针孔率，产生 PS 版基的黑白条缺陷。西北铝加工厂与中南大学合作，研究开发了电磁铸轧技术，在铸轧结晶前沿引入一个具有一定强度、以一定的振荡频率和振荡方式的电磁场，将结晶中的枝晶击碎，使之迅即弥散分布在结晶前沿，成为“外来”结晶核心，从而获得细小、均匀、等轴的铸轧组织，开辟了铝及铝合金熔体变质的新途径，能避免钛、硼等化合物颗粒带来的不利影响。

3.1 电磁铸轧设备

3.1.1 电磁发生器

电磁发生器是电磁铸轧的核心部件，主要由两部分组成：电磁感应器和变频装置。

电磁感应器由带铁芯的线包和相应的导磁磁靴构成。线包由空心导电紫铜管制造，空心为工作时通水冷却用。线圈缠绕方式分两种：一种为双线共绕式（见图 3-1），双线同时与电源连接。这种线圈由于电流互感强，感抗大，通电电流小时，磁场强度弱，铸轧时对晶粒的细化作用小；增大电流，线圈发热厉害，能耗增加，同时容易使线包烧毁。另一种为单线分绕式（见图 3-2），即将线圈用绝缘材料隔离开，分为上下两部分。上、下两部分均为单线缠绕。这种方式减小了感抗，提高电磁效率，节约电能，降低线包本身的发热程度，保证线包长期持续工作。

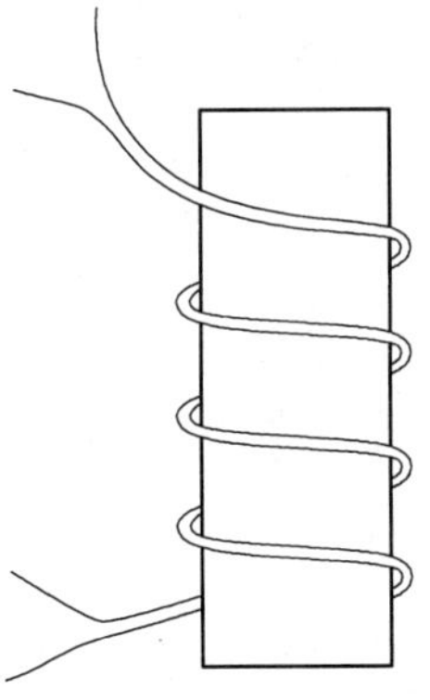

图 3-1　双线共绕式

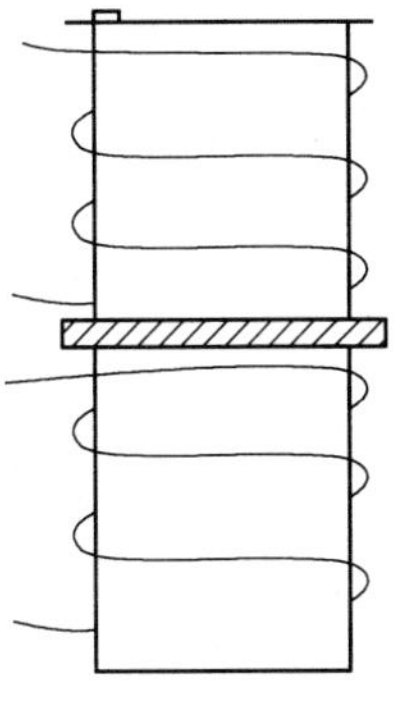

图 3-2　单线分绕式

电磁感应器产生的磁力线需通过导磁铁芯、铸轧辊辊缝（对铸轧而言最主要最有效的磁力线是通过铸嘴结晶前沿和结晶完成时的液穴中的铝熔体的部分）、导磁磁靴，再回到导磁铁芯，组成闭合回路。在这个闭合回路中，要求磁阻小，产生的磁力线尽可能集中通过铝熔体结晶前沿，防止磁通旁漏，以很小的激磁电流在铸轧辊缝间产生很大的磁场强度。因此，导磁铁芯和导磁磁靴在电磁铸轧中是一个非常重要的部件。

导磁铁芯和导磁磁靴均由硅钢片叠合制成。导磁铁芯、导磁磁靴与铸轧辊套相接触的一端制成圆弧状，其圆弧的曲率半径应等于铸轧辊套的最大半径，以尽可能减小磁靴与轧辊之间的间隙，从而减小磁力损失（见图 3-3）。

图 3-3　导磁磁靴示意图（前端与辊套接触部分为圆弧面）

导磁铁芯和导磁磁靴的个数随铸轧辊辊身的长度不同而不同，同时还和浇注系统的结构有关，一般为 3*n* 个，*n* 为 2、3、4 等整数。1600mm 铸轧机可用 6 个导磁铁芯和导磁磁靴，1850mm 铸轧机可用 9 个导磁铁芯和导磁磁靴。

电磁发生器的接线方式：将带铁芯线包分成三组，分别与正交的 A、B 两相连接，三个 A 相和三个 B 相分别串联（见图 3-4）。通电后，磁力线通过铁芯 5—铸轧区铝熔体—上压板铁芯—返回铁芯 5，形成闭合磁路。

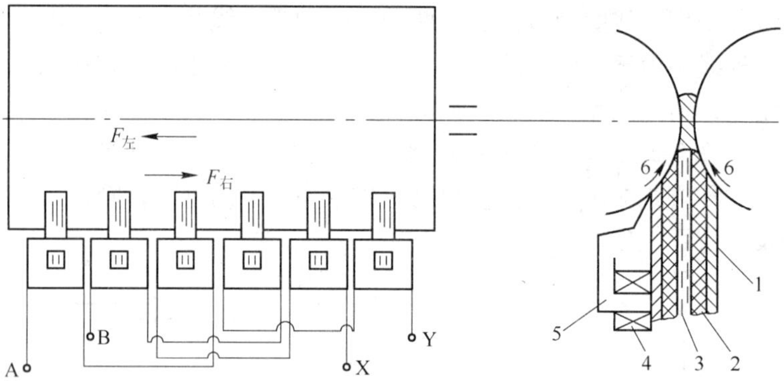

图 3-4　电磁铸轧接线原理示意图

1—上压板；2—供液嘴；3—铝熔体；4—感应线圈；5—铁芯；6—铸轧辊；
A—A 相电流输入端；X—A 相电流输出端；B—B 相电流输入端；Y—B 相电流输出端

3.1.2　底盘系统

电磁感应器装于底盘之下的托架上，故对底盘有如下要求：

（1）底盘负重较大，要求有较大的刚度。底盘的固有振动频率应小于或大于电磁频率，避免因电磁振荡而产生共振，影响结晶前沿熔体液面的平稳。

（2）底盘应为非导磁体，防止发生涡流损耗和漏磁，或将托架、带铁芯线圈、导磁磁靴组装成一体（见图 3-5、图 3-6），其与底盘相接触的材料均采用非导磁不锈钢连接，防止磁通旁漏。

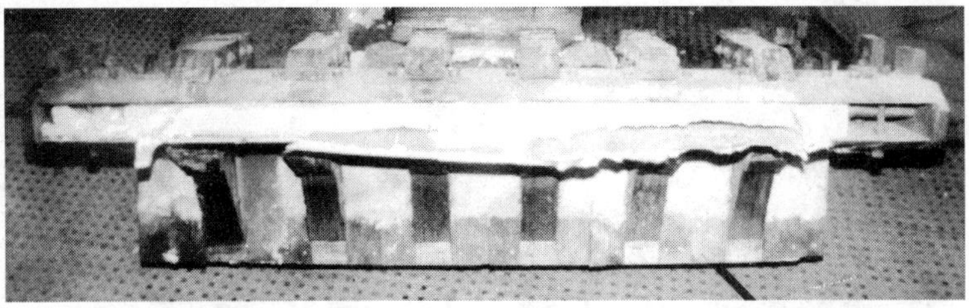

图 3-5　托架、带铁芯线圈、导磁磁靴组装图

图 3-6　下辊磁场发生器的装配图（超型铸轧机）

（3）安装带铁芯线圈的托架也应采用非导磁材料制造。

3.1.3　供液系统

铸轧的供液系统包括前箱、熔体分配器和铸嘴。电磁铸轧时铸嘴需置于上下磁铁之间，使磁场发生器产生的磁力线能尽量集中通过铸嘴中结晶前沿的熔体，因此对熔体分配器根据电磁铁芯的布置情况应做适当的改造或调整，并将上导磁磁靴与铸嘴组装成一体（见图 3-7），以方便生产操作。

3.1.4　变频发生器

将三相 50Hz 工频电源通过变频发生器变为两相 0 ~ 20Hz 的低频可变电源。将两相低频电源分别接入 A、B 线包。如 A、B 相无相位差，则在铸轧熔体中产生一铅垂振荡的脉振磁场；如使 A、B 相电源存在一定的相位差，则在熔体中除产生铅垂振荡磁场外，还产生一横向（左向或右向）行驶的所谓行波振荡磁场。这些振荡可在 0 ~ 20Hz 范围内任意选择。对于行波磁场还可进行倒向（向左向右交替），倒向频率也可任意选择。无论是脉振磁场还是脉振与行波同时存在的复合磁场，当达到一定强度后，都能改变铸轧结晶前沿的结晶条件，产生晶粒细化效果。

图 3-7　上导磁磁靴与铸嘴组装图

3.2　电磁铸轧工艺

电磁铸轧工艺包括电磁工艺参数和铸轧工艺参数。铸轧工艺已在第 2 章中作了详尽介绍，当然在电磁铸轧中结合实际情况要做相应调整，这里不再赘述。

电磁工艺参数主要包括：激磁电流、磁场强度、磁场振荡频率、磁场振荡形式、磁场切换频率。

激磁电流：在获得足够大磁场强度的前提下，输入的激磁电流应尽可能小，这样做一是为了节能，二是防止电磁发生器的线包发热，保持长期正常工作。这要求对磁场发生器的线包进行合理设计，防止感抗过大产生发热损耗。

磁场强度：不同的铸轧机因其铸轧区的长度，铸轧带坯的宽度不同，导致结晶前沿的熔体量的差异，因此对总体磁场的要求也不尽相同，即磁场发生器的铁芯线包的个数不同，电磁发生器发生的总磁通量是不相同的，以保证铸轧辊缝之间所需要的磁场强度。其磁场强度最好在 500 ~ 650Gs 以上。

磁场振荡频率：振荡频率太高或太低都会影响晶粒细化的效果。实验证明，电磁振荡频率应在 11 ~ 15Hz 范围内，13Hz 为较佳频率。

磁场振动方式：单一脉振磁场达到一定的磁场强度之后，可以细化铸轧晶粒，但有可能造成人为晶粒不均；加上所谓行波磁场后，使脉振磁场与行波磁场相结合而成为一复合磁场即可获得理想、均匀、细小的等轴晶组织。

磁场切换频率：所谓磁场切换是指沿铸轧机辊缝左右运行的行波电磁场向左、向右的倒向，即行波磁场由左向右运行改变为由右向左运行；反之亦然。切换频率是指左右换向的周期或周波数。一般切换频率为 1 ~ 3 周波。

3.3　电磁铸轧的效果与分析

3.3.1　晶粒细化

将电磁场加入到铸轧结晶前沿，当磁场强度达到一定值时，不管何种磁场都能有效地细化晶粒，能使粗大晶粒转变为细小的晶粒组织（见图3-8）。晶粒细化的程度随着激磁电流的增加而加强（见图3-9），随着磁场振荡频率的变化而变化（见图3-10）。

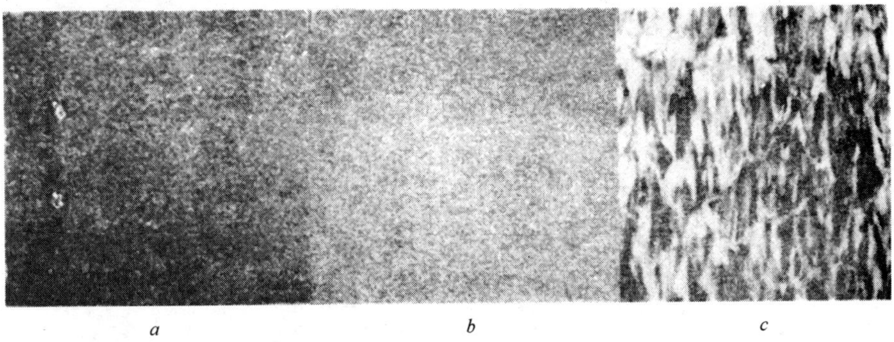

图3-8 不同条件下带坯表面的低倍组织

a—电磁铸轧样；*b*—加入进口铝钛硼样；*c*—空白样

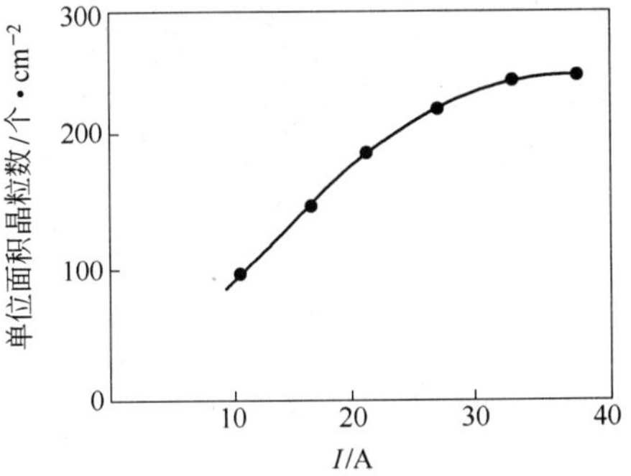

图3-9 铸轧晶粒与激磁电流的关系

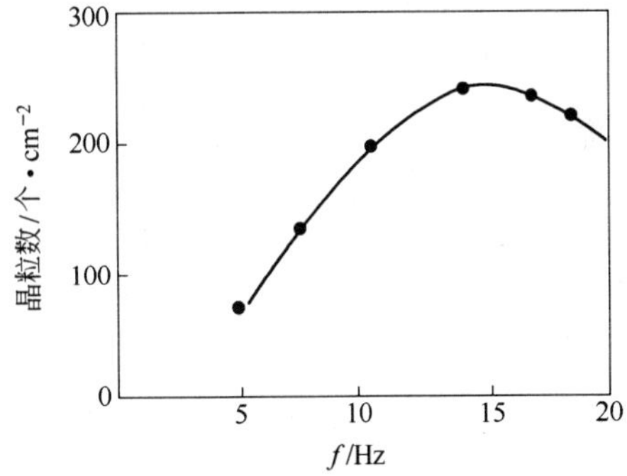

图3-10 晶粒组织与电磁振荡频率的关系

在铸轧结晶前沿施加电磁场后，由于电磁力的交互变化和作用，使铝液产生振荡，改变了结晶前沿的温度场、流场和浓度场，使铸轧的结晶机制发生了新的变化。具体体现为：

（1）电磁振荡破碎枝晶成为新的结晶核心。众所周知，结晶前沿的晶体生长并不是水平推进的，而是呈树枝状成长的（见图3-11）。在熔体中加入一定的磁场后，磁场沿一定方向以一定频率在熔体中发生振荡，使成长中的前沿枝晶碎断。碎块随着电磁的搅拌作用，弥散分布到结晶前沿的亚稳流体中，成为“外来的”结晶核心。亚稳流体即以这些核心为基础长成晶体。电磁场的作用非常迅速，一经加入其晶粒细化效果立现。图3-12为铸轧板的低倍组织，左端为未加入电磁场的晶粒组织，右端为加入电磁场后的晶粒组织，两部分之间具有明显的分界线。在有的电磁铸轧试样中，可以明显地看到行波磁场振荡对晶体凝固时产生的切

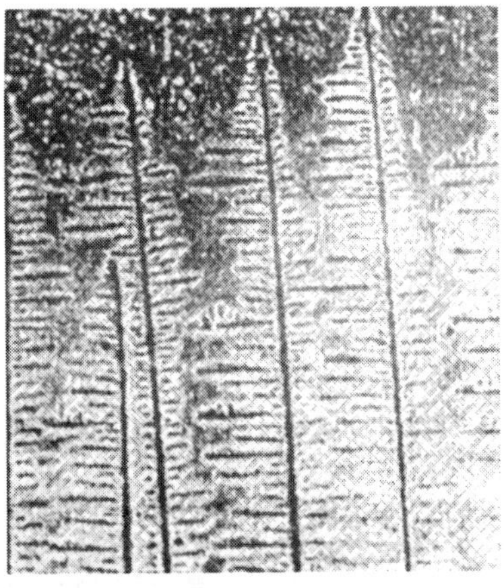

图3-11 熔体中的枝晶生长

图 3-12　加入磁场前、后的组织

a—磁场加入前；*b*—磁场加入后（磁场参数：10Hz，280Gs）

割线（见图 3-13），电磁场过后，枝晶即被切断[7]。

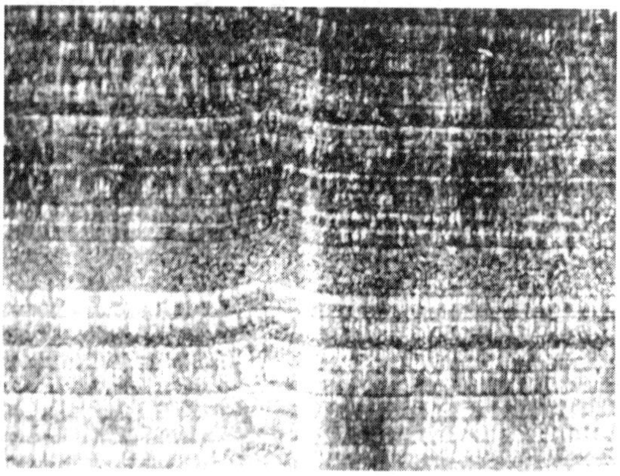

图 3-13　磁场较弱时的低倍切割线组织

（2）电磁场使结晶前沿的亚稳流体均匀成核。在亚稳流体中均匀成核、长大需要具备几个条件：形核的能量起伏；形核结构的复相起伏；原子越过固液界面的扩散激活能。这些条件在通常的铸轧生产中是很难具备的。但是当加入电磁场后，由于电磁场本身是一种能量，而电磁振荡呈正弦规律运动，其能量传播必然存在波峰与波谷，因此会使亚稳流体中存在高能区和低能区。这些高能区和低能区不断发生交替变化，形成能量起伏。这种能量满足了晶核所需要的形核能 $\Delta G = 16\pi\Omega_s^2 r_{sf}^3/3\Delta g^2$，提供了原子或分子越过固液界面的激活能；同时电磁振荡加速了流体中的原子的振动频率，降低了结晶前沿的过冷度易出现复相起伏，根据式 2-28，将提高熔体生长中的成核率，有可能在熔体中均匀成核，使晶粒细化和等轴化。实践证明，在铸轧时将电磁场撤出后的较长时间内，其铸轧组织仍然呈均匀细小的等轴晶粒。这说明除结晶最前沿的熔体中存在碎裂的枝晶核心外，在整个铸嘴内的熔体中已经存在弥散的活性结晶核心，对晶粒起细化作用。

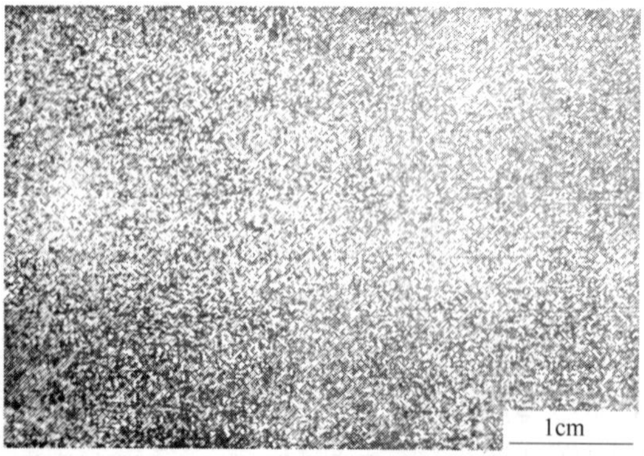

图 3-14　正常磁场下的晶粒组织

（复合磁场，磁场强度：480Gs）

（3）晶粒的细化程度随着磁场强度的增加而加强。对 ϕ650mm × 1600mm 铸轧机，磁场强度在 200Gs 以下时，对晶粒细化的效果很小。当提高激磁电流，磁场强度增加，细化效果提高；磁场强度达到 480Gs 及以上时，可以获得细小的一级晶粒（见图 3-14）。图3-15为超型铸轧机电磁铸轧与变质处理铸轧的低倍组织，其电磁铸轧细化效果完全与铝钛硼丝变质相当。

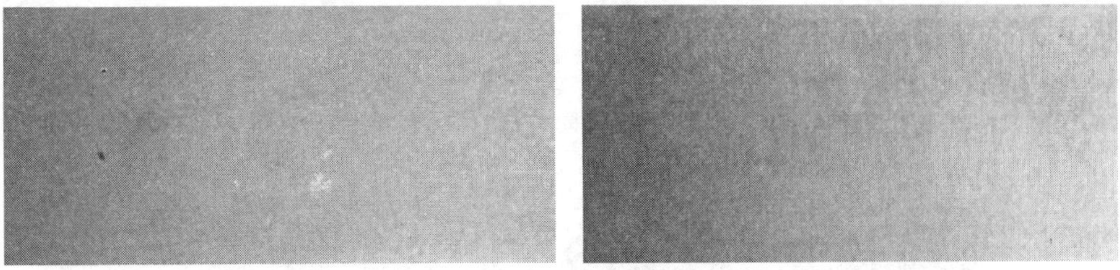

a　　*b*

图 3-15　电磁铸轧与变质铸轧比较
a—Al-Ti-B 变质；*b*—电磁铸轧（激磁电流 15A，频率 12Hz）

（4）晶粒细化与加入的电磁场频率密切相关。电磁铸轧中的电磁频率在 0～20Hz 的范围内变化。由图 3-10 看出，磁场频率在 10～15Hz 细化效果较好，低于或高于此频率，细化效果明显减弱。

振荡频率低于 10Hz 时，枝晶碎裂的频率小；亚稳流体中能量起伏、复相起伏的区域少；熔体中原子的附加振荡频率低；结晶前沿的过冷度较大，致使“外来”核心减少，自发形核率减少，晶体胚团捕获原子的几率降低，从而使铸轧晶粒增粗。当频率太低时，电磁场即失去晶粒细化能力。

振荡频率高于 15Hz 时，振荡加快，但由于铝熔体具有较高的运动黏度，存在黏滞滞后现象。电磁波在铝熔体中传播会使介质出现疏密相间的波动形式。在疏区介质原子受拉应力，在密区介质原子受压应力。如受拉应力时熔体原子向左运动，受压应力时原子向右运动。当振荡频率太高时，受到拉力还未来得及向左运动，紧接着受压力又要向右运动，实际上左右运动都来不及，只能在原地不动或略作振动。这样既不能使结晶前沿的枝晶碎裂，增加“外来”结晶核心；又不能产生明显的能量起伏和复相起伏，增加自发形核率，从而降低或失去对晶粒的细化作用。

（5）不同的电磁振荡方式对晶粒细化的影响不同。电磁铸轧有两种基本的电磁场：即铅垂脉冲振荡磁场；铅垂振荡与行波振荡相结合的复合振荡磁场。

单一的铅垂脉振磁场虽然能使晶粒细化，但因线包与导磁磁靴沿轧辊轴线方向呈点状分布，线包与线包之间，磁靴与磁靴之间存在一定的距离，因此其产生的磁力线沿轴线方向的分布是不均匀的。线包、磁靴所在区点的磁力线密度大，磁场强度高；线包与线包、磁靴与磁靴之间的空隙区磁力线密度小，磁场强度低，从而导致铸轧带坯不均匀大小晶粒带的产生。小晶粒带为一级晶粒，大晶粒带达三级、四级。

复合振荡磁场由于行波磁场的作用，使得磁场沿轧辊轴线运动，轧辊轴线上各点的磁场处于动态平衡状态，在整个电磁波的周期中，其强度是均匀的，从而使整个板面组织均匀、细小，全部达到一级晶粒标准。

3.3.2　改善枝晶网结构

上面说过，在铸轧过程中，结晶总是以树枝晶的形式生长，容易形成具有强烈方向性的胞状组织或较明显的枝晶网胞组织。当在铸轧中引入电磁场后，胞状组织或枝晶网胞组织消失或得到明显改善（见图 3-16）。具体体现为：

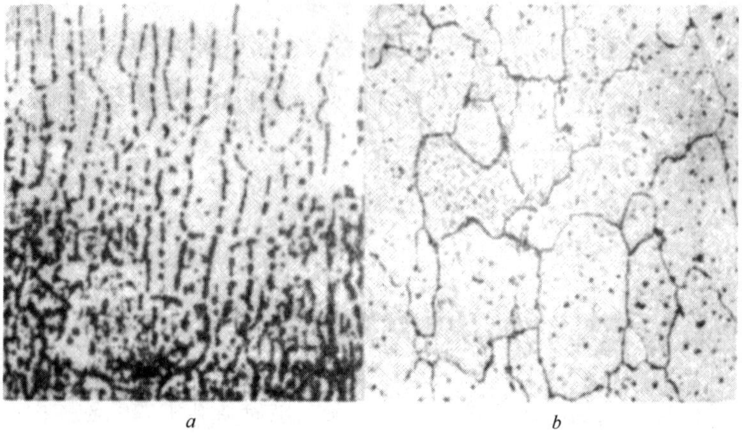

图 3-16　不同铸轧条件下的高倍组织（×250）

a—未加磁场空白样；*b*—施加电磁场样

（1）改善温度场，即改变温度梯度细化枝晶网。结晶前沿的温度梯度分为如图 3-17 所示的 *a*、*b*、*c* 三种形式。图 3-17*a* 为正温度梯度，即离结晶平面越远，温度越高。结晶平面的温度为晶体的熔点（凝固点），结晶前沿温度总是高于晶体的熔点温度，为过热熔体。若因某些原因偶然扰动，使固液界面形成凸缘伸入熔体中，由于固液界面前方温度高于晶体的熔点温度，会随即熔化而回归平面状态，不会形成胞状组织。图 3-17*b* 为负温度梯度，属过冷熔体。固液界面前方的熔体温度低于晶体的熔点，因此由于某种扰动而产生的凸缘，其尖端处处于较低的温度而生长速度加快，生长成树枝晶，并且可能形成发达的枝晶网胞。图 3-17*c* 情况既不为单一的过热熔体，也不为单一的过冷熔体，而是在固液界面前方存在一狭窄的过冷区。因而在过冷区内因干扰而生成的凸缘能够保存，但是由于远

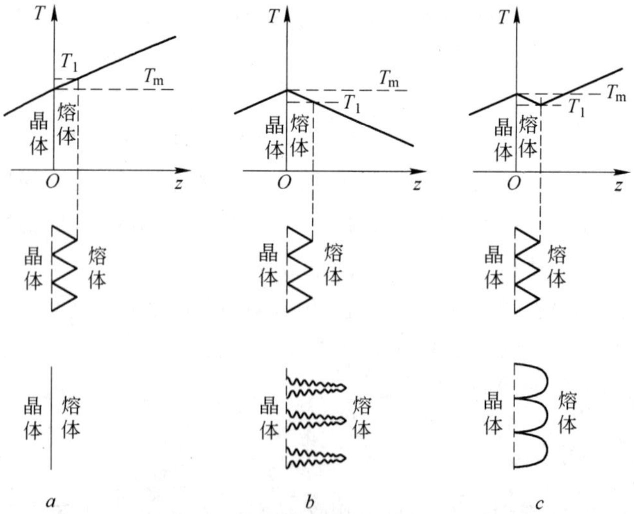

图 3-17　结晶前沿的温度梯度形态对结晶组织的影响

离固液界面处的熔体仍为过热熔体，这些凸缘又不能无限制地发展，故可保持一稳定尺寸，长成一定的胞块[5]。铝熔体铸轧就是在这种温度条件下进行的。如果使这个狭窄的过冷区减小，就可以限制胞块的长大或者使其消失，控制枝晶网胞的发展。在铸轧结晶前沿引入电磁场后，由于电磁的强力搅拌，既增加了熔体的“外来”核心和自发形核，又改变了结晶前沿的温度场，降低了铸轧的液穴深度，增大了结晶组织纤维间的夹角。如图 3-18 所示，未施加电磁场的夹角为 20°～22°，施加电磁场的夹角为 30°～38°。由图可见，施加电磁场，有效地减小了过冷区，从而改善或细化了枝晶网胞组织。

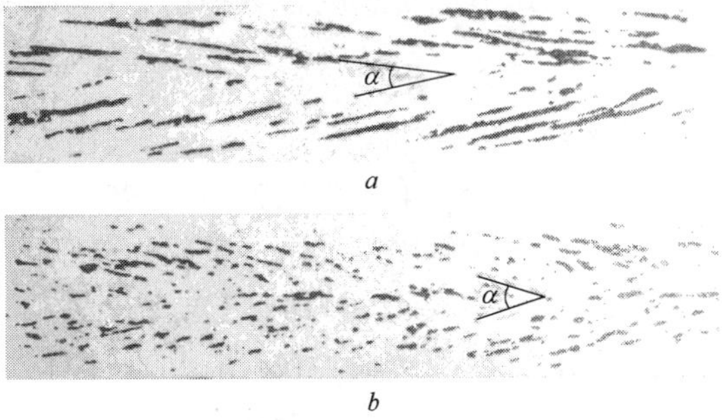

图 3-18 带坯纵切面的低倍组织：结晶纤维间的夹角比较

a—未施加电磁场；*b*—施加电磁场

（2）改善组分过冷条件细化枝晶网。在铝合金铸轧中，铝为溶剂，其他合金元素和杂质为溶质。如果溶质的平衡分配系数 $K_0 \neq 1$，那么在固-液界面前沿形成一溶质边界层（见图 3-19）。结晶过程中，由于边界层内各点溶质的浓度不同，其各点的凝固点不等而形成组分过冷区（见图 3-20）。

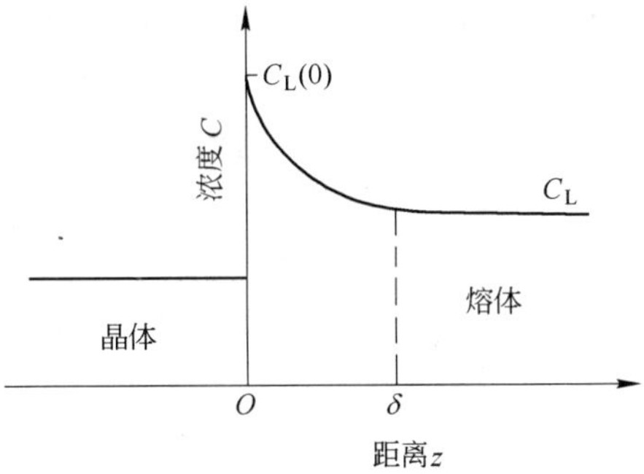

图 3-19 固液界面的溶质分布（溶质边界层）

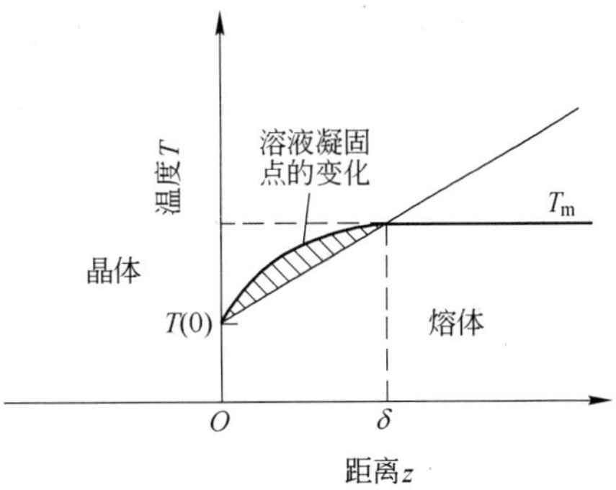

图 3-20 溶液凝固点分布及组分过冷区

在溶质传输只有扩散的机制中，组分过冷条件可表示为：

$$\frac{G}{v} < \frac{mC_0(K_0 - 1)}{DK_0} \tag{3-1}$$

式中 m——液相线斜率；

C_0——溶液中溶质的平均浓度；

D——溶质的扩散系数；

v——晶体的生长速率；

G——温度梯度。

对一定的溶液传输系统而言，式 3-1 右边为一常数。如生长速率增加，则 $\frac{G}{v}$ 值变小。

当 $\frac{G}{v}$ 值减小到小于右边的常数值时，即式3-1成立时，就会产生组分过冷，可能生成胞状晶组织或胞状枝晶组织（见图3-21），使带坯的力学性能具有强烈的方向性。

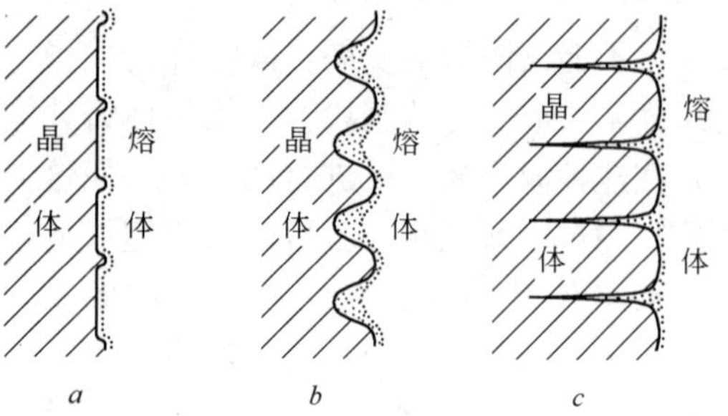

图3-21　胞状组织的形成过程

在电磁铸轧中，增加了凝固前沿熔体的搅拌作用，溶质的传输不仅仅是自行扩散，还存在强制性的对流传输。在具有强制性对流传输时，产生组分过冷的条件为：

$$\frac{G}{v} < \frac{mC_0(K_0 - 1)}{D\left[K_0 + (1 - K_0)\exp\left(-\frac{v}{D}\delta\right)\right]} \tag{3-2}$$

式中　δ——溶质边界层的厚度。

电磁搅拌使扩散系数大大增加，δ 减小，而对一定的溶液系统，式3-2右边也仍为一常数，只是这个常数大大减小了。如果晶体生长速度维持不变，即不提高铸轧的冷却强度，改变铸轧速度，则式3-2的左边必然大于右边，从而不会形成组分过冷，不致生成胞状组织[8]。

3.3.3　改善表面质量

铸轧中采用的电磁场一般为脉振和行波相结合的复合磁场，由于该磁场始终处于左、右向的运行状态，这为改善表面质量提供了条件。

在铸轧中，往往会看到马蹄形裂纹、通条划沟、通条小裂口、气道等缺陷。铸轧时引入电磁场后，由于电磁场向左、向右的搅拌作用，减小了过冷区，缩短了液穴深度，细化了晶粒组织，从而消除或大大降低了马蹄形裂纹出现的几率，可获得平滑光洁的板面；阻碍或清除了铸嘴内的金属氧化物沉渣，消除或大大减轻了通条划沟和通条小裂口缺陷；清除了铸嘴内的气泡源，消除了气泡的形成条件，防止了气道缺陷的产生。

3.4　电磁铸轧存在的问题

当前电磁铸轧存在的主要问题是：

（1）底盘振动，产生氧化膜折叠，甚至可能发生熔体泄漏。加入低频电磁场，可能引发底盘振动，导致铸轧板带材表面氧化膜折叠（见图3-22），振动严重时，甚至会损坏铸嘴，引起熔体泄漏。

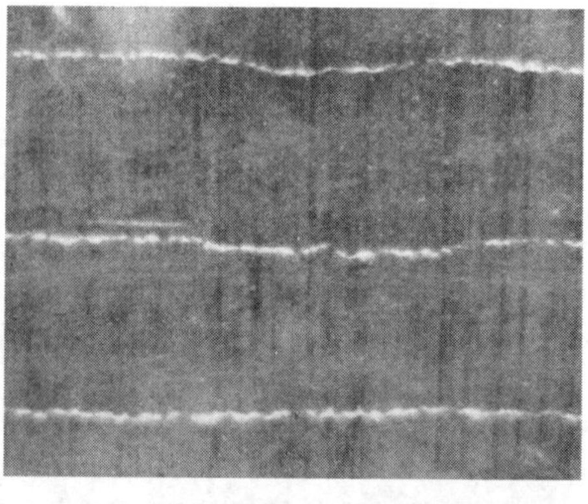

图3-22　铸轧带的氧化膜折叠纹

引起系统振动的原因有两个：一是装置制作精度低，导磁体之间存在间隙，吸引与解吸产生冲击。应提高制造精度，防止吸引时发生冲击；二是铸轧参数选择不当，导致底盘固有振动频率、铸轧产生的振动频率与电磁振荡频率基本上相同或相近，发生共振，使振动加剧，破坏了正常的嘴辊间隙，或损坏铸嘴，迫使铸轧终止，因此设计底盘的固有振动频率最好≤3Hz、≥20Hz。

（2）加入电磁场，易引起嘴耳损坏。电磁的行波磁场推动熔体在铸轧区内往复运动，熔体对耳子产生冲击。时间一长，耳子材质又比较软，经不起铝水的冲刷而造成损坏。在耳子内侧贴上一层石墨块或人造云母。石墨和云母都有较高的强度，且耐铝水浸蚀，可延长其使用寿命。

4　铸轧质量控制

4.1　铸轧过程的质量检验

待铸轧转入正常时，即对板坯进行质量检查。

化学成分检查：化学成分调整完成之后，在混合炉中从不同的炉门各取一个试样，进行分析。合格出炉，不合格重新调整，重取样分析，直至合格为止。在生产过程中，每倒一次炉，需在静置炉内精炼之后，在炉内或流槽取样分析化学成分，并以此作为出厂标准。

气体分析：精炼、静置完成后，刚出炉即进行气体分析，符合标准要求，正式生产，达不到标准要求，立即补充精炼，并重新分析，直至达标。在雨季要增加测量频率。每4h最好抽查一次。检测超标，应立即进行精炼。若精炼后，气体含量不见下降，有时甚至增加，则应检查气体精炼系统的氧、水含量，发现水、氧含量超标，应进行深度脱氧脱水处理，再进行去气精炼。

晶粒检查：切取150mm左右的板片，用 $HF + HCl + HNO_3$ 的混合溶液进行腐蚀，或采用25%左右的碱溶液腐蚀，腐蚀后用清水冲洗干净后检查晶粒度。

表面质量检查：认真检查铸轧带坯表面，有无裂纹、气道、夹杂、粘板、热带、折裂等缺陷存在，发现问题及时处理。

板形检查：这里的板形是指带坯横截面上的尺寸偏差。带坯在正常张力下进入卷取阶段，铸轧工艺、表面质量、带坯宽度等一切正常后，切去非正常板坯部分，再切取150mm左右的板片N块，按顺序编号；各块长度尺寸之和等于或略大于铸轧辊外径的周长。对每块板片，自距离两边50mm，将中间均等分段，每等分段100mm左右，测量横向尺寸，检测同板差和凸度（见图4-1）。同板差与凸度应控制在内控标准范围之内。一般同板差应控制在0.03mm以内，凸度控制在1%以内，最好控制在0.2% ~0.7%之间；不允许凸度为0，更不允许出现负凸度。

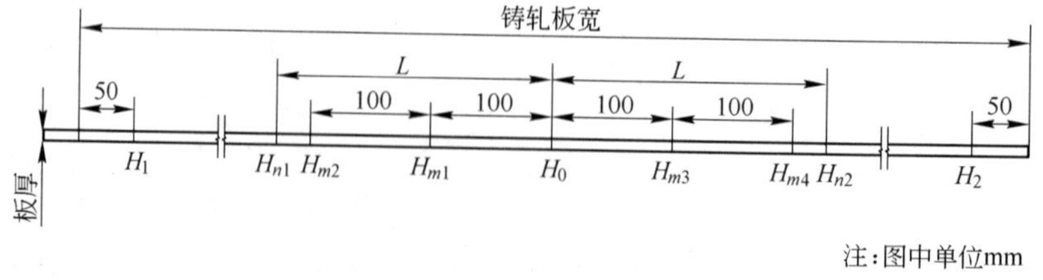

图4-1　同板差与中凸度的测量方法

中凸度：即带材任一横断面上，中部厚度与两个边部厚度平均的差值相对于中部厚度的百分比。中凸度一般按式4-1计算：

$$\text{中凸度} = \frac{H_0 - (H_1 + H_2)/2}{H_0} \times 100\% \tag{4-1}$$

式中 H_0——中部厚度，即带材横断面上中心点两侧 100mm 范围内测得的最大厚度值，mm；

H_1，H_2——边部厚度，即带材横断面上距两个侧边 50mm 处的厚度，mm。

同板差：在带材任一横断面上沿宽度方向，与中心对称两点的厚度差的绝对值与中心点厚度的比值（两边部测量点 H_1、H_2 除外）。同板差一般按式 4-2 计算：

$$\text{同板差} = \frac{H_{n1} - H_{n2}}{H_0} \times 100\% \tag{4-2}$$

式中 H_{n1}，H_{n2}——与中心点 H_0 对称（即与中心点等距离 L）的任意两点的厚度，mm；

H_0——中心测量点的厚度，mm。

正常生产中，每卷切取 150mm 左右板片一块，按上述规定进行板形检查。

4.2 主要质量缺陷分析

4.2.1 尺寸超差

尺寸超差包括：

（1）同板差超标，指带坯两边厚差大，形成楔形板。

（2）两边辊缝不一致，一边大，一边小；铸嘴发生变形，嘴唇开口度形成楔形状（见图 4-2，因两液压缸压力不平衡）。

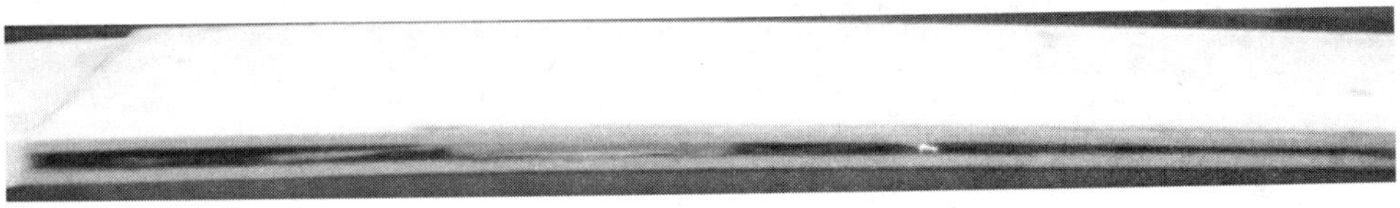

图 4-2 铸嘴嘴唇开口度左边大右边小

（3）横向各点厚度存在偏差，超出标准范围。可能辊套厚度超薄，超过允许使用值。或者铸嘴结构不合理，液流分配不均，存在紊流现象；破坏了冷却水的均衡分布，致使辊面温度不平衡，引起板面尺寸超差。

（4）中凸度超标。带坯中部厚度与两边任何一边的厚度差小于等于 0 或大于带坯厚度的 1%。产生原因：轧辊凸度过大或过小；辊套厚度太薄；卷取张力过大或过小，铸轧温度过高或过低。

（5）板坯纵向厚度超差。这有两种情况：1）其厚度呈周期性变化，一个周期的长度与铸轧轧辊的圆周长基本相等；2）厚薄变化没有一定的部位和区段，无规律可循。前者产生的原因比较明显，设备出现问题：辊套内部冷却系统局部阻塞，轴承箱发生故障等。后者原因比较复杂：可能工艺不稳定，铸轧温度、速度、冷却强度、卷取张力，前箱液面高度变化太大；辊套厚度偏薄，辊套与辊芯之间结合不紧，存在微小间隙，铸轧过程中，辊套可能发生无规律性的弹变，致使带坯厚度出现无规律性的变化。

4.2.2　表面质量缺陷

表面质量缺陷包括：

（1）马蹄形裂纹。铸轧工艺失常时，很容易出现马蹄形裂纹。马蹄形裂纹的分布面较大、较密，可能成群地出现，有时甚至可以扩大到整个板面，单个出现的几率较小。铝熔体过热，在炉内停留的时间长，铸轧温度高、速度快；变质效果差，晶粒粗大；铸轧区过大，都可能出现这种情况。

裂纹形成机制：如前所述，铸轧时存在着三个区，即冷却区、铸造区（结晶区）、轧制区。这三个区的导热系数是不相同的。冷却区的导热系数较高，约为3.63J/(cm·s·K)；铸造区由于与相对温度较低的辊面接触，发生凝固并产生收缩，致使板面与辊面脱离，出现微小缝隙，热阻增大，其导热系数降低至约0.105J/(cm·s·K)；轧制区由于中心金属已经发生凝固，金属强度增大，铸轧辊对板的压力增加，使板坯发生轧制变形，板辊之间再次发生紧密接触，其导热系数大大增加，达20.05J/(cm·s·K)。如果铸轧区增加，或铸轧温度升高，或铸轧速度加快，会使铸造区长度增大，即液穴深度增大。而铸造区导热系数最低，结晶时又释放出大量的结晶潜热，可能使凝固层某些低熔点物质集中的地方重新发生熔化，轧制区在发生变形时，牵着铸造区的凝固壳一起向前；凝固壳受到液固共存区的黏滞阻碍，产生一定的拉应力和剪应力，因此很容易出现裂纹。液穴深度越大，相对来说，凝固壳越薄，如图4-3、图4-4所示，其液穴深度 $OC' > OC$。若金属流变时的应力相同，微小缝隙区为 Q，但 AC' 固液界面至微小缝隙区 Q 的距离小于 AC 固液界面至微小缝隙区 Q 的距离（见图4-4）。显然 AC 固液界面容易出现裂纹。因此，凡是增大液穴深度的因素都增加马蹄形裂纹的几率。

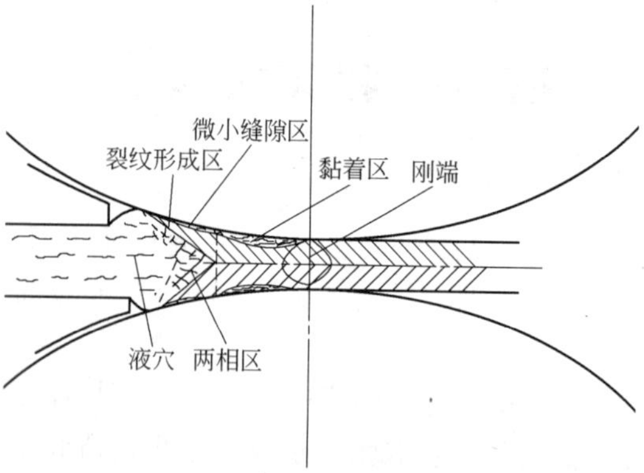

图4-3　铸轧过程铸轧区示意图

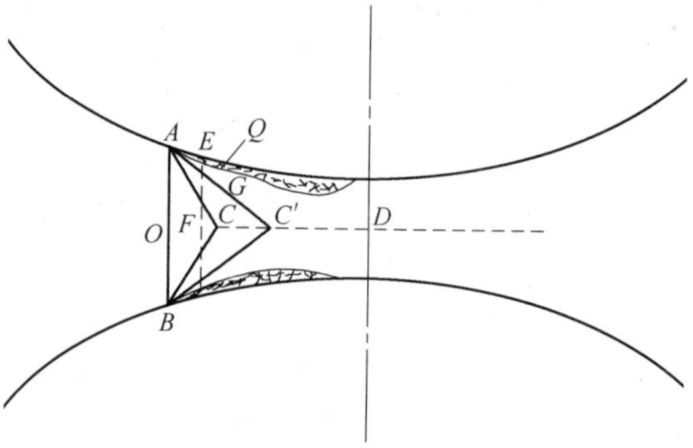

图4-4　马蹄形裂纹形成解析示意图

熔体停留时间长，熔炼时熔体过热，变质效果差：会引起晶粒粗大。晶粒越粗大，晶界数量减少，而晶界往往是低熔点物质的集中区域。在细小晶粒状态下，低熔点物质被弥散分布在细小的晶界里。就单个的晶界而言，集中的低熔点物质并不多，在导热系数降低、温度回升的情况下，不足以形成裂纹。但在晶粒粗大时，晶界数量减少，晶界加粗增长，低熔点物质集中在粗大的晶界上，当温度回升时，低熔点物质熔解，在变形应力的作用下，就形成了裂纹。

（2）粘辊。带坯牢牢地黏附在铸轧辊面上。粘辊的带坯板面呈暗灰色，硬度增加，使冷轧工艺性能发生改变。

产生原因：铸轧温度高、速度快、冷却强度小，引起轧制区内带坯表面温度上升，增加了带坯表面与辊面的黏附力；或者轧辊表面缺乏润滑物质，增加了轧辊的摩擦力；或者轧辊表面存在铝粉，降低了辊面的导热系数，使板面温度上升，与辊面牢牢地黏结在一起，在带坯离开两轧辊中心连线之前，板面不能与辊面脱离。

解决办法：采用清辊器清理干净辊面；采用喷涂石墨溶液或火焰喷涂润滑轧辊、降低铸轧温度、降低铸轧速度、适当提高牵引力等方法可以防止粘辊。

（3）水波纹。带坯表面存在着一条条的波纹线（见图 4-5），线与线间的距离一般约为 2 ~ 3mm 左右。有时出现在整个板面上，有时仅出现在带坯边部，下表面出现的几率比上表面大。合金结晶区间越大，水波纹越明显，5052 合金结晶区间为 40℃，其水波纹比纯铝明显严重（见图 4-6）。

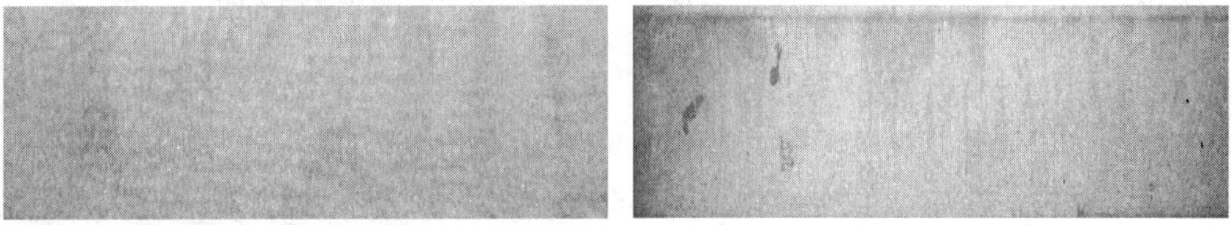

a *b*

图 4-5 1050 合金带坯表面的水波纹

a—下表面，水波纹明显；*b*—上表面，无水波纹

图 4-6 5052 合金带坯表面的水波纹

水波纹对产品质量的影响：当总的冷加工率较小，而水波纹又比较严重时，会在板面留下波纹的痕迹，影响板面美观，碱洗后的组织如图 4-7、图 4-8 所示。生产表面质量要

图 4-7 1050 合金由 7. 0mm 轧到 3. 0mm 后退火的表面组织（上，铸轧板下表面）

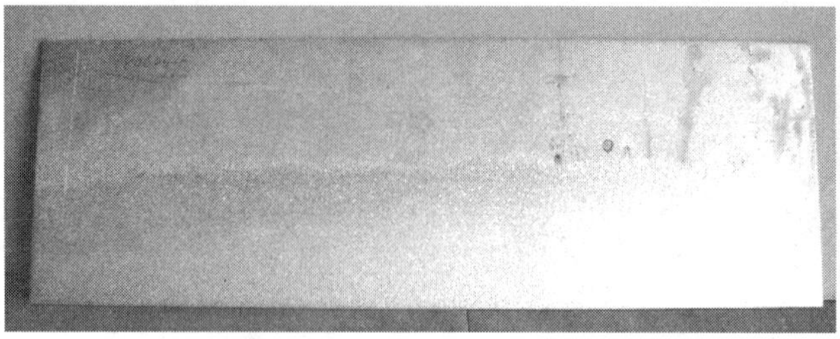

图 4-8　1050 合金由 7. 0mm 轧到 3. 0mm 后退火表面组织（上，铸轧板上表面）

求较高的 PS 版基，可能影响板面的粗糙度均匀度，在板面上留下斑纹。当板材的总加工率达到一定程度之后，就看不到水波纹的痕迹了。

水波纹的形成与设备状况、合金本质、铸轧工艺有关。

谐振产生水波纹。任何设备都存在着一个固有振动频率。在铸轧生产时，在某铸轧速度下所发生的振动频率与设备的固有振动频率相同或相近时，就会发生共振，使振动加强；铸轧前沿嘴辊间隙处的熔体弯月面随着谐振频率发生起伏波动，弯月面处的氧化膜厚度随之发生变化，从而在铸轧板表面留下一条条的水波纹状组织。当共振严重时，波动起伏较大，可能使后一个波动的氧化膜，覆盖在前一个波动的氧化膜上面，形成所谓氧化膜折叠（见图 4-9）。通过改变铸轧速度，避免发生谐振以消除水波纹。

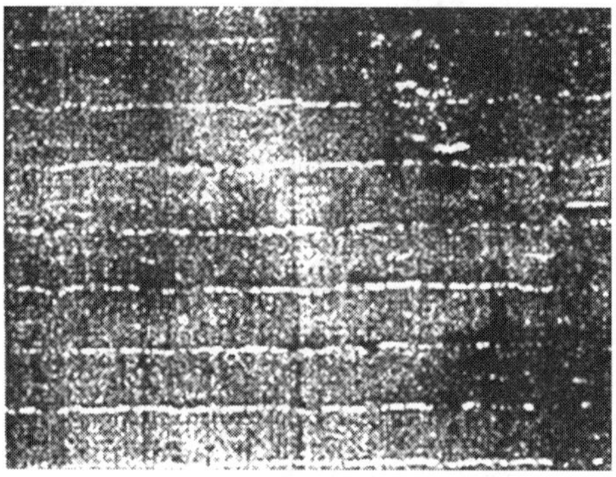

图 4-9　铸轧纯铝带材因谐振形成的氧化膜折叠

前箱液面波动，发生波的衍射会引起水波纹。铝液从过滤箱经流槽进入前箱。进入前箱的方式一般有两种情况：1）流槽底部高于前箱顶部，铝液从前箱顶部注入（见图 4-10）。在这种情况下，控制住前箱液面的平稳，液面就不会发生上下起伏波动。2）流槽底部低于前箱顶部，液流从前箱的侧面中上部注入（见图 4-11）。

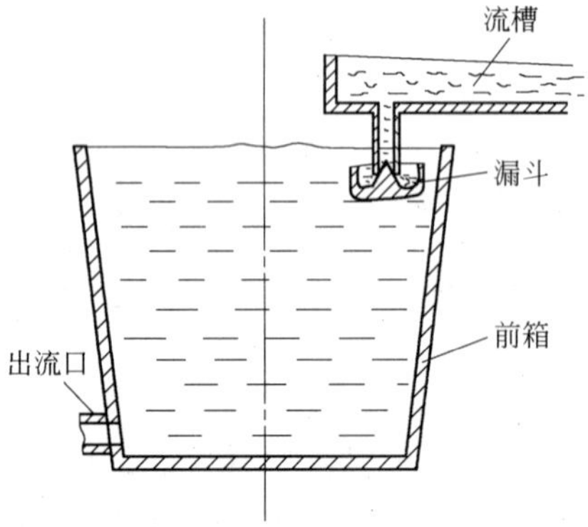

图 4-10　铝液从前箱顶部注入

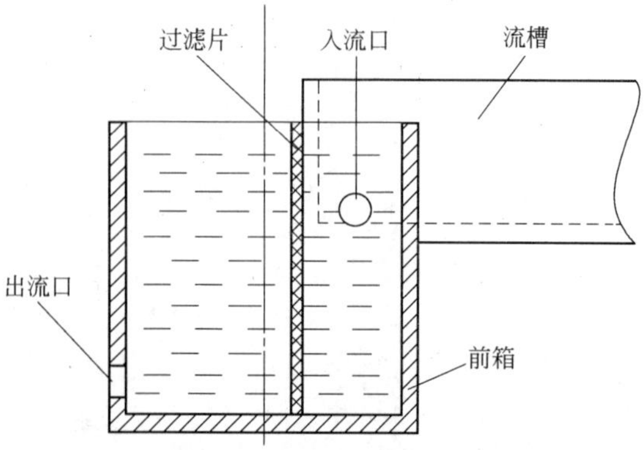

图 4-11　铝液从前箱的侧面中上部注入

由于流槽液面与铝液注入部位存在较大落差，入流口一般用钎子控制液体流量。当钎头靠紧流口下部时，铝液从流口上部与钎头的缝隙处注入，往往会在液面形成波浪，引起液面波动，从而引起嘴辊间隙处的弯月面发生波动，致使铸轧带材表面出现水波纹。如果钎头紧靠流口上部，则铝液从流口下部与钎头的缝隙处注入，这时前箱液面基本上是平稳的，但在平稳表面的下面，仍然存在着波动。这种波通过出流口发生衍射，将波传递到嘴辊间隙处，引起弯月面波动，使带坯产生水波纹。欲减少或消除这种水波纹，必须阻止入流口铝液不平稳注入产生的波动向铸轧前沿传递。因此，可以在前箱的入流口和出流口之间加上一竖插过滤片，阻止波的传播和衍射，这就能减少或消除水波纹。如果再适当增大过滤片与出流口之间的液面面积，效果会更明显。

此外，也可在工艺上采取其他措施，如尽量减小或消除嘴辊间的间隙，以减少或消除水波纹。但是当嘴辊间隙减小到一定程度之后，就可能在带坯表面出现辊印、表面偏析等缺陷。降低铸轧温度或降低铸轧速度，提高嘴辊间隙处弯月面氧化铝膜的表面张力，增大弯月面的曲率半径，减小弯月面的波动起伏量，可减少或消除水波纹。但这样做会明显地降低生产效率，同时容易引起铸嘴损坏，中止铸轧。

铸轧设备制造和安装质量存在问题也会引起水波纹。铸轧机齿轮啮合精度低，转动时产生间隙式冲击；安装未固紧，出现松动，运转时使嘴辊间隙间的铝液发生波动，在板面上留下水波纹。

（4）热带。部分铝熔体未完成结晶就被拉出铸轧区，从而在板面上留下没有进行过轧制变形的铸造带状组织。其原因是前箱液面高度低，铝液的静压力不够，铸轧嘴内铝熔体没有完全充满，致使在铸轧时部分辊缝因金属未充满，熔体未能与上铸轧辊接触而存在空隙，降低了此处的冷却强度，在离开铸轧辊缝之前熔体不能完成结晶过程。或者铸嘴内温度低，大面积堵塞，铝液不能顺畅补充。

解决办法：提高前箱液面高度，降低铸轧速度；或适当提高铸轧温度，增加铸嘴内铝熔体的流动性。

（5）龟裂。铸轧辊使用时间过长，由于热应力、机械应力、相变应力的作用和铝熔体对辊套表面的侵蚀（这个问题在后面章节进行讨论），轧辊表面出现龟壳一样网络状的裂纹，带坯经过轧制区时，便复印到带坯表面上，形成龟裂痕。龟裂痕会影响板带箔材的表面质量，特别是对高质量箔材将增加针孔率，甚至造成断带，影响正常轧制。对 PS 版铝板基，影响其表面粗糙度均匀度，并可能增加其电解后的黑白条缺陷。

（6）三角口或孔洞。立板时环境温度高，湿度大，而铸轧辊面温度低，水汽在辊面凝结成露，遇到高温铝熔体，立即汽化，形成孔洞。在形成孔洞相应的辊面部位有时可观察到明显的液态水膜。

延长轧辊预热时间或跑渣时间，提高轧辊辊面温度，可防止水汽在辊面结露。

（7）通条划沟、通条气道、通条裂纹。铸轧是一种连续的生产方式，更换一副铸嘴要生产几十吨、上百吨甚至上千吨产品。铝熔体不断流经铸嘴，同时将熔体中的一部分夹杂物沉淀在嘴腔内。随着生产时间的延长，留在嘴腔和嘴唇部位的沉淀物越来越多，而这些沉淀物中多为铝、钛、硼氧化物。在化合物沉淀较多的地方，形成金字塔形的小尖峰（见图 4-12），阻碍铝液的流动，使流体的流线发生改变。这些沉淀积渣不为铝液所浸润，在流体的下方容易成为气泡核心，溶解在铝液中的氢析出后会向其中扩散，使气泡逐渐长

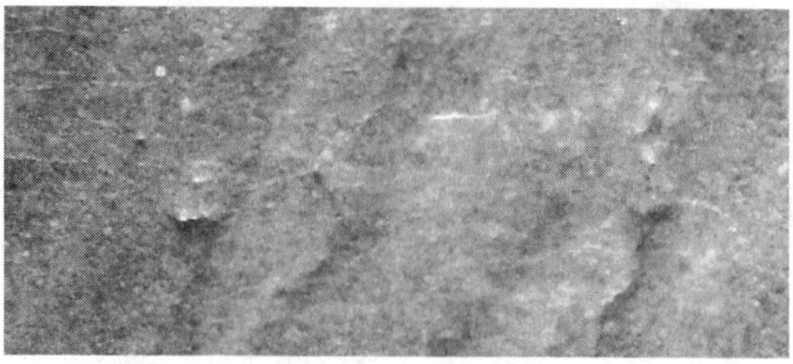

图 4-12　铸嘴嘴唇前端存在凸起的尖峰状氧化物

大，并被拉长成气体锥（见图4-13）。气体锥进入铸轧区时，就在带坯中形成气道。如沉淀物的下方未能形成气体锥，熔体通过积渣的尖峰时，熔体表面划出一条小沟，表面的氧化膜遭到破坏，使尖峰两边晶粒的结晶方位发生改变，有可能形成通条裂纹、冷隔等缺陷（见图4-14、图4-15）。

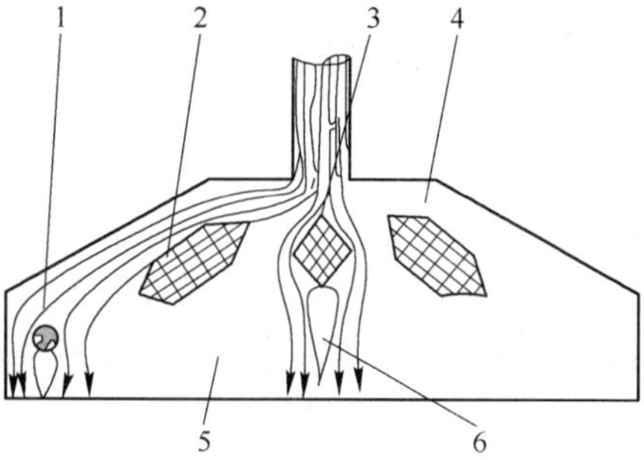

图 4-13　气体锥形成示意图
1—熔体流线；2～4—挡块；5—带坯；
6—气泡被拉长成气体锥

图 4-14　带坯划沟两边的结晶组织

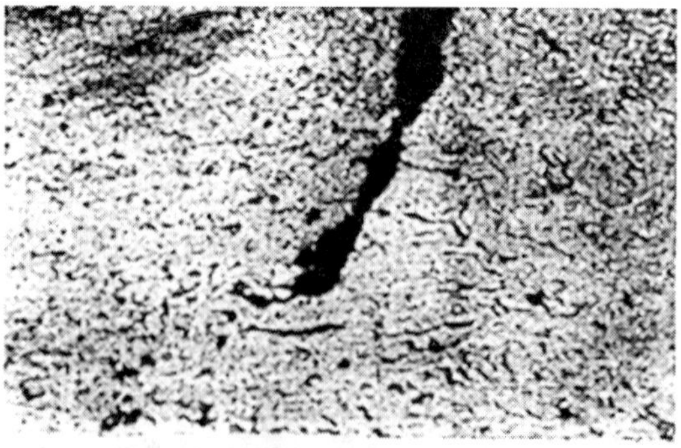

图 4-15　通条划沟的横截面（显微组织）

（8）表面偏析。铸轧嘴辊间隙太小时，可能在间隙处某些部位堆积氧化铝粉、石墨粉（采用石墨喷涂或火焰喷涂时）等。随着铸轧辊的转动，这些黏附在铸嘴唇上的粉尘可能转移到铸轧辊面上。当黏附有粉尘的辊面进入铸轧区时，铝液与粉层接触。粉层的导热系数远低于轧辊，致使从该部位通过的铝液结晶滞后，结晶位向和晶粒大小都发生改变，形成表面偏析，将影响产品的组织性能和表面质量。如果粉层在轧辊表面形成长条形状，则在板坯上产生偏析带（见图 4-16）；如果粉层只形成一个斑块，则在板坯上形成斑状偏析区。如果熔体在铸嘴前沿形成旋涡（见图 4-17），改变了熔体的流线，也可能使铸轧板组织产生涡旋型偏析。

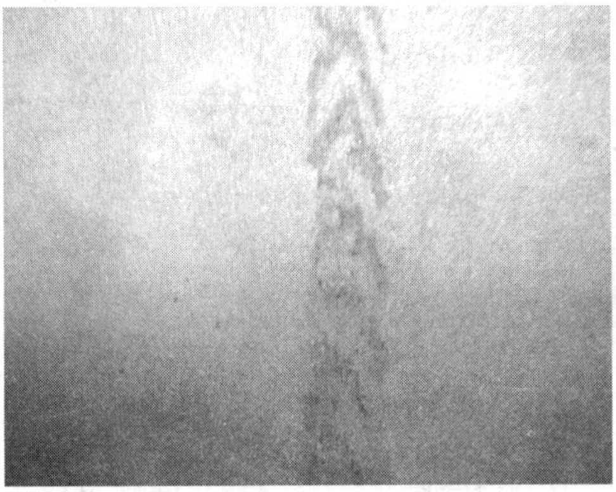

图 4-16 铸轧板表面偏析带

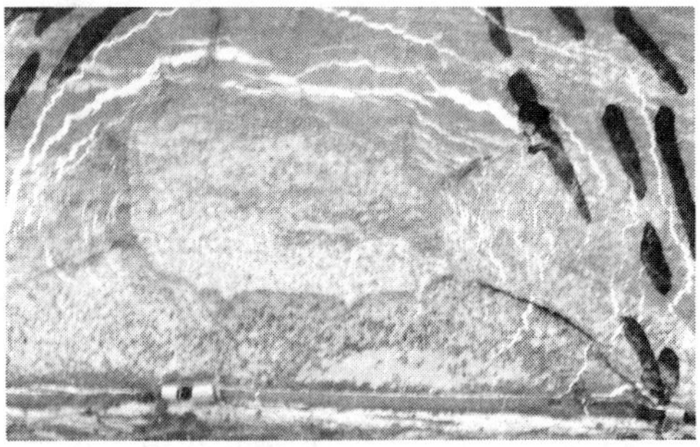

图 4-17 铸嘴前沿形成的熔体旋涡

(9) 辊印、明暗条纹。铸轧辊或导辊磨削存在缺陷，如磨削螺旋纹、振动纹等。图 4-18*a*为铸轧辊痕或导辊辊痕引起的带材表面互相平行的螺旋纹。铸嘴装配时嘴辊间隙过小，铸轧辊存在偏心；或在铸轧过程中，嘴辊间隙间夹入硬相粒子，使铸嘴或硬相颗粒物与辊面发生摩擦，从而在板面上产生与基面反差较大的明暗条纹（见图 4-18*b*）。这些条纹对生产 PS 版铝板基和高档装饰带材会带来严重的不良影响。

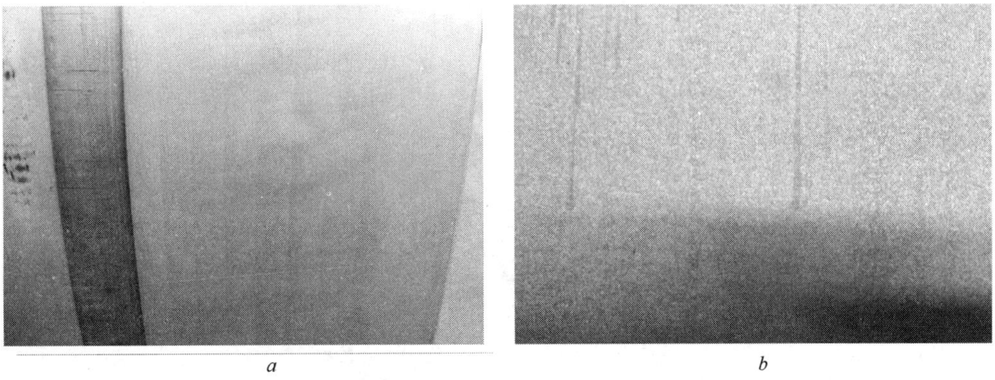

a *b*

图 4-18 铸轧带坯上的螺旋纹（*a*）和暗条纹（*b*）

4.2.3 组织缺陷

组织缺陷包括：

(1) 晶粒粗大。晶粒粗大往往表现为麦穗晶组织。前面已经说过，由于电解铝液、过热铝熔体中缺乏活性结晶核心，均质形核的能量又高于在铸轧辊套表面形核的能量，因此在铸轧过程中，当铝液与内水冷却的铸轧辊套接触时，便在辊面上形成球冠状晶核，又因为铸轧的冷却速度很大，具有强烈的定向导热作用，于是在球冠核心的基础上迅速长大成具有强烈方向性的麦穗状晶粒（见图4-19）。

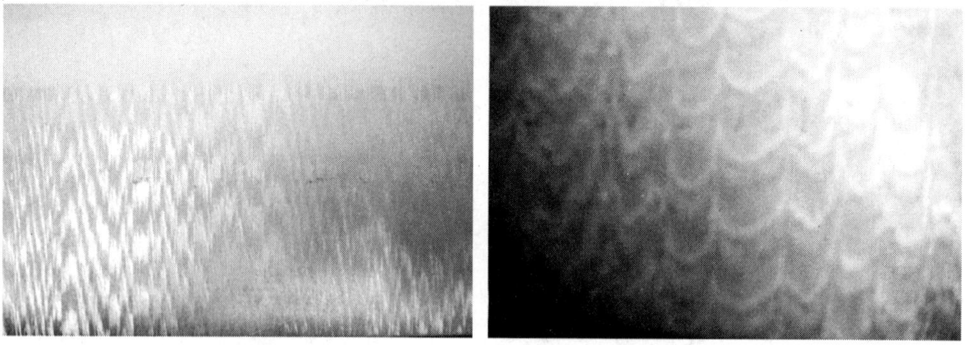

图 4-19　铸轧板的低倍组织——麦穗晶

产生原因：变质剂质量低劣，没有变质效果；电解铝液没有严格地进行降温增核处理，或者没进行温度控制，使铝液温度超过过热温度；变质工艺不合理，加入变质剂的时间过长，变质效果发生衰减，或加入的温度过低，变质剂未充分溶解和扩散均匀，不能充分发挥作用。向熔体中加入一定量的固体料，改善熔体质量；适当加大变质剂的用量或更换变质剂等可改善为细晶粒组织。

（2）晶粒不均匀。一面为大晶粒，一面为小晶粒；有时出现粗细晶带，板面上大小晶粒区并存（见图4-20、图4-21）。

下表面　　上表面

图 4-20　铸轧板低倍组织

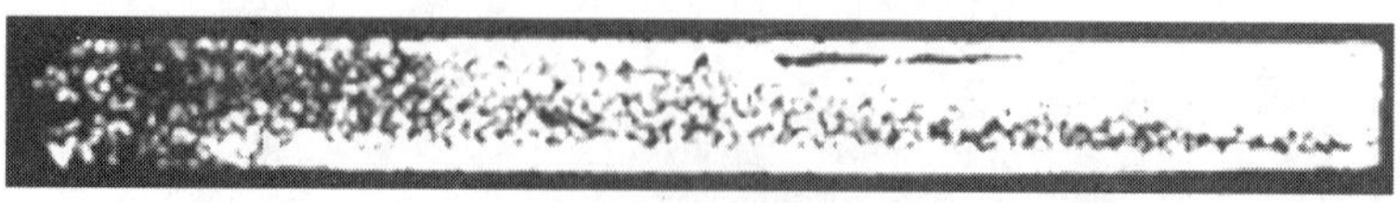

图 4-21　铸轧板横截面组织——晶粒不均

产生原因：上、下轧辊辊径不等，导热能力存在差异；变质剂溶解不充分，分布不均匀；铸嘴分流不合理，温度不均；辊芯沟槽受阻，冷却水流不畅，辊面温度不均。

（3）分层。铸轧带表层下面出现由铁、硅等低熔点杂质产生的分层。这种分层扩展到表面，出现裂口称为裂纹，带坯表面未裂开称为分层（见图4-22）。分层的表面侧、内侧组织差异较大。表面侧低熔点物质较少，晶粒较粗大；内侧低熔点物质较多，晶粒较细小。分层在后续冷加工中，由于晶粒组织的差异，会出现虎皮斑状花纹。

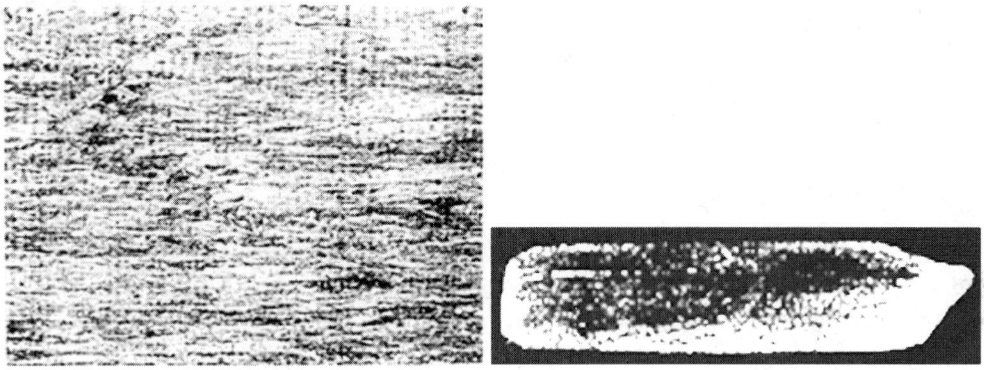
表面组织　　侧向截面组织

图4-22　带坯分层

形成原因：如前所述，铝熔体与内冷的辊面接触，即凝固成硬壳，产生收缩。硬壳与辊面之间出现微小缝隙，热阻增加，温度回升。低熔相聚集区发生熔解，在铸轧的拉应力和剪应力作用下，因强度低，产生裂纹。但是内部熔体随即补充，填充于裂纹间。在轧制区变形后，表面不会有裂纹痕迹，但因其组织的差异，严重分层，带坯表面出现明暗相间的虎皮斑纹；分层较轻时，铸轧带坯表面很不明显，但在随后冷轧过程中也会在板面上留下虎皮斑痕。

（4）夹渣。铸轧带材内部含有炉渣、熔剂、耐火材料碎块、金属及非金属氧化物等，统称为夹渣。夹渣破坏了金属的连续性，影响材料的组织和性能，但夹渣又很难彻底除净。一般产品的低倍组织，不允许有用肉眼可见的夹渣存在，对高档板带材和双零箔毛料要求夹渣含量越少越好，夹渣物颗粒越细越好。特别是对双零箔毛料，较大颗粒的夹渣，可能会产生针孔。因此，做好精炼和过滤，减少夹渣是铝加工技术所面临的最重要的课题之一。

（5）气道。铸轧带内沿纵向延伸或断续延伸的孔洞缺陷，肉眼可见的孔洞称为气道，肉眼不可见的孔洞称为微孔（见图4-23、图4-24）。气道可能会延伸数十米，甚至可能长达整个卷坯和数个卷坯。气道属恶性缺陷，为绝对废品。

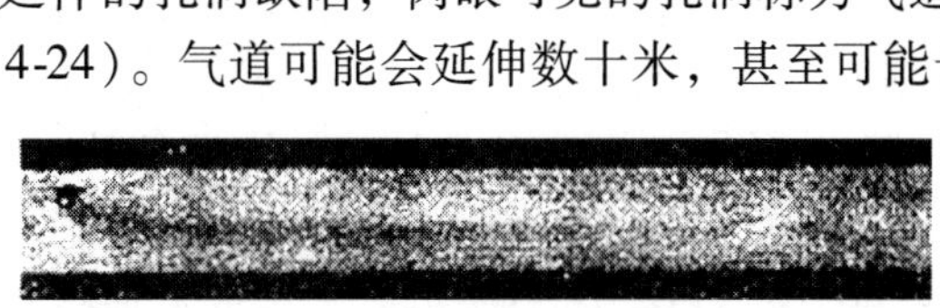
图4-23　气道（横截面）

（6）中心偏析。在铸轧带材厚度方向的中心部位，聚集着较多的铁、硅等化合物，甚至出现多余的、低熔点不平衡化合物。经过一定浓度的碱溶液腐蚀一定时间后，会在带坯中心观察到一条连线或一条断断续续的连线（见图 4-25 ~ 图 4-27）。这些化合物大多为硬脆相，过度集中会影响材料的加工性能、理化性能和力学性能。

图 4-24　气道（表面）

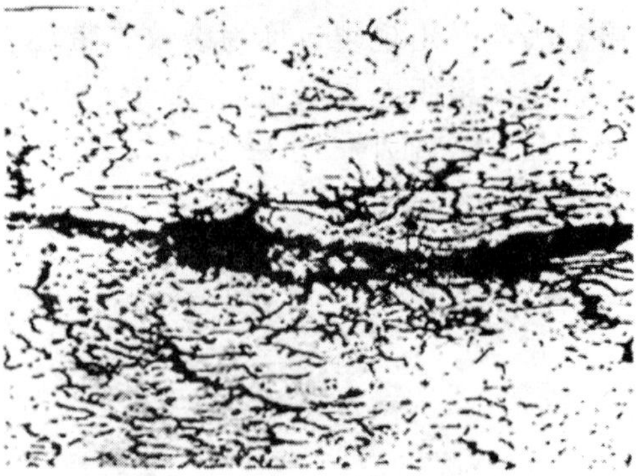

图 4-25　中心偏析（显微组织）

图 4-26　1050 合金中心偏析（低倍组织）

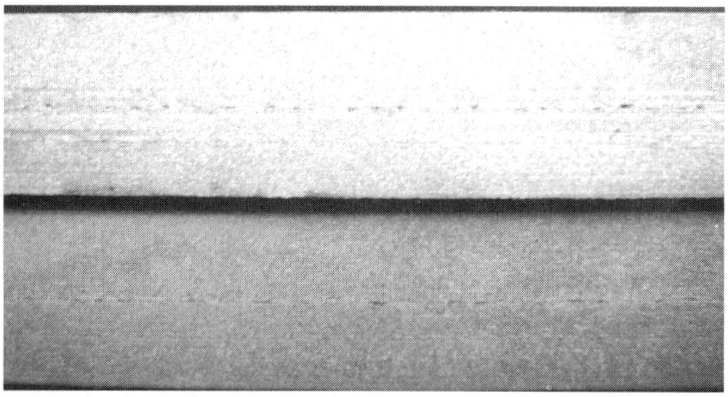

图 4-27　8011 合金中心偏析（低倍组织）

由图 4-26 看出，1050 合金的中心偏析呈细线，很轻微，一般情况下不会对材料的加工性能和力学性能产生明显影响。但 8011、3003、1100 等合金的中心偏析严重时，低熔点化合物发生大量集中，生产某些高质量要求的产品会产生不利影响，因此必须加以控制。

产生原因：熔体结晶时，晶体生长的方向总是朝着导热方向优先进行。前面已经说过，铸轧过程中释放的热量绝大部分是通过辊套传导给内冷的冷却水带走的。铸轧的冷却速度很大，可达 100℃/s 左右。因此，结晶时的过冷度很大，远离平衡结晶状态，极易发生杂质和低熔点物质的偏析聚集。导热最有利的方向总是辊面的法线方向，晶体生长的方向也是朝辊面的法线方向。接近辊面的熔体最先结晶，远离辊面的熔体，即铸轧板的中心部位最后结晶（见图4-28、图4-29）。冷却强度越大，铸轧速度越快，过冷度越大，液穴深度越大，铸轧板坯的结晶角越小，离平衡结晶状态越远，聚集到中部的杂质和低熔点物质越多，中心偏析越严重。因此，杂质含量、低熔点物质、冷却强度、铸轧速度是影响中心偏析的重要因素。杂质含量、低熔点物质是由合金决定的。合金确定后，其成分只能在规定的范围内做适当调整，不能从根本上进行改变。所以，实际上只能通过调整冷却强度和铸轧速度来控制中心偏析。实践证明，适当提高冷却水的温度，将铸轧速度控制在一定的范围内，可明显降低中心偏析的程度（见图4-30）。

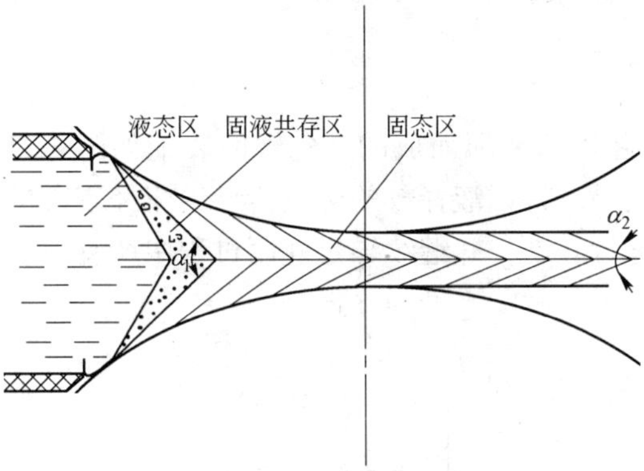

图4-28　较高冷却水温度、较低铸轧速度下的结晶示意图

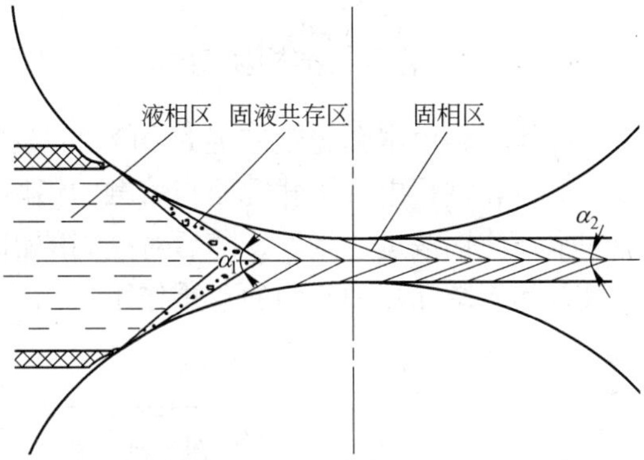

图4-29　较低冷却水温度、较高铸轧速度下的结晶示意图

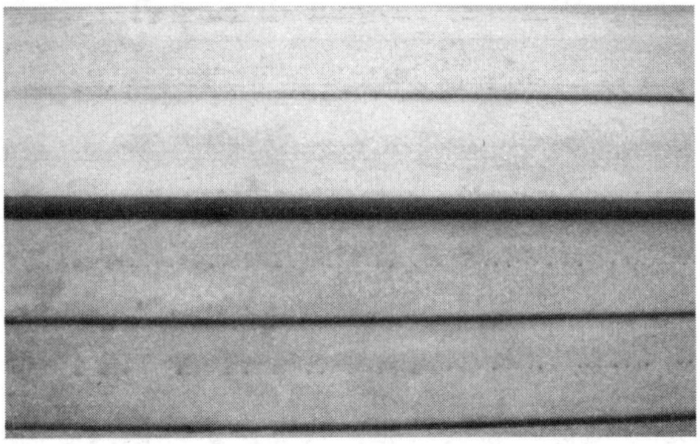

图4-30　8011合金不同冷却水温和铸轧速度下的中心偏析
上部两块样品：水温32℃，铸轧速度900mm/min；
下部两块样品：水温22℃，铸轧速度1200mm/min

由图4-30看出，适当提高冷却水温度，降低铸轧速度，在同等腐蚀条件下，看不到中心偏析线（点）；而冷却水温较低、铸轧速度较快时，则可明显地看到中心偏析线（点）。

诚然，在当前的铸轧条件下，由于结晶区前沿呈尖角形状，故中心偏析不能从根本上解决或消除，只能在一定程度上进行控制。

4.3　铸轧辊套的影响与维修

要生产高质量的铸轧带坯，铸轧设备起着极其重要的作用。做好设备的维护管理，是生产高质量铸轧带坯的必要条件。但是这个问题太大，涉及的面太广，这里不准备对整个设备进行讨论，只讨论与生产工艺密切相关的铸轧辊套的影响与维护管理。前面提到过铸轧辊套发生龟裂会引起板面龟裂痕；铸轧辊套发生堵塞会引起板形不良和尺寸超差、晶粒粗细不均、偏析、粘板等；此外，有时铸轧辊套甚至会发生断裂，引起整个生产过程中断，使铸轧无法进行。可见，研究铸轧辊的工作状态，改善铸轧辊的工作条件，延长铸轧辊套的使用寿命，也是铸轧工作者的一项十分重要的课题。

4.3.1　铸轧辊的结构和功能

铸轧辊是由辊套与辊芯通过相当的过盈配合热态装配而成的。轧辊的装配如图 4-31 所示。铸轧过程中，铸轧辊面与熔融的铝熔体接触，将铝液释放的热量传导给流经辊芯的冷却水，使铝液迅速凝固，随后对凝固的铝带进行轧制，并继续导走轧制过程中所释放的热量，起着结晶器和轧制的双重作用。

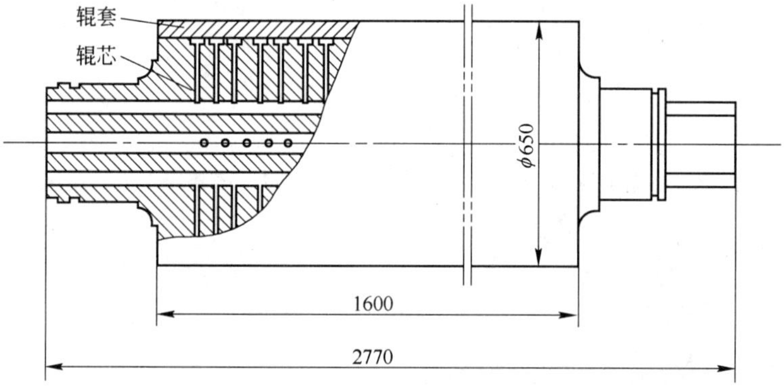

图 4-31　铸轧辊装配图

4.3.2　铸轧辊套的受力状态分析

铸轧辊套承担着铸造与轧制的双重功能，其工作条件极其恶劣，受力状态是相当复杂的：

（1）热应力。众所周知，一个物体，当温度发生变化时，就会发生尺寸的胀缩现象。如果物体处于自由状态且均匀受热，则物体只发生体积上的改变而不产生应力。但在铸轧过程中，铝液与辊套接触，铝液温度高达 700℃左右，而辊套温度从离开铸轧区时的最高 500℃左右，在辊芯的冷却水和周围环境的冷却下，逐渐下降至 100℃左右，到重新与铝液发生接触，使其温度又上升至 500℃。从 500℃—100℃—500℃一个循环的周期约为 2 ~ 3min（见图 2-22）。每一周期都要发生一次尺寸的膨胀与收缩。上面说过辊套是通过过盈配合组装在辊芯上的，并不是处于自由胀缩的状态；同时辊套在厚度上（径向）也存在着很大的温度梯度，辊套内部和两端温度最低，接近于冷却水温度和环境温度，而辊面和偏离轴线两端往内的温度最高，这就不可避免地使辊套在厚度方向（径向）、纵向（轴向）和圆周方向（周向）均存在周期性变化的热应力。

热应力的大小同辊套材质、导热系数、线膨胀系数、辊套厚度、冷却水温、水压及周围环境有关。热应力可由下式计算。

$$\sigma = E\alpha \frac{\Delta T}{1-\nu} \tag{4-3}$$

式中　E——弹性模量；

ΔT——温度梯度；

α——线膨胀系数；

ν——泊松比。

（2）热冲击应力。对于大型亨特铸轧机，在轧制区内其压力的变化近似于图4-32所示。轧制区受热及热交变应力的冲击，而非轧制区内无轧制力作用，不受力。辊套在骤冷骤热的温度变化、轧制力骤然增大或减小的冲击中，使得轧辊表面在径向、周向产生强烈的热冲击应力。

（3）轧制应力、弯曲应力、扭拧应力。在轧制变形过程中，轧辊对带坯施加一定的轧制力，反过来带坯对轧辊也施加同等的轧制力，产生轧制应力；同时，由于轧制带坯需保持一定的板形，轧辊会发生压扁和弯曲，产生弯曲应力；轧辊转动，与带坯发生摩擦，产生扭拧应力。辊套在上述作用力下，承受着周向拉应力、径向压应力、轴向弯曲应力。

（4）制造过程中产生的应力。辊套在冶金、锻造、机械加工、热处理过程中会产生残余应力、组织应力，辊套与辊芯过盈配合也会产生应力（见图4-33）。

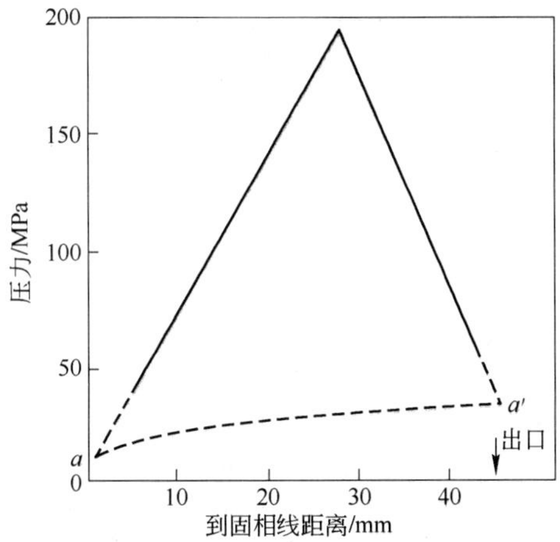

图4-32　对于大型亨特铸轧机采用“直线边”近似法计算的压力分布

（底线 aa' 以图解形式示出铸轧铝材的平面应变流动屈服应力）

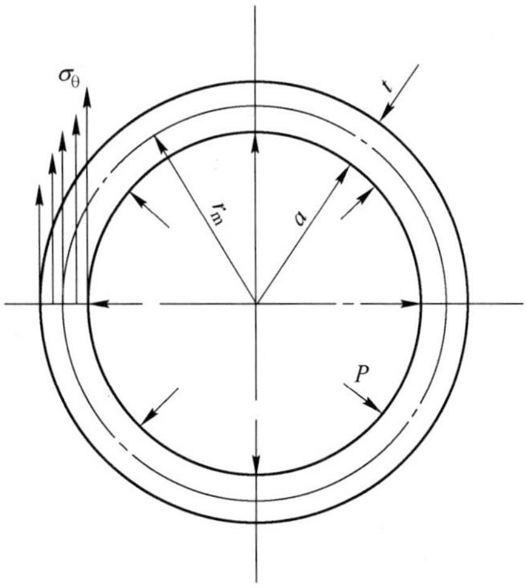

图4-33　辊套热装后受胀力示意图

（5）辊套表面渗铝。辊套表面与高温铝熔体接触，铝会与辊套材料发生一定的物理化学作用，侵蚀辊套；在轧制中，辊套表面会黏附铝粉。随着轧制、温度、时间的循环和交替变化，铝随之渗入辊套表面层，与辊面钢晶界的杂质反应生成新的晶界物质，呈高温脆性。同时，晶界体积增大，产生组织应力，晶界遭到破坏，扩展为晶界裂纹。

热冲击应力、热应力、由表面渗铝产生的组织应力，使辊面产生龟裂，反映到带材表面，会出现网络状的沟纹，严重影响表面质量。辊套制造过程中产生的应力、过度过盈配合产生的应力还会使辊面沿轴向断裂，使辊套彻底报废。

（6）辊芯沟槽堵塞。冷却水是通过辊芯沟槽与辊套接触，将铸轧过程中释放的热量带走。冷却水中含有钙、镁等各种金属离子。在冷却水导热过程中，钙、镁离子浓度越来越高，在沟槽中发生沉淀，堵塞水沟，冷却水流通不畅，导致辊面温度的严重不平衡状态，会使带坯的板形和尺寸超标，组织晶粒不均匀，发生局部粘板等缺陷。

4.3.3　铸轧辊的维修管理

铸轧辊套使用的最大厚度一般为50～60mm，最小厚度为25～30mm。厚度过大，导热性降低，影响生产效率和带坯的组织性能；厚度过小，辊套刚度低，带坯尺寸和板形难以控制。辊套使用到一定程度就得进行更换。因此，必须加强对轧辊的烘装、磨削、清洗等维修管理。

4.3.3.1　铸轧辊套材料的硬度要求

辊套材料硬度与疲劳极限的关系如图4-34所示。由图可见，硬度低，疲劳极限低；随着硬度的升高，疲劳极限增加；当硬度升高到HRC45左右时，疲劳极限达到最大值；随后又开始下降。

辊套使用过程中产生的裂纹深度与硬度的关系如图4-35所示。HRC在40～50之间，裂纹深度较浅；当HRC＜40和HRC＞50时，裂纹深度增加。

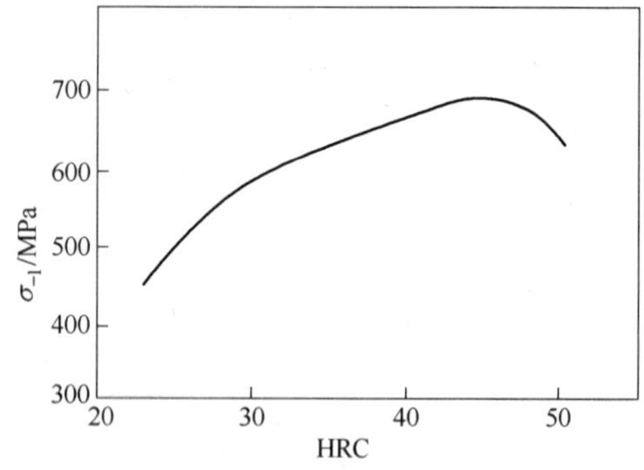

图4-34　疲劳极限与硬度的关系

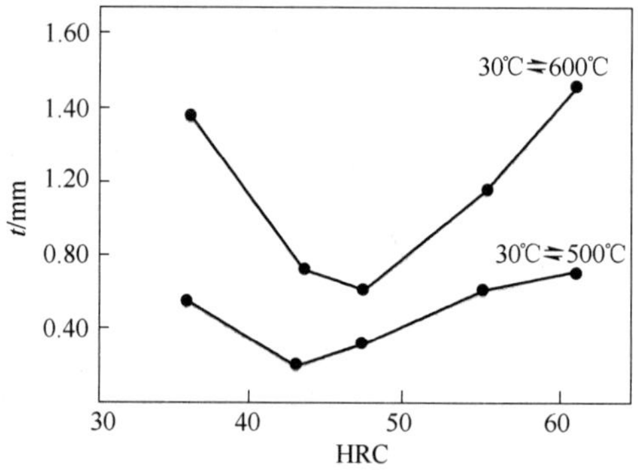

图4-35　裂纹深度与硬度的关系

因此，铸轧辊套材料硬度选择HRC45较好。同时，辊面硬度不均匀度应控制在HRC±2以内。

4.3.3.2　铸轧辊套的烘装

为使铸轧辊套在铸轧过程中可靠地传递扭矩，必须采用热装过盈配合工艺，将辊套组装到辊芯上，保证辊套与辊芯紧密配合。过盈量根据辊套材质、传递扭矩大小、辊套使用的最小厚度进行计算选择。不同的过盈量对辊套产生不同的胀紧力，胀紧力由下式计算：

$$P = \frac{Ef(D^2 - d^2)}{2Dd} \tag{4-4}$$

式中　E——弹性模量；

f——烘装过盈量；

D——辊芯外径；

d——辊套内径。

根据式4-4可计算出过盈量与胀紧力的关系。对于ϕ650mm铸轧机，其过盈量与胀紧力的关系如表4-1所示。

表4-1　过盈量与胀紧力的关系

过盈量 f/mm	0.4	0.5	0.6	0.7	0.8
胀紧力 P/N·cm^{-2}	9.85	15.6	23.6	31.1	40.1

过盈量过大，增大热装应力，会加速辊套损坏，甚至可能造成辊套沿轴向断裂；过盈量过小，可能使辊套与辊芯发生相对运动，不能有效地传递扭矩。因此，应根据材料强度和轧制扭矩的大小合理选择过盈量。对于一般中、高强度钢的过盈量可按下述经验公式选择：

$$\Delta = (1/1100 \sim 1/1300)D_{内} \tag{4-5}$$

式中　$D_{内}$——辊套内径。

将清理加工后的辊套置于加热炉中加热。加热温度、升温时间、冷却方式会对辊套寿命产生直接影响。加热温度应保证辊套有足够的膨胀量，但不应超过400℃。升温速度不能太快，热装后应在保温条件下逐渐冷却。其升温曲线如图4-36所示。

4.3.3.3　铸轧辊套的磨削

如上所述，铸轧辊套在生产过程中，由于承受巨大的应力，表面会产生龟裂，在其后的冷轧过程中，直接影响板带的表面质量，造成箔材孔洞和断带，必须定期进行车磨。根据铸轧辊龟裂发展趋势（图4-37），车磨期应在发展到第三阶段之前进行，车削深度为辊套龟裂纹深度+0.3~0.5mm。

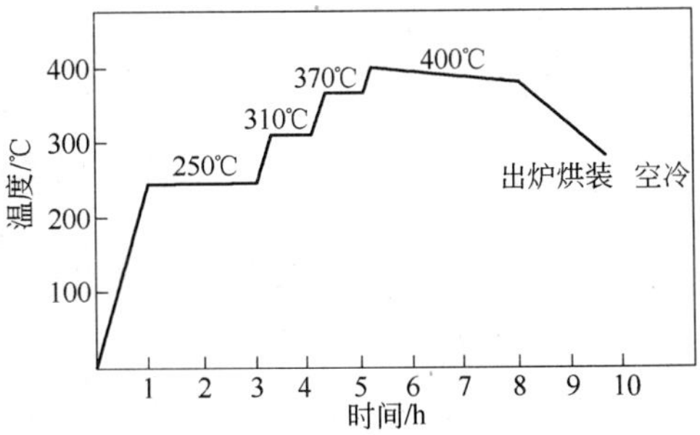

图4-36　辊套烘装加热曲线

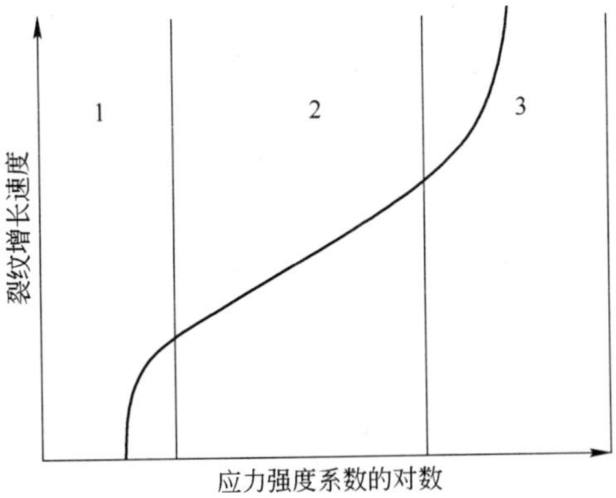

图4-37　裂纹扩展典型图

1—减速蠕变阶段；2—加速蠕变阶段；3—快加速蠕变阶段

车削后按轧辊所要求的凸度、粗糙度进行磨削。磨削后对辊面进行染色体渗透检查，确认表面无残留裂纹方可使用。

4.3.3.4　铸轧辊芯的清洗

在水质硬度较高的地区，水中含有大量的钙、镁离子和少量的铁、硅，冷却水在辊套内受热，温度上升，会产生 $CaCO_3$、$MgCO_3$、Fe_2O_3、SiO_2 等物质，沉淀到辊芯的沟槽内，增加冷却水的流通阻力，降低辊面的冷却效果。随着时间的延长，有将某些沟槽完全堵塞，造成辊面某些区域温度急剧上升，可使辊面温差达 80~90℃，严重影响带坯的板形和表面质量，甚至造成辊套提前报废。因此，应用 5% 的稀盐酸加缓蚀剂及钝化剂，定期对轧辊进行压力循环清洗，以保证冷却水路畅通[9]。

冷 轧 篇

5 冷轧轧制变形基础理论

采用电解铝液生产板带箔材，铸轧技术是第一个环节。第二个环节便是冷轧和箔轧。在冷轧和箔轧中，其技术特点不如熔炼铸轧突出，但对中高档板带材和箔材而言，就其板形控制、表面质量、组织性能、尺寸偏差等质量要求比普通板带材的要求严格得多，比热轧开坯毛料生产板带材要困难得多，特别是中、高档 PS 版铝板基，装饰带材等基本上要求达到零缺陷的质量标准。而轧制过程又是一个非常复杂的过程，是一个不均匀变形的过程。不均匀变形会产生板形、表面质量、组织性能、尺寸偏差等一系列问题。因此，在生产上有许多问题，需要探索和解决。下面我们对这些问题进行分析和讨论。

5.1 基本概念

现代金属压延加工是在具有厚度和板形自动控制系统的轧机上进行的（见图 5-1），将

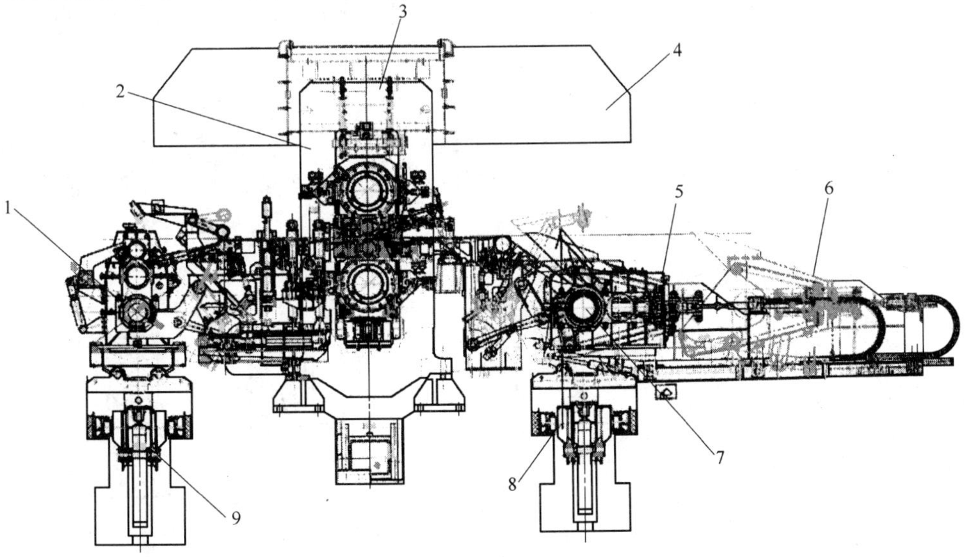

图 5-1 1850mm 四重不可逆冷轧机立面图

1—开卷机；2—轧机；3—牌坊；4—排烟罩；5—助卷器（助卷时位置）；6—助卷器（助卷后退出位置）；7—卷取机；8—出料小车；9—进料小车

扁平铸件或坯料送入两个反向转动的轧辊，通常由转动轧辊施加在轧件上的摩擦力使其咬入辊缝。轧件咬入辊缝后，在上下轧辊的正压力和对其发生的摩擦力作用下产生变形。即金属在外力作用下，发生几何形状和尺寸的改变。

5.1.1 弹性变形

变形分弹性变形和塑性变形。外力消失后，金属物体即恢复原来的几何形状和尺寸，称为弹性变形。弹性变形与应力的关系为：

$$\varepsilon = \frac{\sigma}{E} \tag{5-1}$$

式中 σ——应力；

E——弹性模量。

即应力与应变成正比，这就是众所周知的虎克定律。

5.1.2 塑性变形

金属在外力作用下发生变形，如果外力除去后，金属不能完全恢复其原来的形状和几何尺寸，这种变形称为塑性变形。塑性变形量用下式表示：

$$\varepsilon_b = \frac{b_0 - b_1}{b_0} \quad \text{（断面缩减率）} \tag{5-2}$$

$$\varepsilon_l = \frac{l_1 - l_0}{l_0} \quad \text{（伸长率）} \tag{5-3}$$

式中 b_0——变形前的断面积；

b_1——变形后的断面积；

l_0——变形前的长度；

l_1——变形后的长度。

很显然，物体变形时，先发生弹性变形，然后发生塑性变形。铝及铝合金变形时其应力和伸长率间的关系如图 5-2 所示。

5.1.2.1 塑性变形的条件与机制

塑性变形是一种物理变化过程。当物体处于应力状态时，在晶粒边界及晶粒内部滑移面上（见图 5-3）发生了切应力。这个应力有使其沿晶粒边界或晶粒内部滑移面作相对滑

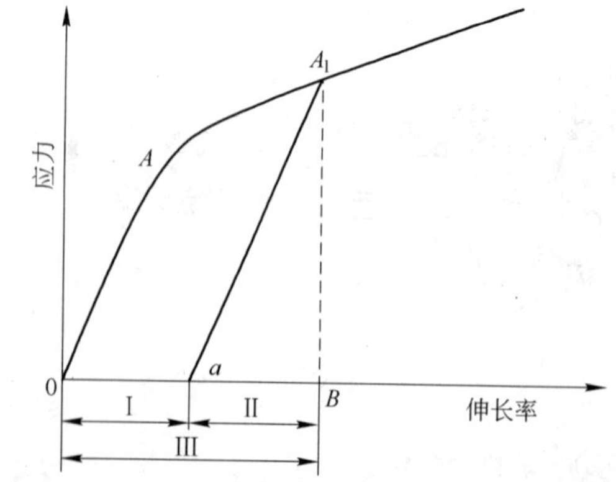

图 5-2 应力与伸长率关系曲线

Ⅰ—弹性变形部分；Ⅱ—塑性变形部分；Ⅲ—总变形

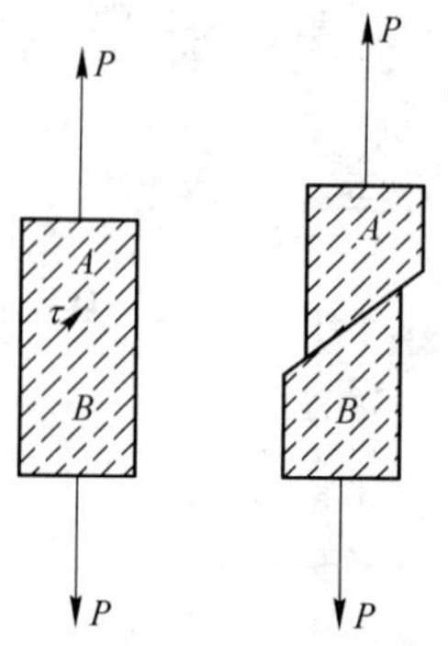

图 5-3 结晶体滑移面示意图

动的趋势。当切应力达到某一数值时，就会克服滑移面或晶粒结合面的抗力而产生晶体的塑性变形。

物体内的原子被迫偏离其平衡位置，使该物体出现了内力或应力。物体处于这种状态称为应力状态。物体各点发生变形或断裂都和该点的应力状态相关。

主应力图：物体内一点 P 的应力状态，以作用于三个互相垂直面上的应力表示。在这些面上只有正应力而无切应力，并取垂直于三个面的法线为坐标轴，这些平面称为主平面。主平面的法线方向称为主向，主平面上的正应力称为主应力，常用 σ_1、σ_2、σ_3 表示（见图 5-4）；与此截面法线方向平行的坐标轴称为主轴。

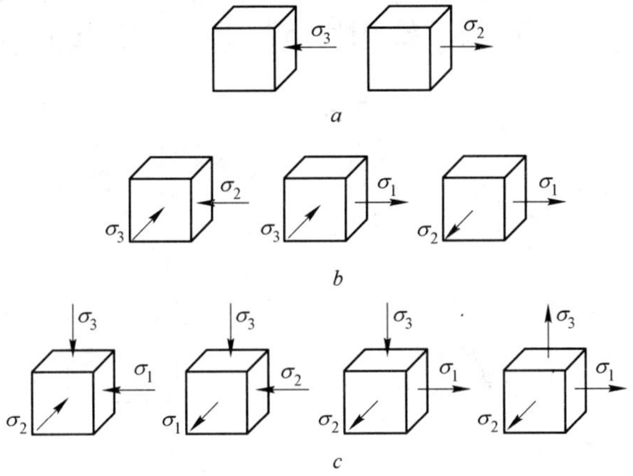

图 5-4 主应力图示

a—线应力状态；*b*—平面应力状态；*c*—体应力状态

主变形图：塑性变形的情况常用主变形图来表示。主变形图是提供研究的点有无主变形和主变形符号如何的图示（见图 5-5）。

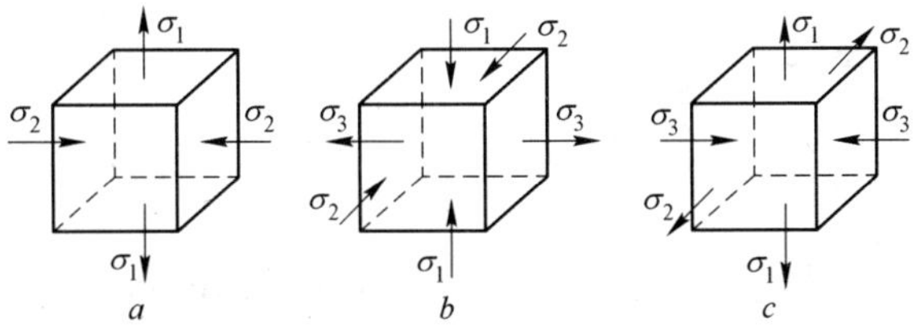

图 5-5 主变形图

主应力图对变形金属塑性的影响可定性地描述为：压应力比拉应力塑性大，越接近三向压缩应力状态，其塑性越大；相反，主应力图中拉应力数目越多，塑性降低越大，即处于三向拉伸应力状态下的塑性最小。

主应力图对变形抗力的影响可定性地描述为：同号主应力图使变形抗力增加，异号主应力图使变形抗力降低。

主变形图对物体塑性的影响可定性地描述为：两向压缩一向延伸的主变形图最能发挥物体的塑性，两向延伸一向压缩的主变形图则不易发挥物体的塑性。

5.1.2.2 金属塑性变形的条件

金属由弹性变形过渡到塑性变形（发生屈服）取决于金属本身的力学性能和其所受的应力状态。单向拉伸（或压缩）时，拉伸应力达到金属本身力学性能的屈服极限 σ_s 时便发生塑性变形；将薄壁管扭转（纯剪切）时，切应力达到物体的剪切屈服强度时便发生塑性变形。

在压力加工过程中复杂应力状态下各应力分量同简单应力状态下（单向应力及纯剪切应力），试验确定 σ_s 和 k 具有什么样的关系，方能使金属由弹性变形转为塑性变形？

A 最大切应力理论

该理论假定对同一金属在同一条件下，无论是简单应力状态或复杂应力状态，只要应力状态达到极限值就发生屈服，即开始塑性变形。其所引起的切应力（见图 5-6）为：

$$\tau_{max} = \frac{\sigma_s}{2} \tag{5-4}$$

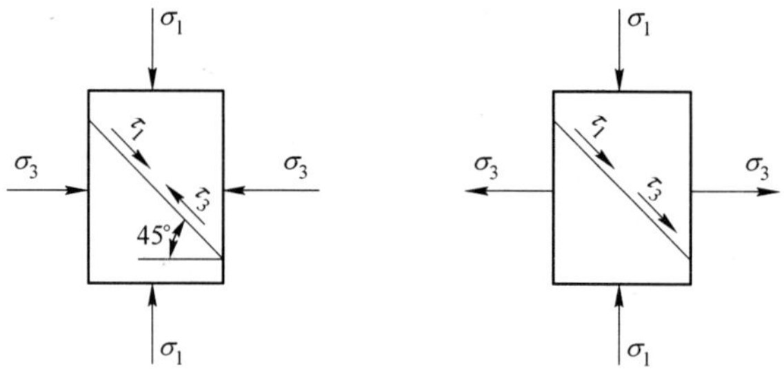

图 5-6 主应力和切应力之间的关系

B 最大变形能定值理论

变形能定值理论认为，塑性变形开始于改变物体形状的单位能量达到极限值的时候，而这个极限值与物体的应力状态无关。该理论的屈服条件数学表达式为：

$$(\sigma_1 - \sigma_2) + (\sigma_2 - \sigma_3) + (\sigma_3 - \sigma_1) = 6k^2 = 2\sigma_s \tag{5-5}$$

按变形能定值理论屈服条件是：

$$k = \frac{\sigma_s}{\sqrt{3}} = 0.57\sigma_s \tag{5-6}$$

该公式对外界条件考虑比较全面，也更符合实际变形的条件。

5.1.2.3 塑性变形机制

金属一般都是由许多个单晶体或晶粒组成的多晶体。要了解多晶体的塑性变形须先了解单晶体的塑性变形。单晶体的变形机制有如下两种情况。

（1）滑移。晶体在外力作用下，其中一部分沿着一定的晶面和晶向，相对于另一部分产生相对滑动。此晶面称为滑移面，此晶向称为滑移方向（见图 5-7）。锌单晶体的滑移变形实例如图 5-8 所示。

滑移变形一般总是沿着原子密度最大的晶面和晶向发生的。滑移面和滑移方向的乘积为滑移系。金属的晶体结构主要有面心立方晶格（如铜、铝、银、镍等），滑移面为{111}，滑移方向是〈110〉，滑移系 12；体心立方晶格（如铁、铬、钼、钨等），滑移面

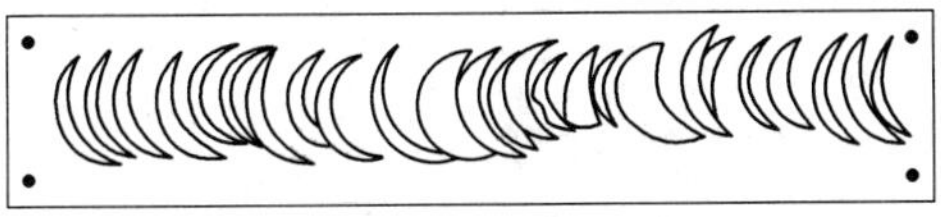

图 5-7　晶体滑移示意图

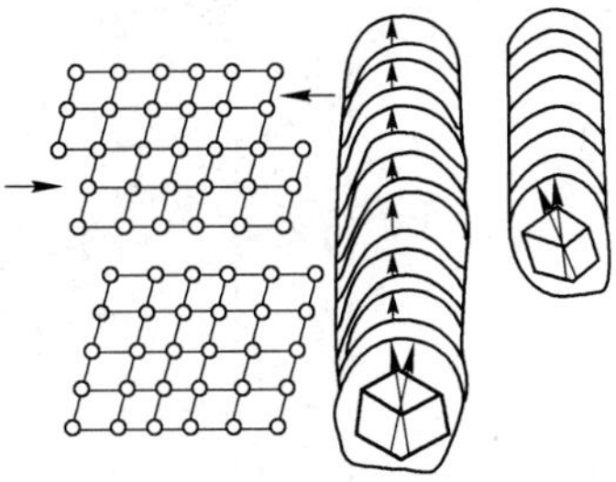

图 5-8　在 300℃时拉伸的锌单晶体

是 {110}，滑移方向是〈111〉，滑移系 12；密排六方晶格（如锌、镉、锰等），滑移面是 {1000}，滑移方向是〈1120〉，滑移系是 3（见图 5-9）。

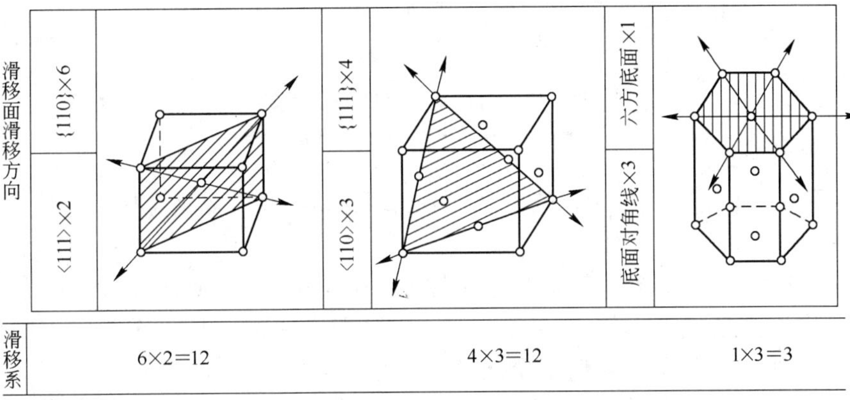

图 5-9　金属的主要滑移面、滑移方向和滑移系

晶体在发生塑性变形时，同时沿两组晶面滑移，称为双滑移。其结果使滑移线交叉排列，从而使滑动阻力增加（见图 5-10）。

（2）孪晶。晶体在切应力作用下，其一部分沿某一定晶面和晶向，按一定的关系发生相对的位向移动，结果使晶体的一部分与原晶体的位向处于相互对称的位置（见图 5-11）。

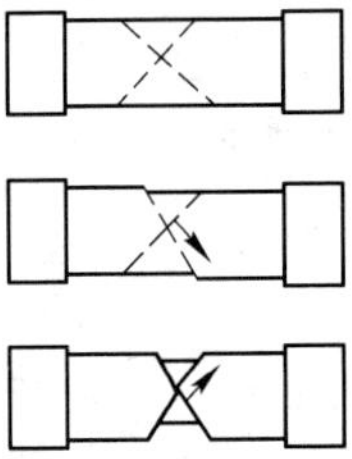

图 5-10　单晶体双滑移示意图

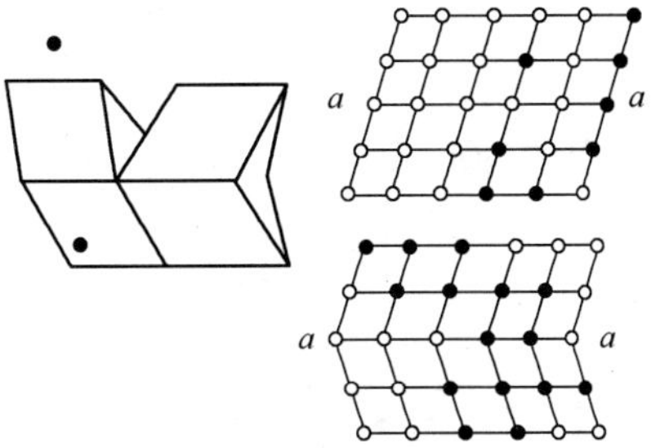

图 5-11　晶体孪晶示意图

孪晶与滑移两种变形情况的点阵分布和变位方式的比较如图 5-12 所示。

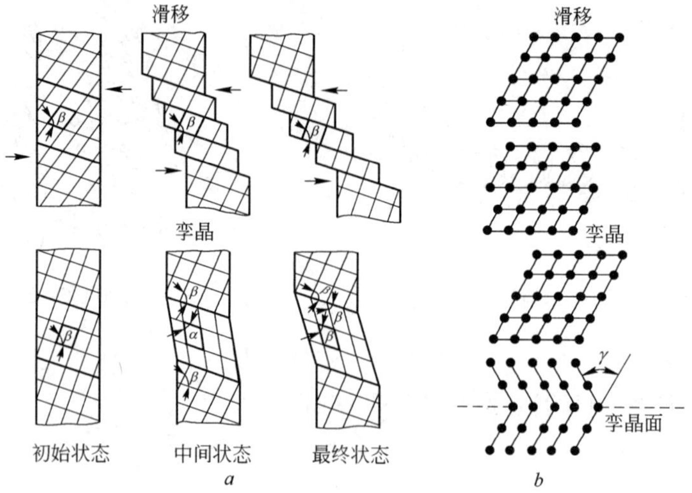

图 5-12 滑移及孪晶变形示意图

a—形状的改变情形；*b*—晶体结点变形情形

孪晶变形在面心立方晶格中比较少见，多出现在体心立方晶格金属的高速变形或低温拉伸变形中。

在实际生产中，如果金属变形是整个原子平面的滑移，则其屈服强度远高于生产中所表现的屈服强度或变形抗力。实际上，金属变形的过程是一个位错不断发生—移动—堆积的过程，从而大大降低了金属的变形能。

5.1.3 不均匀变形

金属塑性变形是不均匀变形。将一个物体分成许多小格，称为坐标网格（见图 5-13）。若变形前的高度为 H，宽为 B，每个格子的高度为 H_x，宽度为 B_x，变形后变形体高度为 h，宽度为 b，任一格子高度为 h_x，宽度为 b_x。均匀变形在高向的变形条件是：

$$\frac{H_x}{h_x} = \frac{H}{h} \tag{5-7}$$

在宽向上的变形条件是：

$$\frac{B_x}{b_x} = \frac{B}{b} \tag{5-8}$$

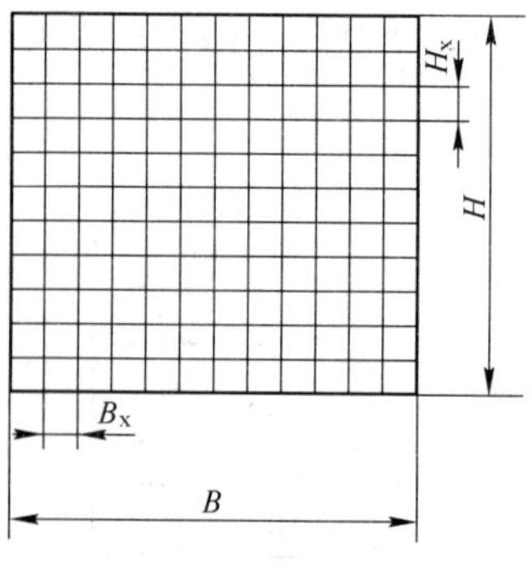

图 5-13 坐标网格

物体产生均匀变形时不仅在高向上变形是均匀的，而且在宽向、纵向上变形也是均匀的。均匀变形必须同时满足式 5-7、式 5-8 所规定的条件。其实在金属的塑性变形中，无论是压延变形、锻造变形，还是挤压变形、拉拔变形等，其变形都是不均匀的，这样变形后会带来许多问题。我们的工作在大多数情况下就是研究金属在塑性变形时发生不均匀变形的规律，改善塑性变形的条件，使其尽可能趋于均匀变形，减小不均匀变形带来的不利影响。

5.1.3.1　引起不均匀变形的主要原因

引起不均匀变形的主要原因包括：

（1）接触表面的外摩擦。由于外摩擦力的作用，造成接触表面附近金属流动困难，如使圆柱形锻坯变成鼓形（见图 5-14）。在这种情况下，可把变形金属大致分为三个区域：Ⅰ区表示由外摩擦影响而产生的难变形区；Ⅱ区表示与作用外力约成45°角的易变形区；Ⅲ区表示变形程度中等的自由变形区。由于不均匀变形，在Ⅰ区和Ⅲ区产生副拉应力。但在Ⅰ区主要是三向压应力状态，因此在Ⅰ区的副拉应力一般没有明显影响。而在Ⅲ区副拉应力使其应力状态发生了变化，使环向（切向）出现拉应力，因而镦粗时可能在侧面出现纵向裂纹。

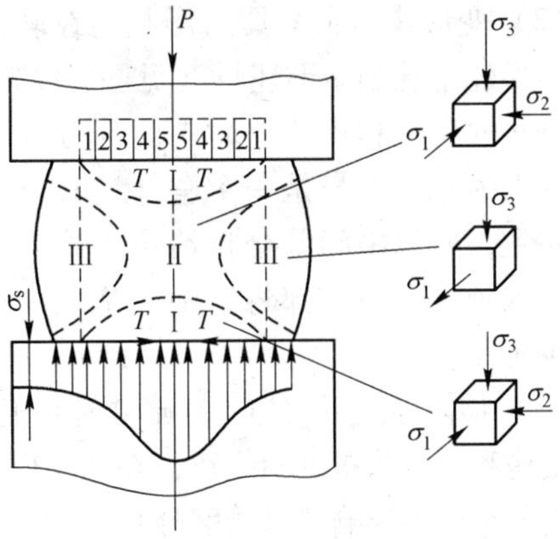

图 5-14　镦粗时摩擦力对变形及应力分布的影响

由于外摩擦的影响，接触面上的应力分布也是不均匀的。

压延生产过程中，其厚轧件的摩擦机制与锻造相似（见图 5-15）。其中，Ⅰ区为难变形区，呈锥形。处于难变形区中的金属不产生塑性变形。同时在这个锥形之底边上的金属与轧辊表面无相对滑动，因而称为贴合区。Ⅱ区为塑性变形区。塑性变形区超出了几何变形区 l 的范围。金属的压缩变形是由轧件表面逐步向中心发展的。Ⅲ区和Ⅳ区由于两端存在刚端，使轧件纵向受压缩而高向变大。

按照轧制时金属流动速度分布不均匀状态与轧件在出口和入口两端的刚端之间的关系，可把变形区分为七个区（见图 5-16）。

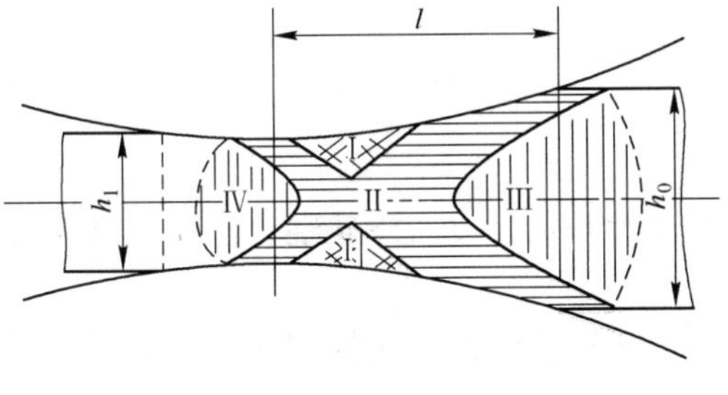

图 5-15　轧制时变形示意图

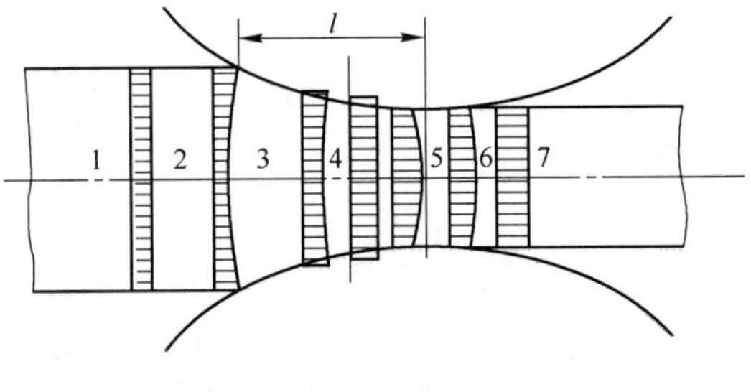

图 5-16　轧件变形分区示意图

1—后刚端区；2—变形发生区；3—后滑区；4—贴合区；5—前滑区；6—变形削减区；7—前刚端区

从图中看出，只有在贴合区的一个垂直断面上，金属在高度方向上的流动速度的分布才是相等的，这个断面称为中性面。除了中性面和前、后刚端区之外，沿轧件高向上各层金属流动的速度是不均匀的，因而在金属内部必然引起不均匀变形。

（2）变形物体和工具的形状。在轧制过程中采用凸形轧辊轧制矩形坯料（见图5-17），轧件边缘部分 a 的变形程度小，而中间部分 b 的变形程度大。因为轧件本身是一个整体，其纵向延伸趋向于一致，所以中间部分将给边部施以副拉应力使其增加延伸；而边部将给中部施以副压应力使其减少延伸。

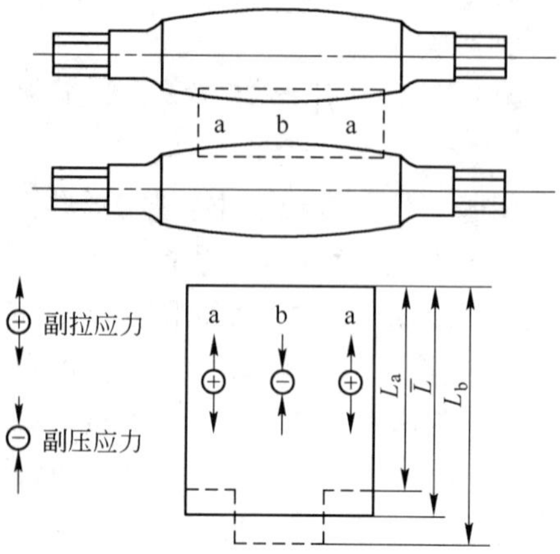

图 5-17　凸形轧辊轧制矩形坯料的情形

（3）物体性质不均匀。变形物体的化学成分、组织结构和温度分布等不一致，都对变形与应力的不均匀分布产生影响。以温度分布不均匀为例，高温部分变形抗力小，低温部分变形抗力大，在同一外力作用下，这两部分所产生的变形应力不同，从而产生副应力。此外，物体内温度分布不均，将发生不均匀膨胀，从而引起物体内互相平衡的副热应力。这两种副应力叠加的结果，在变形物体的某些区域可能产生较大的副应力，使塑性较低的材料可能发生断裂。

5.1.3.2　不均匀变形可能产生的后果和减小的方法

产生不均匀变形的物体为保持其整体性而发生副应力。这些副应力是变形体内相互平衡的成对的内力。按照变形物体中不均匀变形的分布情况，副应力可分为三种：发生在物体的几个大区域（几个大部分）或宏观级的相互平衡的副应力，称为第一种副应力；在变形物体个别区域（几个晶粒间）或显微级的互相平衡的副应力，称为第二种副应力；在一个晶粒内部各部分之间或原子级的互相平衡的副应力，称为第三种副应力。

变形物体中的副应力对塑性变形过程会产生下述影响：

（1）增加变形抗力；

（2）降低塑性；

（3）存在残余应力，降低产品质量；

（4）提高操作过程中的技术复杂系数。

减小不均匀变形影响的方法包括：

（1）合理设计加工工具形状，如将热轧辊设计成合理的凹度，冷轧辊、箔轧辊设计成合理的凸度，以减轻金属的不均匀变形程度。

（2）尽量减小外摩擦的有害影响，如提高工具的表面光洁度，选择合适的润滑剂。

（3）选择合适的工艺参数，如变形温度、变形速度等。

（4）均匀变形金属的组织和成分，如对铸锭进行高温均匀化退火，对轧件进行中间退火。

5.1.4　残余应力

所谓残余应力是指当外力取消后，在变形体内遗留下来的副应力。由于变形、加热和冷却不均匀以及组织转变不均匀等都可能引起残余应力。残余应力与副应力相对应，也分成第一种残余应力、第二种残余应力和第三种残余应力。

物体中存在残余应力会产生严重影响。例如，使物体变形更不均匀，加工成零件后缩短零件使用寿命，物体的尺寸和形状会随着时间的推移而发生变化，会降低金属的抗腐蚀性能和力学性能。

减轻和消除残余应力的方法：根据物体中残余应力的不同类别，采用不同的热处理制度；对表面具有残余应力的物体可采用机械方法再附加一些表面变形，以产生新的副应力及残余应力抵消或减少原有残余应力，如表面辊压、表面拉伸等。

5.1.5　咬入弧、咬入角

5.1.5.1　咬入弧、咬入角和压下量的关系

轧件和轧辊相接触的弧称为咬入弧，如图 5-18 中的 *AB* 弧。*AB* 弧所对应的圆心角称为咬入角。咬入角、轧辊直径和压下量三者之间的几何关系如图 5-19 所示。

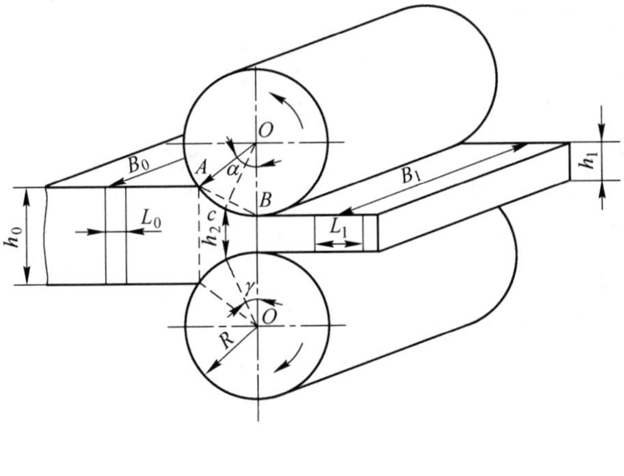

图 5-18　轧制金属沿三个方向变形流动示意图

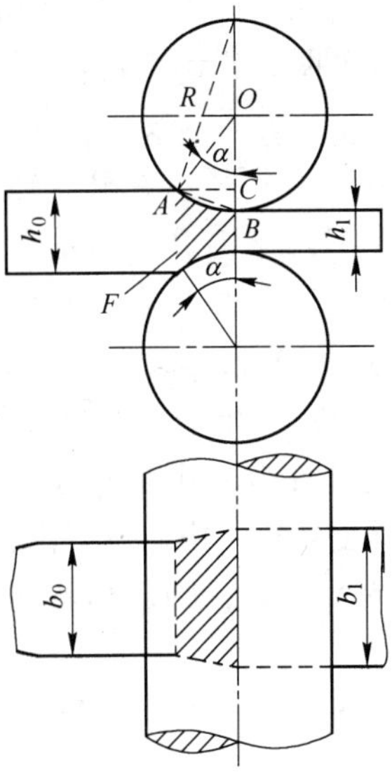

图 5-19　轧制时的变形区和咬入角

由图 5-19 看出：

$$BC = OB - OC = R - OC = R - R\cos\alpha = R(1 - \cos\alpha)$$

同时：
$$BC = \frac{h_0 - h_1}{2} = \frac{\Delta h}{2}$$

因此：
$$\Delta h/2 = R - R\cos\alpha = R(1 - \cos\alpha)$$

即：
$$\Delta h = D(1 - \cos\alpha)$$

$$\cos\alpha = 1 - \frac{\Delta h}{D} = 1 - \frac{h_0 - h_1}{2R} \qquad (5\text{-}9)$$

或：
$$\Delta h = 2D\sin^2\frac{\alpha}{2} \qquad (5\text{-}10)$$

式中　α——咬入角。

5.1.5.2　变形区及变形区长度

由咬入弧和轧件的侧边及轧件的入口面和出口面所包围的空间为变形区，咬入弧的弦的水平投影称为变形区长度 L，如图 5-19 中的 $AC=L$。

变形区长度的计算：

$$L^2=AC^2=OA^2-OC^2=R^2-(OB-BC)^2$$
$$=R^2-\left(R-\frac{\Delta h}{2}\right)^2=R\Delta h-\frac{\Delta h^2}{4}$$

$$L=\sqrt{R\Delta h-\frac{\Delta h^2}{4}} \tag{5-11}$$

或：
$$L=R\sin\alpha \tag{5-12}$$

5.1.5.3 轧件的咬入条件

要实现轧制过程，需先使轧件咬入轧辊，然后使轧件充满轧辊间隙，再进行轧制生产。实践证明，要建立轧制过程，必须满足轧件的咬入条件。

A 咬入瞬间的咬入条件

如图 5-20 所示，在轧件咬入的瞬间，每个轧辊向轧件作用两个力。一个垂直于轧辊和金属相接触的法向力（径向力）N，一个轧辊与轧件表面相切处的摩擦力 T。N 和 T 垂直分力的方向相同，使金属产生压缩变形；N 和 T 水平分力则方向相反，水平分力 T_x 力求将轧件拖入轧辊之间，而水平分力 N_x 则力求将轧件推出轧辊。由此可看出：

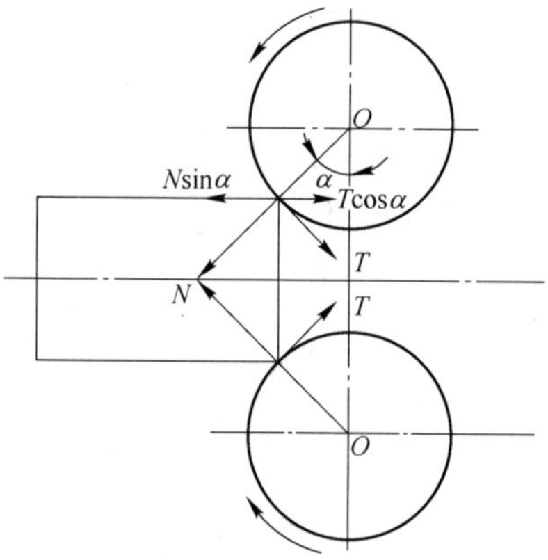

图 5-20 轧件咬入瞬间作用力

如果 $N_x>T_x$，则轧件不可能被咬入，轧制过程不能建立。

如果 $N_x=T_x$，则处于平衡状态，轧件仍然不可能被自然咬入。

如果 $N_x<T_x$，则轧辊可将轧件咬入。

因此，若不考虑咬入时的惯性力，为了实现咬入，必须具备以下条件：

$$T_x\geqslant N_x$$

而 $T_x=T\cos\alpha=N\mu\cos\alpha, N_x=N\sin\alpha$，则要求：

$$N\mu\cos\alpha\geqslant N\sin\alpha$$

即：
$$\mu\geqslant\tan\alpha \tag{5-13}$$

令 $\mu\geqslant\tan\beta$，则：

$$\tan\beta\geqslant\tan\alpha \quad 或 \quad \beta\geqslant\alpha \tag{5-14}$$

式中 μ——轧件与轧辊接触表面的摩擦系数；

β——摩擦角。

因此，在轧制过程的开始瞬间，轧辊咬入轧件的条件是：

$$\tan\beta\geqslant\tan\alpha \quad 或 \quad \beta\geqslant\alpha$$

也就是说，只有当摩擦系数大于咬入角的正切值，或摩擦角大于咬入角时，轧件才能被咬入。等于摩擦角的咬入角称为极限咬入角，或最大允许咬入角。由此可见，摩擦力对实现轧制过程是有利的。

在不同的轧制条件下，实际使用的最大咬入角列于表5-1。

表5-1　不同轧制条件下的最大咬入角

轧制条件	咬入角 α/(°)	$\Delta h/D$
热　轧	15～22	1/30～1/15
冷轧（粗糙表面）	5～8	1/250～1/100
冷轧（高度磨光并有润滑时）	3～4	1/700～1/400

B　稳定轧制时的咬入条件

当轧件被咬入逐渐充满于辊间后，轧件与轧辊间的接触面积逐渐增大，轧辊对轧件的合压力作用点逐渐向内移动，最大咬入角与摩擦角的关系随之发生变化。如以 δ 表示尚未被咬入部分弧所对应的角度（见图5-21）。

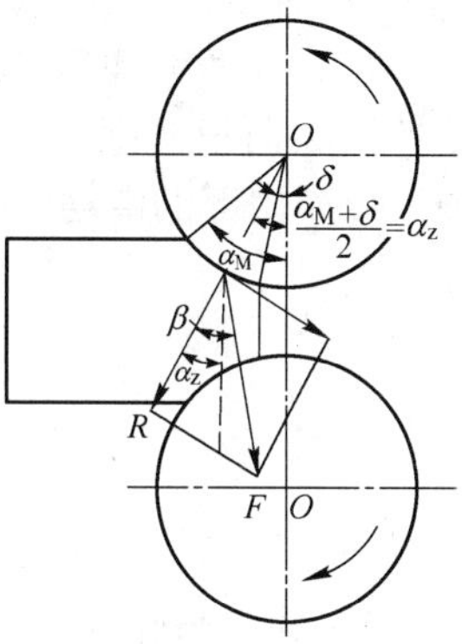

图5-21　轧件填充过程的咬入角

假定轧件与轧辊接触的弧上所受的力是均匀分布的，则合压力的作用点即可假定位于此咬入弧的中点，以 α_z 表示合压力作用点的径向线与轧辊连心线间的夹角，而 α_M 为开始咬入时的最大咬入角。随着轧件逐渐充满辊间，δ 逐渐减小，α_z 也逐渐减小。由图5-21可看出 α_z、α_M 与 δ 之间存在以下关系：

$$\alpha_z = \frac{\alpha_M + \delta}{2}$$

令 α_M 与 α_z 之比为 n，即：

$$n = \frac{\alpha_M}{\alpha_z} = \frac{\alpha_M}{\frac{\alpha_M + \delta}{2}} = \frac{2\alpha_M}{\alpha_M + \delta} \tag{5-15}$$

由上式可知，在开始咬入瞬间，$\delta = \alpha$，$\alpha_M = \alpha_z$，即 $n = 1$；当轧件全部被咬入后，$\delta = 0$，$\alpha_M = 2\alpha_z$，则 $n = 2$。n 值在1～2之间变化。根据咬入角小于摩擦角的条件，即：

$$\alpha_z < \beta \quad 或 \quad \alpha_M < n\beta$$

即可得在稳定过程中的咬入条件为：

$$\alpha_z < \beta \quad 或 \quad \tan\frac{\alpha}{2} < \mu \tag{5-16}$$

稳定轧制过程中比开始轧制瞬间其最大咬入角可以增加，但是由于咬入弧上轧辊的作用力，实际上并不是均匀分布的，因而 $n = 2$ 规律不完全正确。实验结果表明，冷轧铝材时，比值 n 接近于2。

5.1.6　前滑

在轧制过程中，金属从轧辊抛出的速度比轧辊圆周的线速度大，这种现象称为前滑。

它影响轧件沿横断面上（厚度方向）变形的均匀性。前滑值可用下式表示：

$$S = \frac{v_2 - v}{v} \times 100\% \tag{5-17}$$

式中 S——前滑值；

v_2——轧件离开轧辊的速度；

v——轧辊的圆周线速度。

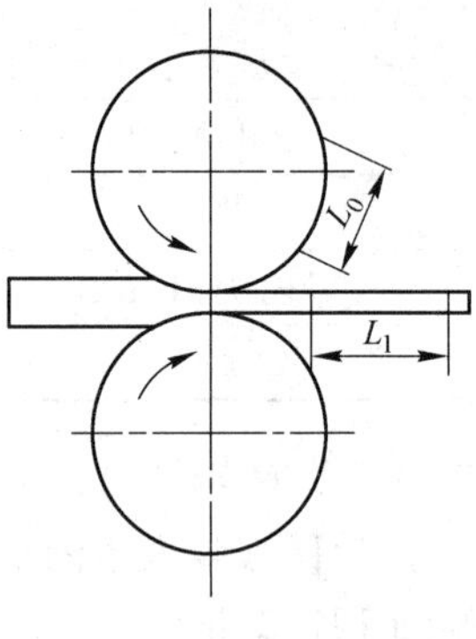

图 5-22 刻痕法测定前滑

冷轧的前滑值依其加工率、张力、摩擦系数等条件的不同而不同，在一般条件下为 0 ~6%。

5.1.6.1 前滑值的确定

实验法：在轧辊表面上刻痕，距离为 L_0（见图 5-22），轧制后，在轧件表面的压痕距离为 L_1，据式 5-17 即可求出前滑值。这种方法简单、准确。其不足是：只能测定表面的滑动，不能测出金属内部的滑动。

计算法：

$$S = \frac{1}{4} \times \frac{\frac{\Delta h}{h_0}}{1 - \frac{\Delta h}{h_0}} \left(1 - \frac{1}{\mu}\sqrt{\frac{\Delta h}{2D}}\right)^2 \tag{5-18}$$

式中 μ——轧辊与轧件间的摩擦系数；

D——轧辊直径；

Δh——绝对压下量，$\Delta h = h_0 - h_1$；

h_0——轧制前轧件的厚度；

h_1——轧制后轧件的厚度。

5.1.6.2 影响前滑的主要因素

轧制过程中，影响前滑的因素很多，主要有压下量、轧辊直径、摩擦系数、前张力、后张力、轧制速度及轧件宽度等。轧制温度和合金种类通过摩擦系数对其进行影响。各种因素对前滑的影响如图 5-23 所示。

5.1.6.3 前滑在实际生产中的意义

在冷轧生产中，前滑的值不大，但在实际生产和工作中却具有重要意义：

（1）摩擦系数在轧制过程中是一个非常重要的参数，摩擦系数沿咬入弧各点是不同的。摩擦系数的变化，直接影响到变形区内单位压力的大小及其分布情况，从而影响轧制功率的消耗。直接从实验中测定摩擦系数是相当困难的，但通过测定前滑值来计算摩擦系数就比较容易解决。

（2）在带有张力轧制时，特别是在使用抛光辊并有良好润滑条件下，有可能使中性点接近甚至重合于轧制的出口点，即前滑值大大减小，接近于 0，甚至出现负值。这样就会使轧机不能咬入轧件，而产生轧辊在轧件上“打滑”，甚至使轧机发生振动，影响制品质量。为解决这个问题，应适当增大前张力和调整压下量，以保持一定的前滑值。

在轧制过程中，必须考虑前滑问题，有时需要进行计算，以调整轧制所必需的前、后张力。

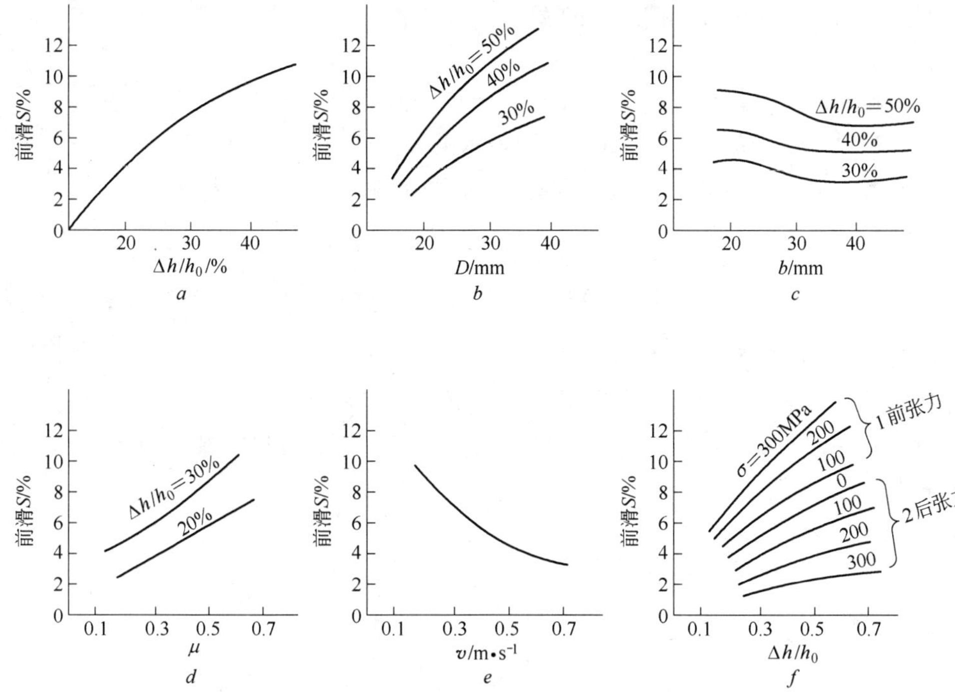

图 5-23 各种因素对前滑的影响

a—加工率的影响；*b*—轧辊直径 *D* 的影响；*c*—轧件宽度 *b* 的影响；
d—摩擦系数 *μ* 的影响；*e*—轧制速度 *v* 的影响；*f*—前后张力的影响

（3）在连轧机上，各台轧机的辊速及轧件速度都是不同的。在调整速度时，如不考虑前滑，则下台轧机的速度就会不足，从而造成各轧机上轧件之间的张力消失，使轧制过程不稳定。

（4）计算生产率时应考虑前滑。在同样轧制速度下，前滑值越大，生产效率越高。因此，增大前滑量是提高生产率的一种手段。

5.1.7 宽展

宽展是指轧件在轧制过程中宽度方向上尺寸的变化，也称为横展。它影响在宽度方向变形的不均匀性。表示宽展的方法有绝对宽展和相对宽展两种。绝对宽展系轧件轧制前后宽度之差，即 $\Delta b = b_1 - b_0$；相对宽展系轧件轧制前后宽度之差与轧制前宽度之比，即 $\Delta b/b_0$。

5.1.7.1 宽展的组成

宽展是一种复杂的变形过程，它包括以下三个组成部分：

（1）滑移宽展。轧件在高向上受到压缩时，如果在两端的接触面上不存在摩擦力，金属将向各个方向滑动，沿横向的滑动即构成滑移宽展。

（2）侧面转移宽展。若接触面上的摩擦力很大时，两接触面间无法产生滑动，将迫使侧面部分的金属转移成为新的接触表面，构成侧面转移宽展。

(3) 侧面变形宽展。因接触面存在摩擦阻力，使接触面附近的金属落后于跟接触面较远的金属，构成了侧面变形宽展。

三项之和即构成了整个宽展。

在图 5-24 中，以 $\Delta b_1'$、$\Delta b_1''$、$\Delta b_1'''$ 分别表示滑移宽展、侧面转移宽展、侧面变形宽展，则总宽展 Δb 应为上述三者之和，即：

$$\Delta b = \Delta b_1' + \Delta b_1'' + \Delta b_1''' \tag{5-19}$$

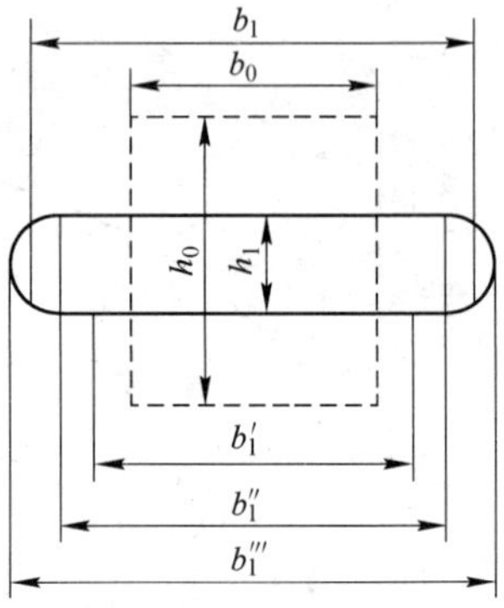

图 5-24　宽展的组成图

5.1.7.2　影响宽展的因素

轧制时的各种条件都对宽展产生影响，主要影响因素有压下量、轧件的高度和宽度、轧辊直径、轧件和轧辊的化学成分、轧辊的表面状态、轧制温度、轧制时的润滑条件等，如图 5-25 所示。

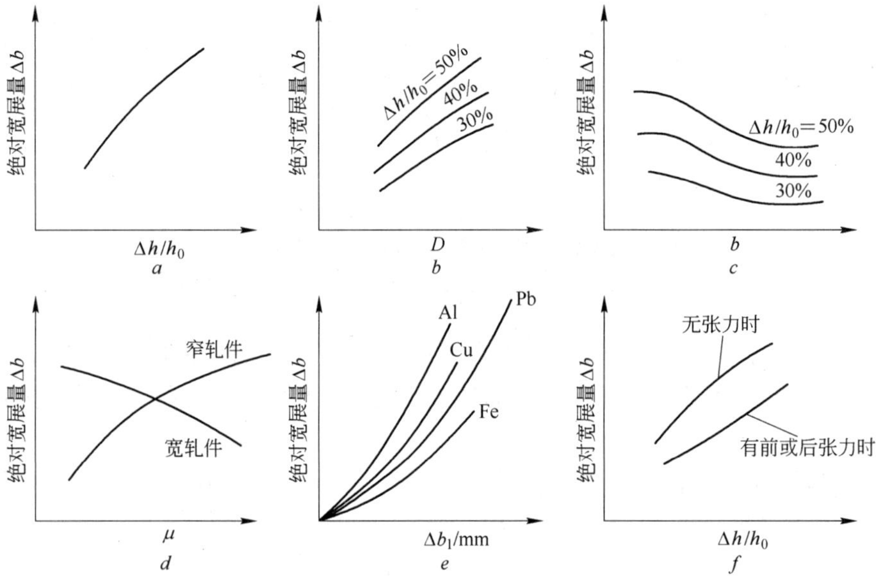

图 5-25　各种因素对宽展的影响

a—加工率的影响；*b*—轧辊直径 *D* 的影响；*c*—轧件宽度 *b* 的影响；*d*—摩擦系数 μ 的影响；*e*—轧件化学成分的影响；*f*—张力的影响

由图可知，当轧件高度减小时宽度和长度必然增加，因此轧制时加工率越大，轧件的宽展也越大。当其他条件相同时，轧辊直径增加，咬入弧长增加，金属沿延伸方向的阻力增加，宽展量相应增加。

摩擦系数的影响随变形区的形状不同而不同。图 5-26 为轧制时的变形区的两种形状。型材轧制和窄带材轧制的变形区狭而长，如图 5-26*a* 所示；板材轧制时的变形区则宽而短，如图 5-26*b* 所示。当摩擦系数增加时，狭而长的变形区 P_y 力增加，迫使金属更多地流向两边，即宽度增加；对于宽而短的变形区，则 P_z 力增加，因而宽展减少。所以轧制宽

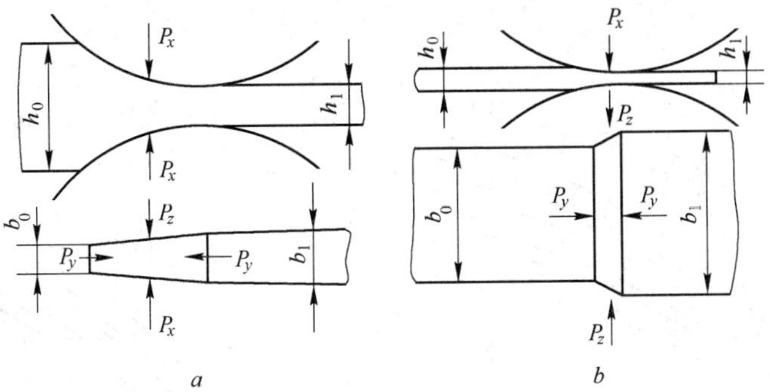

图 5-26　轧制变形区

a—型材和窄带材轧制；*b*—板材轧制

板时，宽展很小，可以忽略不计。

金属和轧辊的化学成分、轧制温度和润滑条件对宽展的影响是通过对摩擦系数的影响，并根据变形区的形状来决定的。

轧制时的前后张力是减少宽展的因素。在有些情况下采用张力后，可能得到负的宽展，使轧件宽度减小。

5.1.7.3　宽展的计算

宽展计算公式很多，这里只介绍一个平辊轧制有色金属的应用较广的半经验公式：

$$\Delta b = C\frac{\Delta h}{h_0}\sqrt{R\Delta h} \tag{5-20}$$

式中　C——常数，对于铝，400℃左右时，$C=0.45$。

这个公式考虑了变形区长度和加工率对宽展的影响等主要因素，但未考虑轧件宽度的影响，故该公式不适用于轧件宽度等于或小于其厚度的轧制条件。

5.1.7.4　宽展的实际意义

平辊轧制时，由于宽度及不均匀变形的影响，在轧件的边缘也会产生副拉应力，在轧件中部产生副压应力（见图 5-27）。产生副拉应力是造成裂边的根源，使几何废料损失增加。宽展量越大，废料损失越多。

为减少宽展所造成的损失，可采取如下措施：

（1）降低摩擦系数；

（2）减小坯料厚度；

（3）适当地分配压下量及轧制道次。

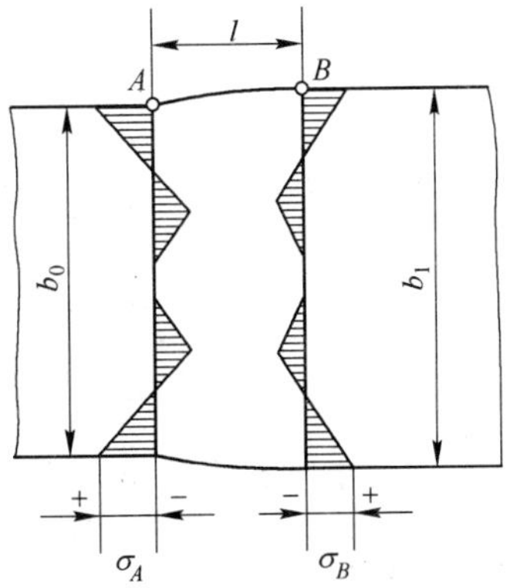

图 5-27　平辊轧制时产生的副应力

5.1.8　轧制力计算

5.1.8.1　屈服强度

铝及铝合金塑性变形达 0.2% 的屈服极限称为 $\sigma_{0.2}$。$\sigma_{0.2}$是计算铝及铝合金轧制力的重要参数。屈服强度与变形温度、变形速度、变形程度有关，其关系如图 5-28 和图 5-29 所示。就冷轧而言，主要的影响因素是变形程度。

在单向轧制时，材料的屈服强度就是变形抗力，也称金属强制流动应力。在板带材轧

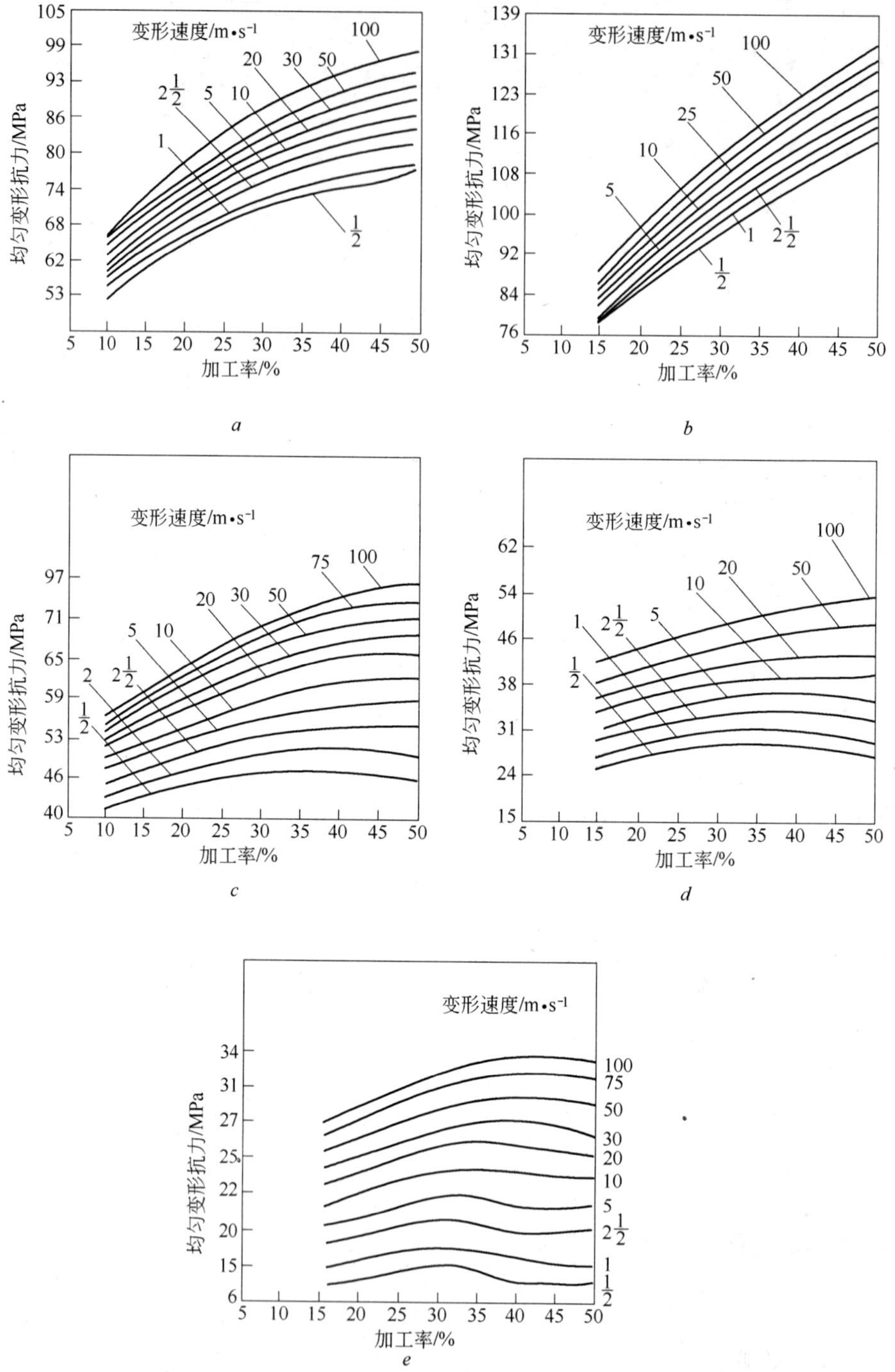

图 5-28　变形温度、变形速度及变形程度对纯铝屈服强度的影响

a—150℃；*b*—250℃；*c*—350℃；*d*—450℃；*e*—550℃

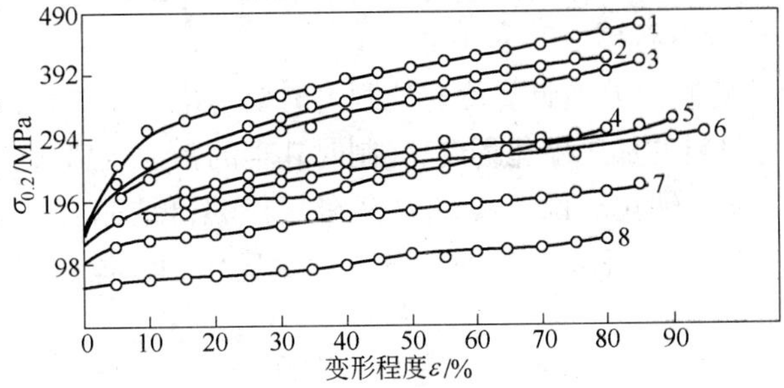

图 5-29 屈服强度与变形程度的关系（$t=20℃$）

1—5A06；2—5A05；3—6A02；4—2A12；5—2A11；6—2A02；7—3A21；8—1035

制中，由于金属质点处于三向压应力状态，其强制流动应力与单向拉伸时的屈服极限有所区别，用 K 表示：

$$K = 1.15\sigma_{0.2} \tag{5-21}$$

5.1.8.2 轧制力

轧制力是轧制工艺和设备的设计及控制的重要参数，是计算轧辊和轧机其他部件强度和弹性变形、校核或确定电动机功率、制定压下制度、实现板厚和板形的自动控制、挖掘设备潜力、提高劳动生产率的重要依据。

轧制力是指轧件给轧辊的合力的垂直分量。轧制时，前面已经说过，金属对轧辊的作用力有两个：一个是与接触表面相切的单位摩擦力 T；另一个是与接触表面垂直的单位压力的合力 N。轧制力就是这两个力在垂直于轧制方向上的投影之和 P_H（见图 5-30）。

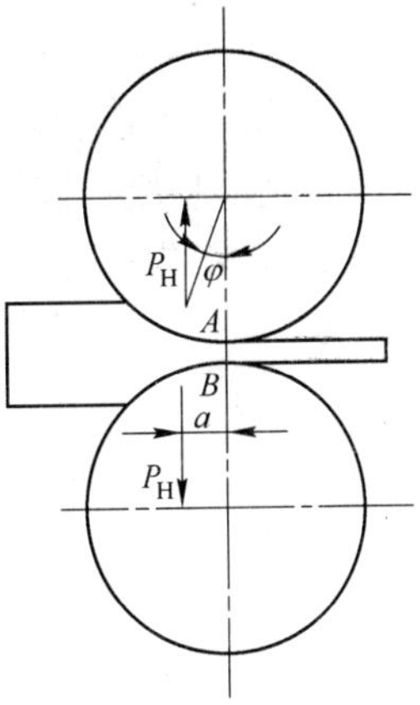

图 5-30 简单轧制条件下的受力分析图

轧制力计算的基本公式为：

$$P = \overline{P}F \tag{5-22}$$

其中，$F=bl$，$l=\sqrt{R\Delta h}$，则：

$$P = \overline{P}b\sqrt{R\Delta h} \tag{5-23}$$

轧制力的计算步骤：

（1）计算金属强制流动应力 K：

1）计算平均变形速度

$$\overline{u} = \frac{V_1}{Rh_0}\sqrt{\frac{\Delta h}{R}} \tag{5-24}$$

2）计算变形程度

$$\varepsilon = \frac{\Delta h}{h_0} \tag{5-25}$$

3）根据所得的 $\bar{u}$ 、ε 值从图 5-28 和图 5-29 查相应材料的 $\sigma_{0.2}$。

4）按公式 $K=1.15\sigma_{0.2}$ 求相应的 K 值。

（2）计算平均单位轧制力 $\overline{P}$ 。计算冷轧轧制力时要考虑三个方面的因素：该道次轧制之前各道次轧制所引起的材料的加工硬化程度；轧制时轧辊的弹性压扁；轧制时的张力影响。

1）加工率引起的加工硬化。由于冷轧温度在材料的再结晶温度以下，每道次产生的加工硬化都无法消除。因此，计算 K 值时，其变形量应包括该道次以前各道次变形量的叠加，即：

$$\varepsilon_0 = H - h_0 \times 100\% \tag{5-26}$$

$$\varepsilon_1 = H - h_1 \times 100\% \tag{5-27}$$

根据 ε_0、ε_1 由图查得相应的屈服强度 $\sigma_{(0.2)0}$、$\sigma_{(0.2)1}$ ，计算：

$$K_0 = 1.15\sigma_{(0.2)0} \tag{5-28}$$

$$K_1 = 1.15\sigma_{(0.2)1} \tag{5-29}$$

$$\overline{K} = \frac{K_0 + K_1}{2} \tag{5-30}$$

2）冷轧弹性压扁对轧制力的影响。冷轧时，由于材料加工硬化使轧辊产生弹性压扁，弹性压扁轧辊与板带接触弧投影长度由 l 伸长为 l'。因此，计算轧制力时应按 l'考虑。l'可借助图 5-31 求得。

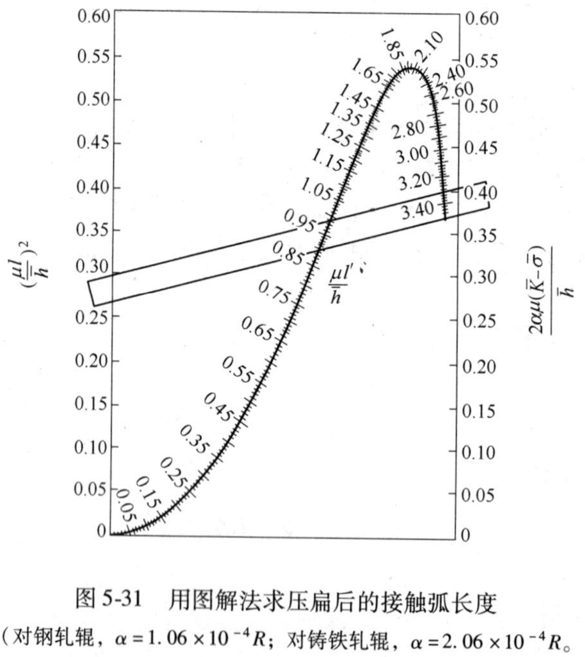

图 5-31 用图解法求压扁后的接触弧长度

（对钢轧辊，$\alpha=1.06\times10^{-4}R$；对铸铁轧辊，$\alpha=2.06\times10^{-4}R$。如果直线和中间曲线刻度相交于两个点，需取较小值；如果无交点，则表示该道次采用的加工率引起轧辊压扁过大，不能轧制。）

l'的计算步骤：

①计算 $2\alpha\frac{\mu}{h}(\overline{K}-\overline{\sigma})$；

②计算 $\delta = \left(\dfrac{\mu l}{\bar{h}}\right)^2$；

③由图5-31查得$\dfrac{\mu l'}{\bar{h}}$值，由$\dfrac{\mu l'}{\bar{h}}$求l'值。

3）冷轧张力对轧制力的影响。冷轧时，采用张力轧制，减少了平均单位轧制力。因为前后张力都对轧制力有影响，所以计算冷轧张力时，应按前后张力的平均值 $\bar{\sigma} = \dfrac{\sigma_0 + \sigma_1}{2}$ 考虑。

一般随着轧件厚度的不同所采用的前后张力大小可按下列经验公式确定：

前张力　$\sigma_1 = (5.67 - 0.6h_1) \times 9.8$　(5-31)

后张力　$\sigma_0 = (4.3 - 0.5h_0) \times 9.8$　(5-32)

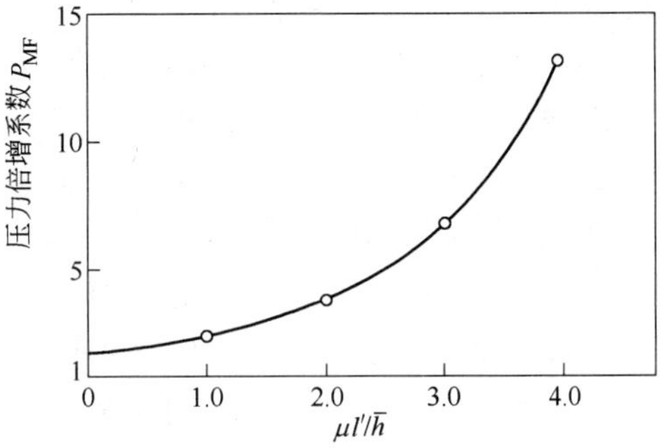

图5-32　压力倍增系数P_{MF}与$\dfrac{\mu l'}{\bar{h}}$的关系曲线

考虑了计算冷轧轧制力的三个影响因素后，借助于图5-32查得压力倍增系数P_{MF}值，再按下式求平均单位压力$\bar{P}$：

$$\bar{P} = (\bar{K} - \bar{\sigma})P_{MF} \tag{5-33}$$

最后，冷轧轧制力为：

$$P = \bar{P}F = \bar{P}bl'$$

5.2　轧制工艺的选择与确定

5.2.1　金属变形量

轧制时，金属在外力作用下产生了塑性变形，轧件沿高度、宽度和长度方向都发生了尺寸的变化。其变形程度大小的指标称变形指数。常用变形指数如表5-2所示。表中，h_0，b_0，L_0分别为轧件轧制前的高度、宽度和长度；h_1，b_1，L_1分别为轧件轧制后的高度、宽度和长度。

表5-2　常用变形指数

变形方向	变形指数		计算公式	备　注
	名　称	符　号		
高向变形	绝对压下量	Δh	$\Delta h = h_0 - h_1$	
	加工率	ε	(1) $\varepsilon = (\Delta h/h_0) \times 100\%$ (2) $\varepsilon = \ln(h_0/h_1)$	(1) 表示近似变形程度 (2) 表示真实变形程度
横向变形	绝对宽展	Δb	$\Delta b = b_1 - b_0$	
	相对宽展	ε_b	$\varepsilon_b = (\Delta b/b_0) \times 100\%$	
纵向变形	伸长率	δ	$\delta = [(L_1 - L_0)/L_0] \times 100\%$	多用于拉力试验
	延伸系数	λ	$\lambda \approx L_0/L_1$	

5.2.2 轧制制度的确定

确定轧制制度前应考虑加工后其成品的尺寸规格、加工状态、表面质量、组织结构、力学性能等方面的要求，针对不同要求，采用不同的加工工艺制度。

5.2.2.1 生产PS版铝板基和箔材毛料的冷加工率

根据用户要求确定冷加工率。

对PS版铝板基要求电解后砂目均匀性好、力学性能中等、硬度不是太高时，可在冷轧一个道次后进行高温退火，消除铸轧过程中发生的非平衡结晶组织，均匀合金中的组织成分，改善工艺性能，提高表面质量。若要求高强度、高硬度，以提高PS版的耐印率，就不需中间退火，可直接冷轧至成品。

对于铝箔毛料，则根据铝箔成品厚度，确定退火前或两次退火之间的变形程度。

金属变形程度和变形后退火温度与金属再结晶晶粒大小之间存在一定的关系。金属变形率很小，退火温度较高，由于再结晶核心少，容易出现粗大的再结晶晶粒（这个问题将在退火热处理部分中详细讨论）。这个变形率称临界变形率。除特殊情况外，金属的总加工率必须大于临界加工率。但是，有些材料总加工率过大（一般大于85%以上）退火时又容易发生晶粒二次长大，在细小晶粒的基底上，出现不均匀的粗大晶粒。对这些材料其中间退火前的总加工率一般控制在80%以内，或者在成品退火时严格控制退火温度和保温时间，防止再结晶晶粒二次长大。

5.2.2.2 生产要求低制耳率深冲用板带材的冷加工率

对成品的组织结构有特殊要求，如深冲用板带材要求有低的制耳率，制定工艺时即应控制退火后的冷加工率。

在一般情况下，晶粒组织的位向是随机分布的，力学性能为各向同性。在冷轧过程中，当达到一定的变形程度后，晶粒内的晶格取向发生转动，使其特定的晶面和晶向趋于排列成一定方向，从而使本来位向紊乱的晶粒实现有序化，呈现较为严格的位向关系，即形成所谓变形织构。

由于纤维组织和变形织构的出现会使材料出现各向异性，即在与轧制方向呈0°、45°、90°方向上，力学性能表现出不同的性质。

变形织构随着变形程度的增加而趋于明显化。通常冷轧总加工率达到50%～60%以后才表现出明显的位向，形成明显的变形织构。

这种织构对以后成形加工时的深拉、深冲等是不利的。在深冲时，有的方向延伸较大而形成凸起，有的方向延伸较少而形成凹下，甚至发生破裂。凸起或凹下部分成对称分布，形成所谓制耳，如图5-33所示。凸起部分与轧制方向可能呈0°或90°和45°角，通常分别称为0°、90°和45°制耳。

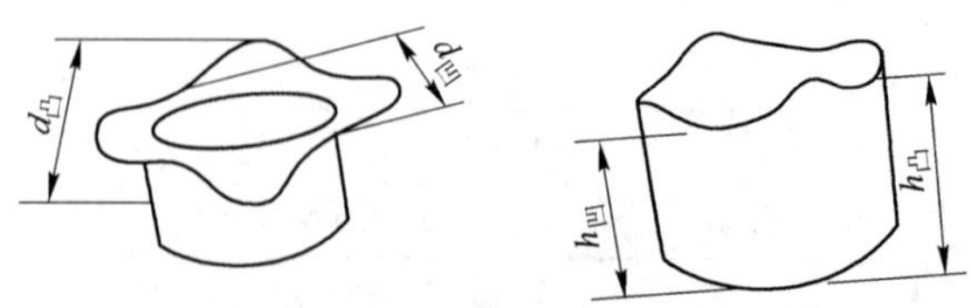

图5-33 深冲时形成的制品制耳图

制耳的大小用制耳率表示：

$$\text{无肩深冲件制耳率} = \frac{h_1 - h_2}{h_1} \times 100\% \tag{5-34}$$

$$\text{带肩深冲件制耳率} = \frac{d_1 - d_2}{d_1} \times 100\% \tag{5-35}$$

式中 h_1——凸起部分的高度；

h_2——凹下部分的高度；

d_1——凸起部分的直径；

d_2——凹下部分的直径。

冷轧总加工率达90%的纯铝，深冲制耳率为5%～6%，出现45°制耳。若在加工时增加一次中间退火，则深冲制耳率可降低至1%～3%。为了减少制耳率，冷轧总加工率不宜过大，最好控制在50%左右。但对某些有特殊要求的冷作强化材料，其抗拉强度需在特硬状态（冷轧总加工率90%以上）下才能满足，同时又要求有很低的制耳率，这就得采取合理的工艺措施，如调整合金的化学成分，研究冷轧前的热加工工艺，开发新的冷轧加工方法，以改善金属冷轧加工中的变形织构，同时获得0°、90°、45°方向的制耳。

5.2.2.3 道次加工率和总加工率的确定

在冷轧过程中，轧件发生冷作硬化，屈服强度增加，塑性下降。但冷变形程度达到45%～55%以后，纯铝及几乎所有的铝合金的伸长率都大致相同，约为3%～5%。但它们能够继续进行冷轧的性能却不一样。有的合金在后续冷轧时都可能不增加裂边，变形比较顺利，冷轧总加工率可达90%以上，轧制软铝合金时还可达95%以上；但是有的合金在继续冷轧时，如果不进行中间退火，就会发生裂边，增加变形的困难。因此，合金的伸长率不能作为制定轧制制度的依据，而出现裂边时的变形量可作为制定加工工艺的标准。

道次加工率的大小。在合金的塑性范围内，并能获得良好表面质量和轧制质量的情况下，应尽量采用较大的道次加工率，以减少轧制道次，提高生产效率。但道次加工率的大小要考虑设备条件，主要受最大轧制力的限制；还要考虑轧机性能、工艺润滑和冷却条件、绝对压下量的大小、原始辊型和操作水平以及合金的特性等。在冷轧阶段一般软合金的道次加工率在30%～60%之间；但对某些硬化比较厉害、裂边比较严重的合金，道次加工率可能只有10%～20%。

冷轧某些合金，为防止裂边，规定一定总变形量后需进行中间退火。对有些铝合金，即使是退火制品，也必须达到一定的总变形量；否则不能保证最终力学性能。如5A06合金，总变形量在50%以下时，屈服强度很难达到技术标准的要求。

生产中轧制制度的制定需视具体情况确定，但道次压下量或道次加工率的曲线变化最好是平滑下降或平滑上升，其变化趋势示于图5-34。

5.2.2.4 轧制速度的确定

随着轧制技术的发展，轧制速度越来越快。而随着轧制速度的提高，由于油楔效应使

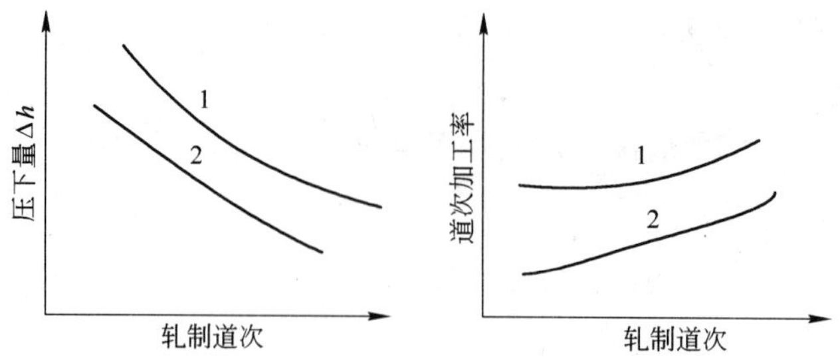

图 5-34　冷轧时道次压下量和加工率分配趋势图

1—纯铝、软合金；2—硬铝合金

油膜厚度增加（见图 5-35），轧制力和摩擦系数下降（见图 5-36）。所以，采用高速轧制不仅可以提高生产效率，还可以节约能源，提高产品质量。

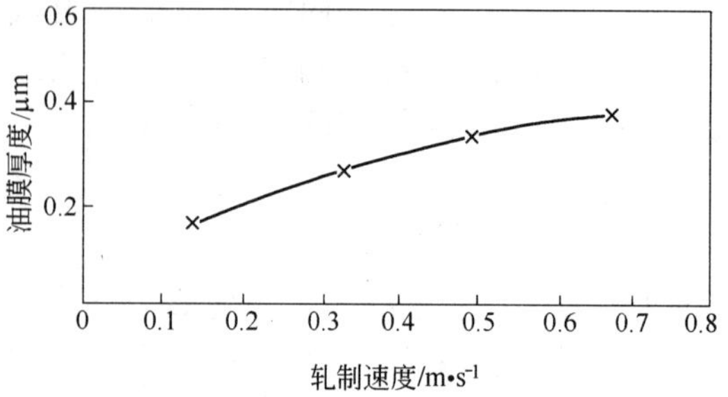

图 5-35　轧制速度与油膜厚度的关系

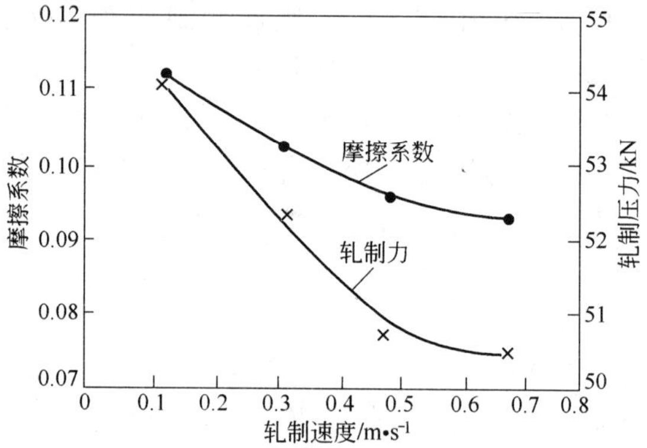

图 5-36　轧制速度和轧制力与摩擦系数的关系

从设备性能指标来看，凡高速轧机在 800m/min 的速度下工作，最能发挥设备厚度和板形等自动控制系统的性能和水平。

在实际作业中，采用多高的轧制速度较为合适，没有一个标准的定数，需视实际情况确定。一般情况下，初轧道次速度较低，终轧道次速度较高；绝对压下量大速度较低，绝对压下量小速度较高；硬状态交货且要求有较好力学性能的产品，成品道次宜采用高速轧制，以获得动态回复效果，提高材料的伸长率。

高速轧制优点是明显的，但不是任何条件下都可采用高速轧制的。采用高速轧制应具备如下条件：

（1）具有自动控制且有效的冷却系统。在高速轧制过程中，它要能有效地降低轧辊和轧件的温度，避免轧辊温度过高而发生粘铝。

（2）润滑剂的各种性能能满足高速轧制的要求。

（3）高速轧制有相应的厚度自动控制和板形自动控制系统，同时在轧制的开始、终了阶段的加速、减速过程中，能够自动地相应调整辊缝，保证纵向厚度偏差符合标准要求。

（4）具有自动断带停车保护系统，设备发生故障时能准确、快速紧急停车。

5.2.2.5　润滑剂的选择与温度控制

在铝及铝合金的冷轧加工中，润滑剂是由基础油和一定的添加剂构成的。基础油一般为含 C—H 链的矿物油，加入 5% ~7% 的复合添加剂。加入添加剂后的轧制润滑油的理化性能应满足技术要求。生产软合金系列的冷轧润滑油理化性能参考指标如表 5-3 所示。

表 5-3 冷轧润滑油的理化性能指标参考值

项 目	标 准	项 目		标 准
外 观	清澈透明	水分/%		≤0.005
闪点（闭口）/℃	≥110	馏程/℃	初馏点	≥230
黏度（40℃）/$mm^2 \cdot s^{-1}$	2.30 ~ 2.80		10%	237 ±2
月桂酸含量/%	≤0.15		50%	244 ±2
醇含量/%	5.0 ~ 6.5		90%	270 ±2
皂化值/mg(KOH) · g^{-1}	1 ~ 4		终馏点	≤280
酸值/mg(KOH) · g^{-1}	0.10 ~ 0.35	全馏出/%		≥98
液压油含量/%	≤3	灰分/%		<0.1
机械杂质/%	<0.1			
胶质/mg · $100mL^{-1}$	500			

冷轧润滑油的运动黏度随温度的变化而变化。温度低，黏度大，抗压性能好，可以承受较大的轧制力，增加压下量，但是板带带油量加大，油膜厚，影响板带材表面质量。温度高，黏度小，抗压能力低，油膜容易破裂，板带材易产生松树枝状花纹。一般润滑剂的工作温度控制在 35 ~ 50℃之间。

5.2.2.6 带材轧制时的张力控制

现代轧制带材的轧机都带有较强大的前后张力系统。前张力值可超过轧件局部延伸较小部分的屈服强度，这样可避免带材局部金属延伸不均而出现波浪，使轧出的带板具有更好的表面平直度，获得较好的板形。

增加张力时可使轧制力降低。由图 5-37 看出，后张力增加引起轧制力的降低比前张力更明显。但是张力控制不当，特别是在使用抛光辊时，可能产生过大的后滑，使前滑值减小，甚至使前滑值等于零，这会使轧件在轧辊上“打滑”，难以建立稳定的轧制过程。

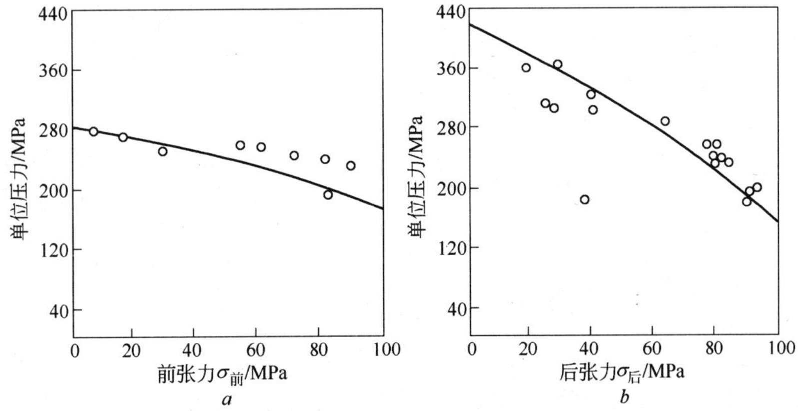

图 5-37 前后张力与单位压力的关系（纯铝）

a—前张力（$h_0 = 1mm, \frac{\Delta h}{h} = 0.4$）；$b$—后张力（$h_0 \approx 0.65mm, \frac{\Delta h}{h} = 0.5$）

这时应适当地减小后张力，增加前张力。

张力能改善轧制时带材的对中性，防止或减少不带张力时带材的跑偏现象，为高速轧制创造了有利条件。但是带张力轧制要根据具体情况恰当地对张力进行调整，否则将引起断带或卷材层间相互错动而造成带板错层和表面擦伤。

冷轧所采用的最大张力，理论上不应超过轧件材料的屈服强度 $\sigma_{0.2}$。轧制铝合金带板时，根据材料的塑性和边部状态的不同，一般采用单位张力值为该道次轧件屈服强度的5% ~60%。在2800mm 和1700mm 四重冷轧机上，随着轧件厚度的不同，冷轧铝合金带材时的前、后张力可采用下列经验公式计算取值（MPa）：

前张力　　$\sigma_{前} = 56.7 - 6h_{后}$

后张力　　$\sigma_{后} = 43 - 5h_{前}$

式中　$h_{前}$，$h_{后}$——分别为轧前和轧后的厚度，mm。

张力的调整范围（最大与最小张力之比）一般为10：1 ~ 20：1，在此范围内能够准确地实现给定的张力值。轧制时带材所受的张力应尽量保持平稳和恒定，特别是在稳定轧制过程。张力的波动，轻者可引起卷层间互相错动，造成带材表面擦伤；波动严重时可拉断带材。张力波动范围一般规定为 ±1% ~3%。

在轧制过程中，随着轧制道次的增加，带板的冷作硬化程度增加，即轧件的屈服强度相应增加，因此各道次选定的单位张力值也要相应增加。在一个卷取机上开卷张力应小于前一道次时的卷取张力，以避免带卷在开卷时卷层之间发生错动而擦伤带板表面。

5.2.3　冷轧生产工艺制度举例（参考）

冷轧生产工艺部分产品和合金举例如表5-4 ~ 表5-7 所示。

表 5-4　PS 版基（1050 合金、1060 合金；宽度：800 ~ 1200mm）**冷轧工艺参考值**

道　次	入口厚度 /mm	出口厚度 /mm	AFC 板形曲线	卷取单位张力 /MPa	开卷单位张力 /MPa	速度 /m · min^{-1}
1	8.0	4.0	−2	14 ±2	8 ±2	150 ~ 200
2	4.0	2.0（切边后退火）	−4	16 ±2	12 ±2	200 ~ 300
3	2.0	1.0	−6	14 ±2	8 ±2	300 ~ 400
4	1.0	0.5	−8	22 ±2	16 ±2	500 ~ 600
5	0.5	0.27	−10	26 ±2	20 ±2	600 ~ 800

注：1. 2.0mm 转重卷工序切边后再转退火炉进行高温退火；
　　2. 冷轧每道次生产都需带钢套筒。

表 5-5　空调箔（3102 合金、8011 合金；宽度：1300 ~ 1700mm）**冷轧工艺参考值**

道　次	入口厚度 /mm	出口厚度 /mm	AFC 板形曲线	卷取单位张力 /MPa	开卷单位张力 /MPa	速度 /m · min^{-1}
1	7.0	4.2	−2	14 ±2	8 ±2	150 ~ 200
2	4.2	2.6	−4	16 ±2	12 ±2	150 ~ 200
3	2.6	1.55	−6	18 ±2	14 ±2	200 ~ 400
4	1.55	0.9（切边）	−8	22 ±2	16 ±2	300 ~ 600
5	0.9	0.45	−10	26 ±2	20 ±2	300 ~ 600
6	0.45	0.22	−12	28 ±2	24 ±2	500 ~ 1000
7	0.22	0.105	−14	32 ±2	26 ±2	500 ~ 1000

注：0.9mm 转重卷工序切边。

表 5-6 装饰带材（1100 合金；宽度：1290～1610mm）冷轧工艺参考值

道 次	入口厚度 /mm	出口厚度 /mm	AFC 板形曲线	卷取单位张力 /MPa	开卷单位张力 /MPa	速度 /m · min⁻¹
1	7.0	4.0	-2	14±2	8±2	150～200
2	4.0	2.0	-4	16±2	12±2	150～200
3	2.0	0.95(切边后退火)	-6	20±2	16±2	200～400
4	0.95	0.45	-8	20±2	12±2	300～600
5	0.45	0.21	-10	22±2	20±2	400～800

注：0.95mm 转重卷工序切边后转退火炉退火。

表 5-7 双零箔毛料（1235 合金；宽度：1300～1700mm）冷轧工艺参考值

道 次	入口厚度 /mm	出口厚度 /mm	AFC 板形曲线	卷取单位张力 /MPa	开卷单位张力 /MPa	速度 /m · min⁻¹
1	7.0	4.0	-2	14±2	8±2	150～200
2	4.0	2.0	-4	16±2	12±2	150～200
3	2.0	1.0	-6	18±2	14±2	200～400
4	1.0	0.6(切边后退火)	-8	22±2	16±2	300～600
5	0.6	0.35	-10	20±2	14±2	400～800

注：0.6mm 转重卷工序切边后退火。

6　冷轧过程及控制

6.1　板形控制

金属变形过程中，变形是不均匀的，变形体内存在应力和残余应力。在轧制过程中的所有技术工作，就是使轧件尽可能实现均匀变形，消除不均匀变形的不利影响，减小残余应力。但是不论采取什么措施，不均匀变形始终是存在的，带来的问题首先是板形存在缺陷。

6.1.1　板形的基本概念

6.1.1.1　板形

所谓板形，直观地说是指板带材表面的平直度，或者说翘曲程度；就其实质而言，是指板带材内部残余应力的分布。

板带材轧制对变形过程有一个主要的要求，即沿板带宽度各部分有均一的纵向延伸。但是轧制过程是一个复杂的物理变化过程。金属在旋转的弹性体——轧辊的作用下发生明显的纵向延伸和一定的横向流动（包括宽展），金属塑性变形存在着不均匀性（见图 6-1、图 6-2）。变形不均匀性的存在意味着金属内部存在有残余内应力。这个内应力如果不足以引起板面平直度的改变或翘曲，则称之为潜在的板形不良；如果应力足够大，以致引起板带翘曲，则称之为表观的板形不良。

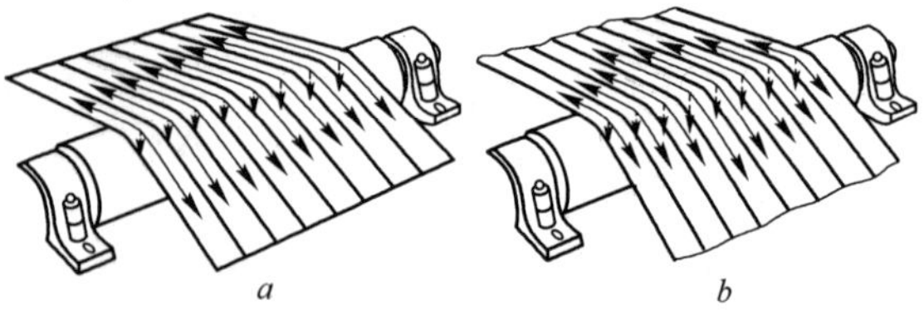

图 6-1　平直板带（a）和不平直板带（b）

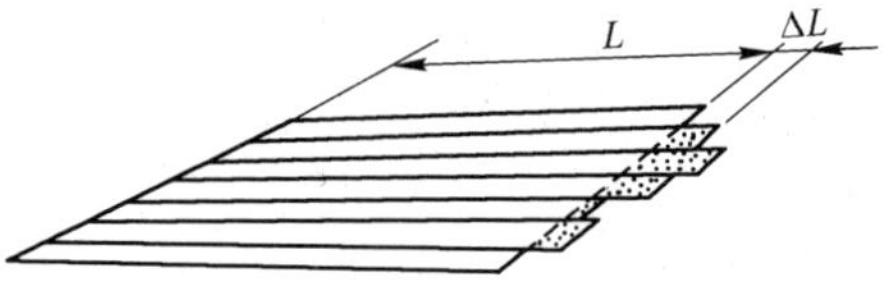

图 6-2　不平直板带切条拉直后示意图

6.1.1.2　板带发生翘曲的力学条件

根据弹性力学的研究结果，板带发生翘曲的力学条件可以表示为：

$$\sigma_{cr} = k_{cr}\frac{\pi^2 E_p}{12(1+\nu_p)}\left(\frac{h}{B}\right)^2 \tag{6-1}$$

式中　σ_{cr}——带材发生翘曲的临界应力；

B——带材宽度；

h——带材厚度；

E_p，ν_p——带材的杨氏模量和泊松比；

k_{cr}——带材翘曲临界应力系数。

带材翘曲临界应力系数k_{cr}取决于应力分布特征和板边部支撑条件，它可以成数量级地变化。

6.1.1.3　板形表示方法

板形表示方法很多，有相对长度差表示法、波形表示法、矢量表示法、残余应力表示法、带材断面形状的多项式表示法、厚度相对变化量表示法等。这里只介绍常用的相对长度差表示法和波形表示法。

A　相对长度差表示法

图6-3*a*所示为轧材发生翘曲后的外形，该轧件由于边部产生较大的延伸而产生严重边波。将带材切成若干纵条并铺平，则如图6-3*b*所示，可清楚看出横向各点的不同延伸。取横向上不同点的相对长度差$\Delta L/L$来表示板形。其中，L为所取基准点的轧后长度；ΔL为其他点相对于基准点的轧后长度差。相对长度差也称为板形指数ρ，$\rho=\Delta L/L$。

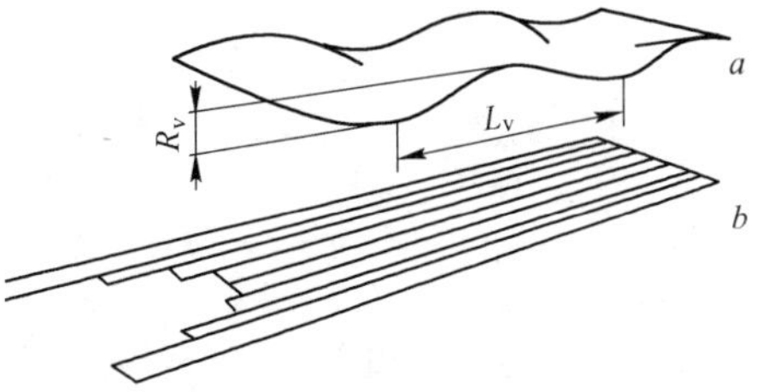

图6-3　翘曲板材（*a*）及其分割（*b*）

加拿大铝业公司取横向上最长和最短纵条之间的相对长度差作为板形单位，称为I单位。一个I单位相当于相对长度差的10^{-5}。所以板形Σ_{st}为：

$$\Sigma_{st}=10^5\frac{\Delta L}{L} \tag{6-2}$$

铝板的典型板形公差如表6-1所示。

表6-1　铝板的典型板形公差

产　品	板形/I单位	产　品	板形/I单位
轧制产品	100	拉伸矫直产品	10
矫直产品	25		

装饰带材和高档PS版铝板基要求小于3I，可见一般的压延和拉伸矫直产品是远远满足不了要求的。

B　波形表示法

将带材切取一段置于平台之上，如将其最短纵条视为一直线，最长纵条视为一正弦波（见图6-4），可将带材的翘曲度λ表示为：

$$\lambda=\frac{R_v}{L_v}\times 100\% \tag{6-3}$$

式中　R_v——波幅；

L_v——波长。

这种方法直观，易于测量，目前我国大多数生产企业采用这种方法测量和表示板形。

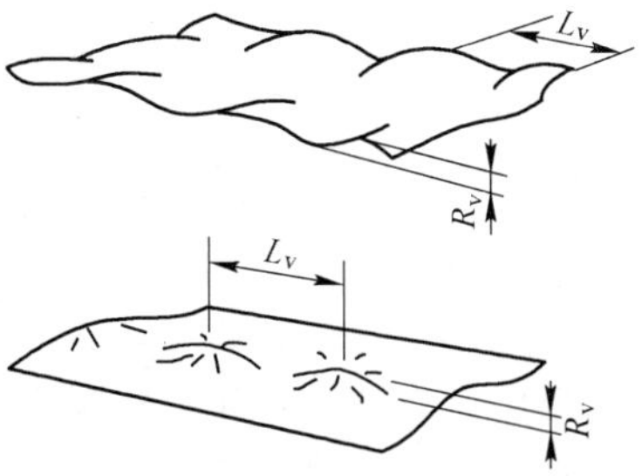

图6-4　带材翘曲的两种板形情况

设图6-5中与长为L_v的直线部分相对应的曲线部分长为$L_v+\Delta L_v$，并认为曲线按正弦规律变化，则可利用线积分求出曲线部分与直线部分的相对长度差。

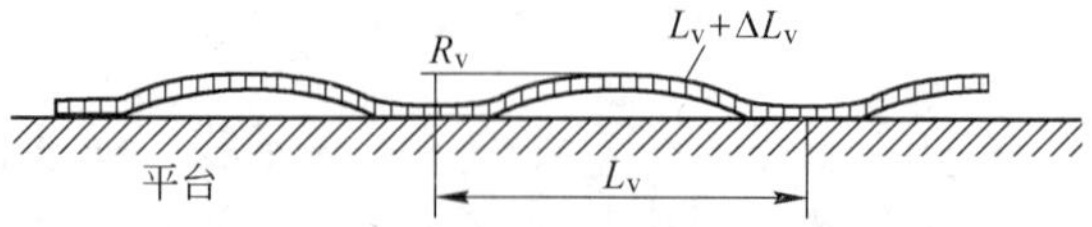

图 6-5　正弦波的波形曲线

假设波形曲线为正弦波，可得与 L_v 对应的曲线长度为：

$$L_v + \Delta L_v \approx L_v\left[1 + \left(\frac{\pi R_v}{2L_v}\right)^2\right]$$

因此，曲线部分和直线部分的相对长度差为：

$$\frac{\Delta L}{L} = \left(\frac{\pi R_v}{2L_v}\right)^2 = \frac{\pi^2}{4}\lambda^2 \tag{6-4}$$

式 6-4 表示了翘曲度 λ 和最长、最短纵条相对长度差之间的关系。它表明带材波形可以作为相对长度差的代替量。测出了带材波形，就可求出相对长度差。

6.1.2　板形的影响因素

板形是一个非常复杂的问题，其影响板形的因素很多，在生产过程中某一条件发生变化，板形就会随之发生变化。在讨论板形变化的问题之前，先引入板凸度、板坯厚度和板形关系的概念。

这里所指的板凸度是针对除去边部减薄区以外的部分。边部厚度是以接近边部但又在边部减薄区以外的一点的厚度来代表，板凸度即为板中心处厚度与板边部代表点处厚度之差。

板凸度（有时称为中心板凸度）表示为：

$$C_h = h_c - h_{e1} \tag{6-5}$$

轧件厚度和板形、板凸度有密切关系。为此，引入比例凸度的概念。比例凸度 C_p 表示为板凸度 C_h 与轧件平均厚度 $\bar{h}$ 之比，即：

$$C_p = \frac{C_h}{\bar{h}} \tag{6-6}$$

在金属轧制过程中，上述良好板形条件可以写成：

$$C_p = \text{const}$$

板凸度与板形有着密切的关系。因为冷轧过程要求严格保证良好板形条件，所以轧制过程中虽然板凸度的绝对值不断减小，但比例凸度应始终保持不变。为了保证装饰用带材和 PS 版铝板基的良好板形，必须将坯料的板凸度控制在一个合理的范围之内。

金属在轧辊作用下经过一系列变形过程，轧成所需要的板带材。最终产品的板形受到许多因素的影响，总起来说分成金属本性（内因）和轧制条件（外因）两个方面：

（1）金属本身的物理性能，例如金属材料的硬化特性、变形抗力，直接影响轧制力的大小，与板形密切相关；金属轧件的几何特性，如板材的宽厚比、原料板凸度，也是影响板形的重要因素。

（2）轧制条件的影响更为复杂，包括的内容更广泛。凡是影响轧制压力、轧辊凸度的因素，例如摩擦条件、轧辊直径、张力、轧制速度、弯辊力、磨损等，以及能改变轧辊间接触压力分布的因素，如轧辊外形、初始轧辊凸度等，都对板形产生影响。

6.1.2.1 轧制力、轧辊凸度和良好板形曲线间的关系

设轧前带材凸度以及所有规程均保持不变，仅仅调整轧辊凸度来保证获得良好板形。这时轧辊在轧制力作用下所产生的弹性变形应恰好被轧辊凸度所平衡。然后开始改变轧制力，同时调整轧辊凸度，使轧辊凸度调整值恰好抵消轧制力变化引起的轧辊弹性变形的变化值，始终保持良好板形。将这些能够获得良好板形的轧制力和轧辊凸度作成曲线，反映了轧制力产生良好板形的轧辊凸度之间的关系。这个曲线称为完好板形线，如图6-6所示。

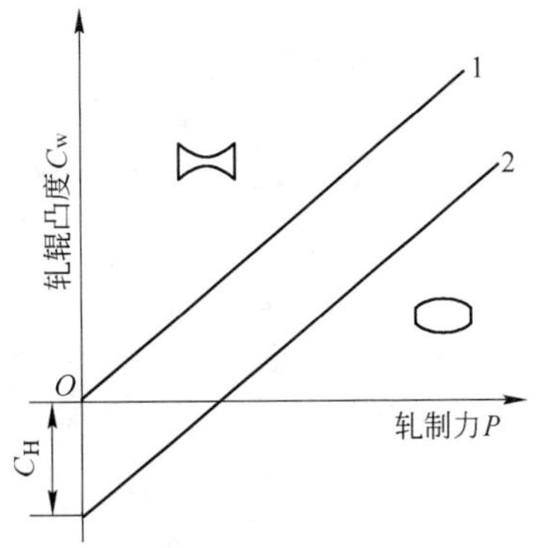

图6-6 完好板形线

1—来料板凸度为零；2—来料板凸度为C_H

当来料凸度为零时，完好板形线通过原点。在完好板形线以上区域轧制时，轧件产生中波；在完好板形线以下轧制时，轧件产生边波；只有轧辊工作凸度和轧制力所确定的工作点位于完好板形线上时，才会获得良好板形。研究表明，在实际轧制条件下，完好板形线是一条直线，其原因在于，轧辊变形中表现出线性关系的轧辊弹性挠曲比表现出非线性关系的轧辊弹性压扁起更大的作用。

实际生产中，一般材料本身具有一定的凸度C_H，在生产装饰带材和中、高档PS版基材时，铸轧来料一般都要求具有0.2%～0.7%的正凸度。为了满足良好板形条件，承载辊型应当有一个相应的负凸度C_H，这个负凸度的存在使完好板形线相应向下平移一段距离，它与纵坐标轴交点坐标为$-C_H$。所以，当来料凸度变化时，完好板形线相应向上或向下移动。

当然，欲获得理想板形，应要求板坯横断面呈严格的正弦波形或抛物线形，不能出现W形、楔形，即离带坯截面中部距离增大，带坯厚度逐渐减小。但是在生产实践中，引起铸轧工艺波动的因素很多，要完全做到这一点是相当困难的，横断面不同宽度上相对应的点的厚度也是随机变化的，不可能是理想的正弦波或抛物线形状，它可能是在两条理想正弦波或抛物线之间的小幅波动的一条波浪线（见图6-7所示），有一定的波动量，但波动量极小，不得超过合理的允许范围，一般该值的波动范围应不超过±5μm。

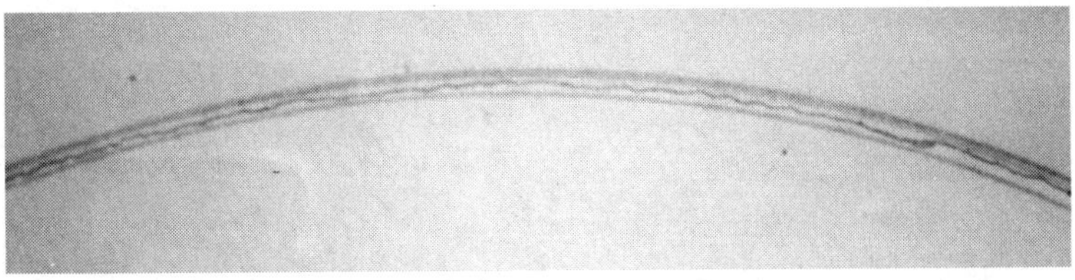

图6-7 横断面上厚度允许波动范围示意图

6.1.2.2　考虑热凸度时的关系曲线

在轧制过程中，轧件和轧辊之间发生摩擦和相对滑动，产生摩擦热，使轧辊受热膨胀，出现热凸度，且热凸度值与这个热量成正比。金属和轧辊之间相对滑动所产生的热量为：

$$Q_1 = b_1 P^{\frac{n+1}{n}} \qquad (6\text{-}7)$$

式中　P——轧制力；

b_1——常数。

大量模拟实验证明，压缩率 $\gamma < 60\%$ 可以满足上述关系。金属在变形时也产生大量的热，但变形时金属和轧辊接触时间短，传递给轧辊的热量很少，为简化问题起见，将其忽略不计。由于热凸度和热量成正比，所以热凸度和轧制力之间也存在一定的比例关系，不过系数不是 b_1。热凸度-轧制力曲线如图 6-8 所示。T 所对应的是初始轧辊凸度为零时的情况，它通过原点。

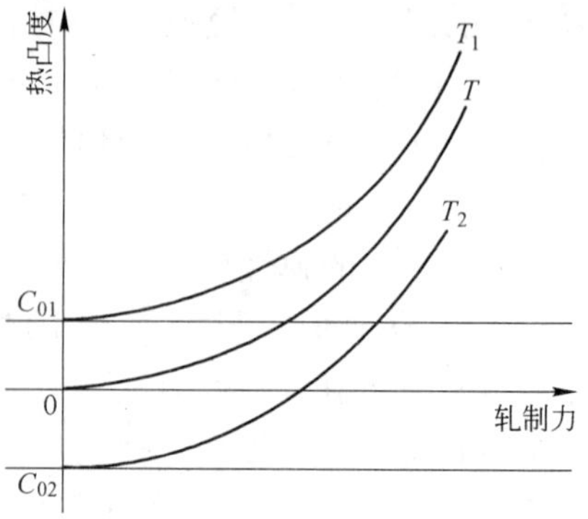

图 6-8　不同初始轧辊凸度时的热凸度-轧制力曲线

T_1—初始轧辊凸度 $C_0 = C_{01}(C_{01} > 0)$ 时的曲线；T—$C_0 = 0$ 时的曲线；T_2—$C_0 = C_{02}(C_{02} < 0)$ 时的曲线

热凸度受许多因素的影响，最主要的是初始凸度 C_0 的影响。当轧辊具有初始凸度时，相当于在原有热凸度曲线上又叠加一常数值，所以曲线发生平移。若初始轧辊凸度为正值，曲线向上移，如 T_1；若初始轧辊凸度为负值，曲线向下移，如 T_2。

液压弯辊实际上是以机械方法给轧辊一个初始凸度。它的作用与初始轧辊凸度的作用相同，正弯时曲线上移，负弯时曲线下移。

6.1.2.3　张力存在时的热凸度-轧制力关系曲线

张力存在，特别是后张力的存在使轧制力减小，这就必然对热凸度-轧制力曲线产生影响。理论分析表明，前、后张力变化对热凸度-轧制力关系曲线有不同的影响。如图 6-9 所示，后张力对曲线影响较大，后张力增大时，热凸度增大，曲线由 T 变为 T_1；前张力对曲线的影响较小，前张力增大，热凸度稍有减小，曲线由 T 变为 T_2。

将上述完好板形线和热凸度-轧制力关系曲线作到一个图上（见图 6-10），构成了所

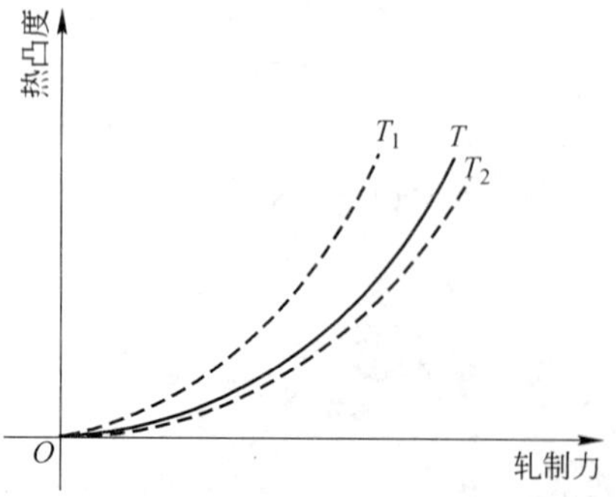

图 6-9　张力对热凸度-轧制力关系曲线的影响

T—张力为某一定值；T_1—后张力增大；T_2—前张力增大

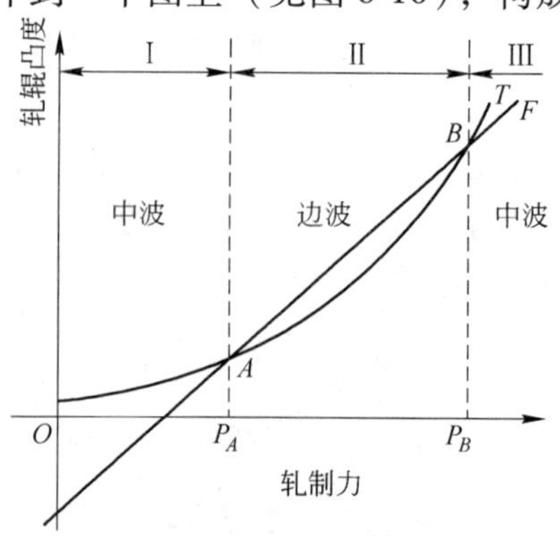

图 6-10　规程图

Ⅰ，Ⅲ—中波区；Ⅱ—边波区

谓规程图。它反映了各种规程变量，如轧辊凸度、轧制力（压下量）、张力等对板形的影响。

在一定的初始轧辊凸度和一定的张力下，轧辊的实际工作凸度和轧制力之间的关系用曲线 T 表示。根据力学条件，轧辊凸度和轧制力只有满足曲线 F 所表示的关系才能得到良好板形。曲线 T 表示的是实际发生的情况，曲线 F 表示的是理想的情况。当轧制力取 T、F 曲线交点 A、B 对应的轧制力值 P_A、P_B 时，可以得到良好板形。当偏离这两点时，便会出现板形缺陷。实际生产中，恰好满足理想工作条件的几率是很小的，总是在偏离理想点的一定的区域内工作，因此其板形也不是理想的“平坦”板形，而是存在有一定板形缺陷的板形。在Ⅰ、Ⅲ区域时，实际工作凸度大于产生良好板形所需要的凸度，产生中波；在Ⅱ区时，情况相反，产生边波。

6.1.2.4 轧制力变化对板形的影响

影响轧制力的因素很多，如金属变形抗力、来料厚度、摩擦系数、带材所受张力等。在实际生产过程中，轧制力总是在一定的范围内变化。变化有两种情况：一种是偶然性的波动，其变化的时间与轧辊热凸度变化所用时间相比是短暂的，这时轧制力的变化并不引起轧辊热凸度的变化，完好板形线如图6-11中的直线 F，实际的轧辊凸度在轧制力波动时并不发生变化，仍然为一条水平线 T。当轧制力为 P_A，即对应于曲线 F 和 T 的交点 K 时，可以获得完好板形。当轧制力波动偏离 P_A 时，就会发生板形缺陷。轧制力低于 P_A 时，发生中波；轧制力高于 P_A 时，发生边波。

如果轧制力发生了稳定的长时间的变化，情况就复杂了。如图6-12所示，完好板形线为 F，热凸度轧制力关系曲线为 T，它们相切于点 K。当以与 K 点对应的轧制力 P_A 工作时，板形良好。当轧制力降低到 P_{A1} 时，开始阶段热凸度来不及变化，对板形尚未产生影响；当工作点移到 K_1 时发生中波。但随着时间的延长，由于轧制力降低，热凸度随之减小，热凸度值沿垂直线由 K_1 变化到 K_2。如果 K_2 在完好板形线 F 上，就可获得良好板形，否则就会产生缺陷。缺陷种类视 K_2 相对于完好板形线的位置而定。如 K_2 在 F 曲线以上，仍产生中波，但比在 K_1 点有所缓和。

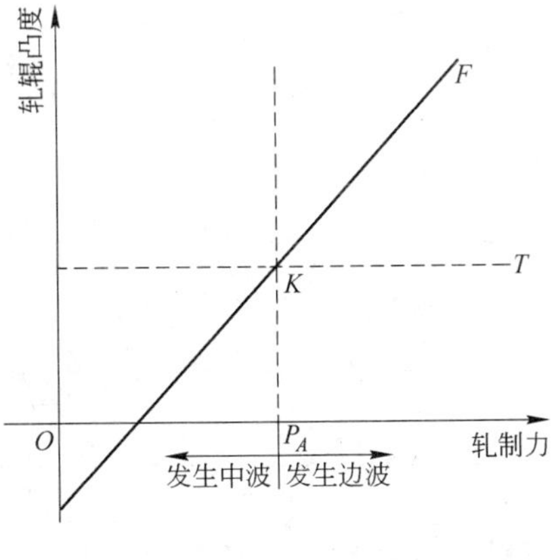

图6-11 轧制力偶然波动对板形的影响

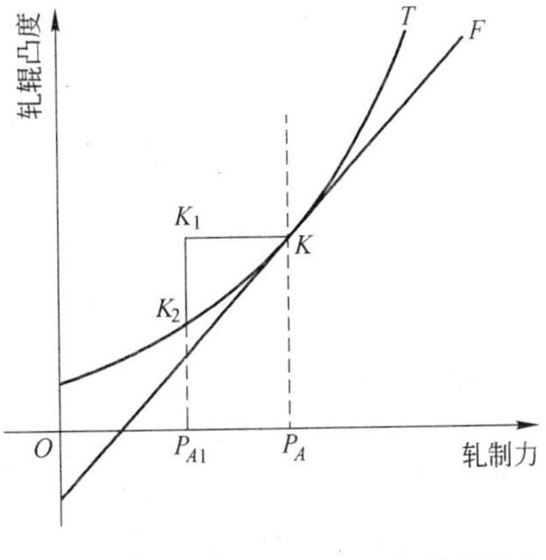

图6-12 轧制力稳定变化对板形的影响

6.1.2.5 来料凸度对板形的影响

在生产实践中，一般根据检查统计资料所得到的板凸度的情况确定轧制工艺参数，以保证获得良好板形。但是实际生产中，来料板凸度不是一致的，是在一定的范围内变化着的。当来料凸度变化时，已定的轧制状态就会发生改变。如图6-13所示，热凸度-轧制力关系曲线为T，正常的完好板形线为F，工作在最佳状态点K。若来料凸度减小，这时热凸度虽然也会发生变化，但变化甚微，可以忽略，认为热凸度-轧制力关系曲线基本不变。但来料板凸度减小的结果使完好板形线上升为F_1，它要求轧辊有与K_1点相对应的凸度，而实际凸度仍保持K点，所以带材发生边波。如果来料板凸度增大，则发生中波。所以在实际生产中，一般都规定了坯料的凸度范围。在这个范围内，冷轧可通过调整轧制条件，使其尽可能在理想板形线附近工作，以获得较好板形的产品。如果超出这个范围，即可能超出轧机的控制能力，使板形急剧恶化。

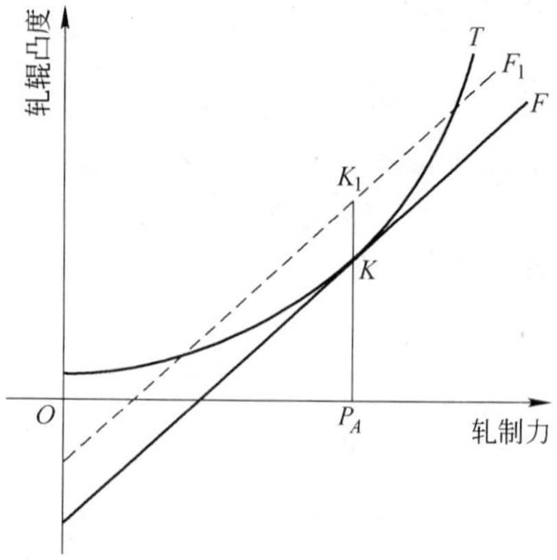

图6-13 来料板凸度变化对板形的影响

6.1.2.6 热凸度变化对板形的影响

在冷轧生产中，轧辊热凸度的变化一般情况下如图6-14所示。轧制开始时，热凸度随着时间的延长而增加；轧制结束时，热凸度又随之减小；其中间是正常轧制过程，热凸度处于稳定状态。开始和结束考虑极端条件，即为冷辊轧制，其热凸度为零，所以实际凸度曲线为水平线T，完好板形线为F。当以正常轧制力P_A轧制时，产生良好板形的凸度应该是K'，但实际轧辊凸度是车削凸度K，它远小于产生良好板形所需要的凸度（图6-15），带材产生明显的边波。所以开始生产时，有人先进行烫辊，给出一定的初始热凸度；在安排生产时先轧窄带，后轧宽带，以改善板形。这种工艺上安排的变化只适于钢铁压延，不适于铝合金板带材生产。

此外，规程改变也可能使热凸度发生变化。例如某轧机轧某种材料，压下量为

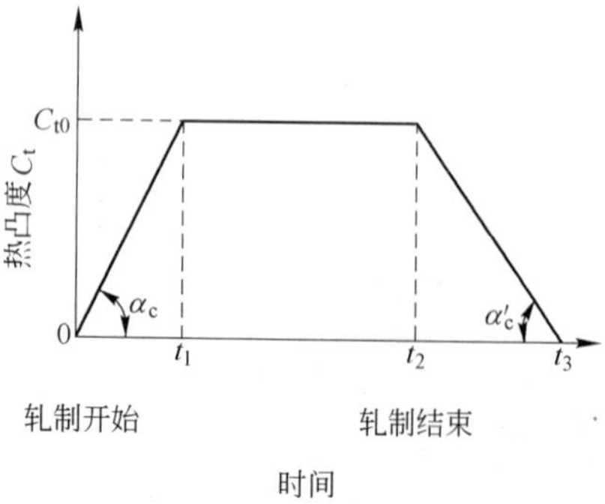

图6-14 轧制过程中热凸度

$0 \leqslant t \leqslant t_1$—开轧阶段；$t_1 \leqslant t \leqslant t_2$—稳定轧制阶段；

$t_2 \leqslant t \leqslant t_3$—轧辊冷却阶段

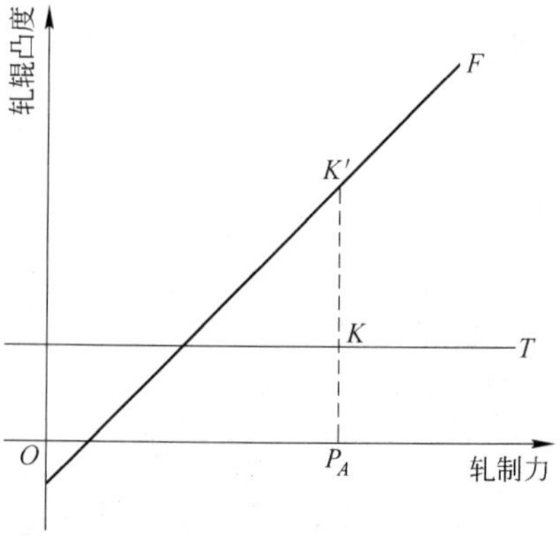

图6-15 冷辊轧制对板形的影响

20%时，轧辊直径变化0.05mm，但压下量为35%时，这个值可达0.2mm，热凸度变化非常明显。如图6-16所示，完好板形线为 F，在规程下热凸度-轧制力关系曲线 T，当轧制力 P_A 对应两曲线切点时，可获得良好板形。规程改变后，热凸度曲线为 T_1 或 T_2，如仍在轧制力 P_A 下工作则必然发生板形缺陷。因此，变换规程时，必须注意调整轧制力。

6.1.2.7 初始轧辊凸度对板形的影响

对板形控制来说，初始轧辊凸度的选择是一个非常重要的问题。合理选择初始轧辊凸度可使板形变化始终被限制在轧机控制能力范围之内，这是获得良好板形的重要保证。对所轧产品宽度变化比较大的轧机来说，应根据产品宽度的不同而采用相应凸度的轧辊。一般地说，在轧制力相同的情况下，板宽越大，所需凸度越小。如图6-17所示，当采用初始凸度 a 时，热凸度-轧制力关系曲线 T 与完好板形线 F 的切点对应于工作轧制力 P_A，这时可以获得良好板形。但若初始凸度选择不合理，如选用 $b>a$，则实际的热凸度-轧制力关系曲线上升为 T_1，实际凸度在完好板形线之上，会造成中波。

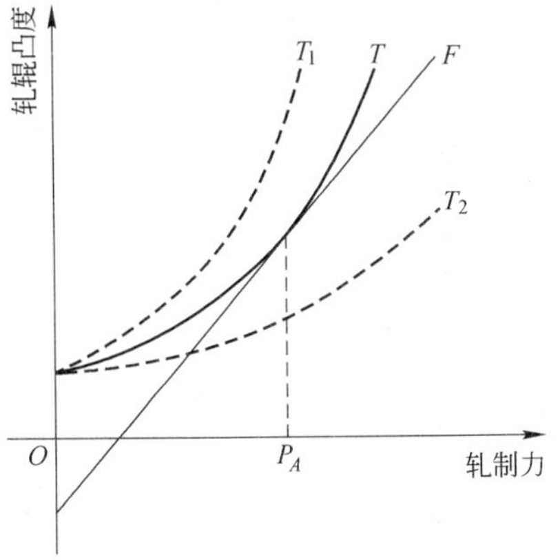

图6-16 规程变化对板形的影响

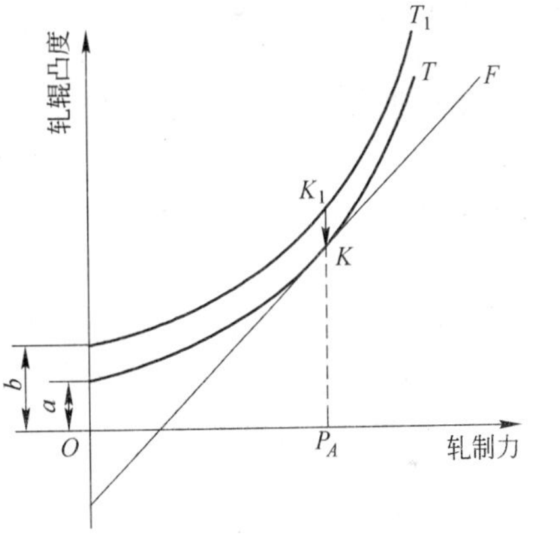

图6-17 初始轧辊凸度对板形的影响

6.1.2.8 板宽变化对板形的影响

谈及板宽的板形控制，就得涉及轧机的横刚度。所谓横刚度是指造成板中心和板边部单位厚度差所需的轧制力，单位是t/mm。

轧机的横刚度是相对于一定板宽而言的。当板宽变化时，轧机的横刚度发生变化，因而在承受同样轧制力的情况下，轧辊的变形以及为弥补轧辊变形所需的轧辊凸度均发生变化，使完好板形线也发生变化。如图6-18所示，对应某板宽的完好板形线为 F_1，当板宽变窄时，轧制力仍保持原来的 P_A，但集中作用到较窄的辊身中间的区域，从而增大了轧辊的弹性变

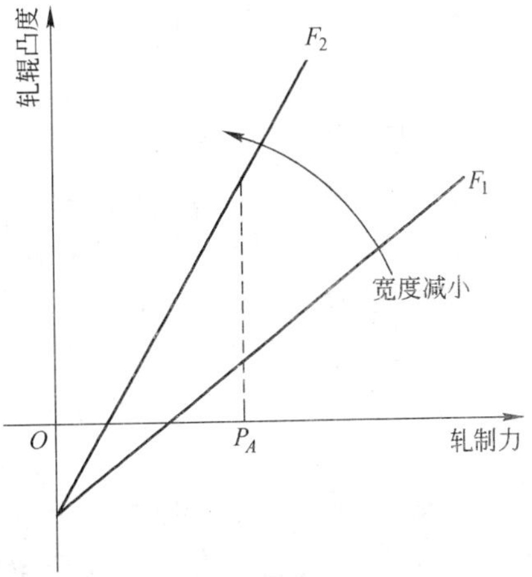

图6-18 板宽变化对板形的影响

形。为抵消这种变形以获得良好板形，需要更大的轧辊凸度。完好板形线变化到 F_2。当板宽增大时，变化趋势相反。

6.1.2.9　张力对板形的影响

张力对板形的影响体现在下述几个方面：

（1）张力改变对轧辊热凸度发生影响，特别是后张力影响更大，因而调整张力是控制板形的手段之一。

（2）张力（特别是后张力）对轧制压力发生影响，导致轧辊弹性变形发生变化，对板形产生影响。

（3）张力对金属横向流动发生影响。近年来研究表明，当张应力沿横向分布不均时，会使金属发生明显的横向流动，即使板材轧制也是如此。在一定的高向变形下，横向流动的结果，必然改变沿横向的延伸分布，从而改变带材的板形。

6.1.3　改善板形的方法

上面对影响板形的一些主要因素进行了讨论，其中有些因素可以作为板形的控制量加以利用，通过有意识地改变这些量，使板形向所需要的方向发展，达到改善板形的目的。从上述的讨论中可认识到，凡是能够改变轧辊弹性状态或改变轧辊凸度的方法，均可用来作为改善板形的手段。目前改善板形主要从两方面入手：

在工艺上——改变轧制规程，调整轧辊热凸度分布，改变张力分布，根据生产条件选择轧辊辊型曲线等。

在设备上——通过改进设备来获得或强化改善板形的手段，如采用液压弯辊，采用双轴承座工作辊弯曲以及 HC、CVC、VC 轧机等。

下面简要介绍几种改善板形的方法。其中，对出现板形缺陷的轧制规程进行在线修正有改变压下量、改变后张力、改变液压弯辊力三种方法。

（1）调整压下量改善板形。图 6-19 所示为调整压下量以改善板形的规程图。图中以轧制力的变化表示压下量的改变。当轧制力为 P_A 时，对应的工作点是 A 点，它处于完好板形线 F 之下，发生边波。为克服这个缺陷，减小压下量，降低轧制力，这时热凸度来不及变化，所以工作点沿水平线左移。当轧制力降至 P_B 时，工作点刚好位于完好板形线上，获得良好板形。但随着时间推移，轧制力变化所引起的热凸度变化逐渐显示出来。在轧制力 P_B 下对应的热凸度应为 C 点的值，工作点逐渐由 B 移向 C，板形又逐渐恶化发生边波。为改善板形，继续降低轧制力，如此反复进行，直至到 D 点为止。这样做，耗时长，不是好办法。由图可知，若增加轧制力，使工作点经过 E 点，最后达到 G 点，也可得到稳定的良好板形。

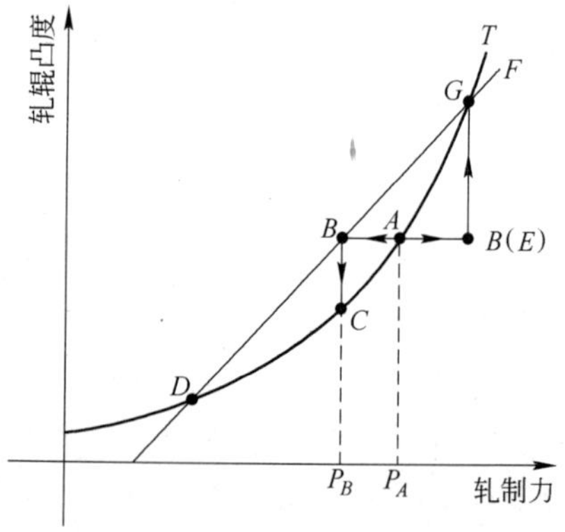

图 6-19　调整压下量时板形的变化

（2）调整后张力改善板形。上述调整压下量以改善板形的方法只能作为一种应急措施，还需要配合其他的调整手段。调整后张力是一个比较重要的手段。如图6-20所示，当轧制规程确定的热凸度-轧制力关系曲线为虚线时，对应轧制力 P_A 工作点是 A，带材会发生边波。增大后张力，使热凸度曲线变陡（曲线 T'），与完好板形线相交或相切于 B 点，这样可以获得满意的板形。但是，后张力的调整范围受到带材强度和操作的限制，其调节也是有限度的。

（3）调整液压弯辊力改善板形。调整液压弯辊力快速、灵活，与其他规程变量不发生干扰，是一种比较理想的方法。如图6-21所示，原来的热凸度-轧制力关系曲线为 T，操作点 A 在完好板形线 F 之下，发生边波。当液压弯辊使轧辊有效凸度增大时，热凸度-轧制力关系曲线上升，对应于工作轧制力 P_A 的完好板形工作点是 B，当热凸度曲线上升与完好板形线相交或相切于 B 点时，便可获得稳定的良好板形。

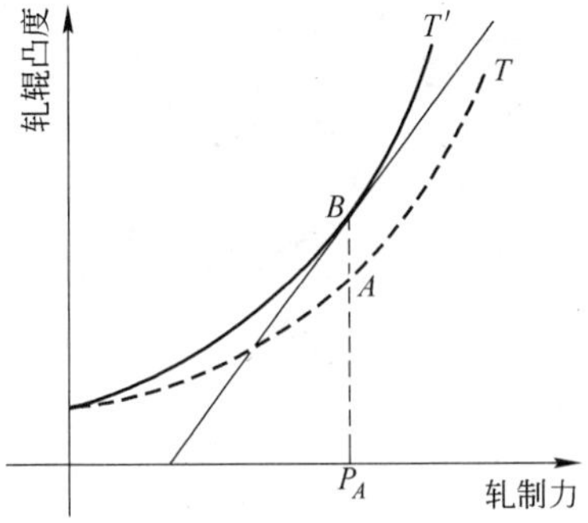

图6-20 调整后张力时板形的变化

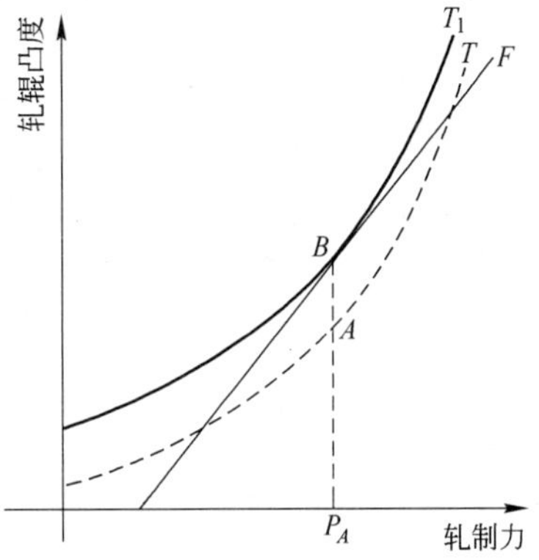

图6-21 调整弯辊力时板形变化

（4）控制热凸度改善板形。轧制过程中金属发生塑性变形，变形功的一部分以热的形式放出，通过热传导传入轧辊；金属相对轧辊滑动（前滑和后滑），产生摩擦热，使轧辊温度升高。它们是产生热凸度轧辊的热源。同时润滑冷却液和空气通过热交换从轧辊中带走一定的热量，造成热量输出。开始热量输入大于热量输出，轧辊温度升高。在一定的工艺条件下经过一定时间，轧辊的热输入和热输出平衡，在轧辊内形成一个稳定的温度场。但是轧辊辊身只有中间一段与带材接触，所以沿辊身分布不均匀，与带材接触的辊身中间部分温度高，辊身边部温度低，这种温度沿辊身的不均匀分布，使得辊身的热膨胀产生不均匀分布，这就在辊身形成了热凸度。由于润滑冷却液能带走工作辊中的热量，防止辊身过热。于是沿辊身轴线方向改变冷却液的流量分布和压力分布，从而改变各部分的冷却条件，以达到改变轧辊凸度值的目的。因此，在现代轧机上一般都配置有热凸度控制系统（见图6-22、图6-23），系统的执行机构是冷却液喷射

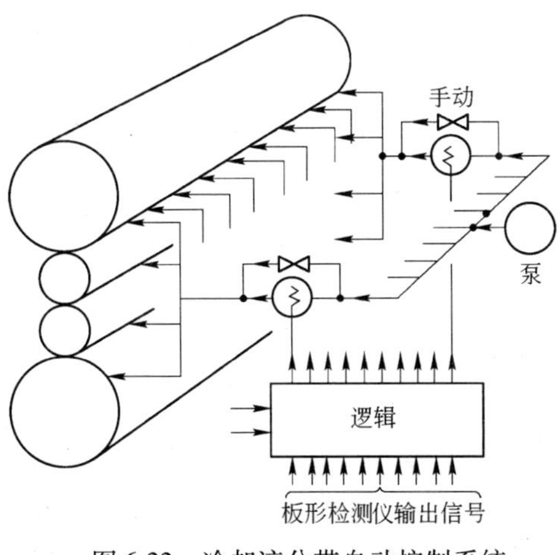

图6-22 冷却液分带自动控制系统

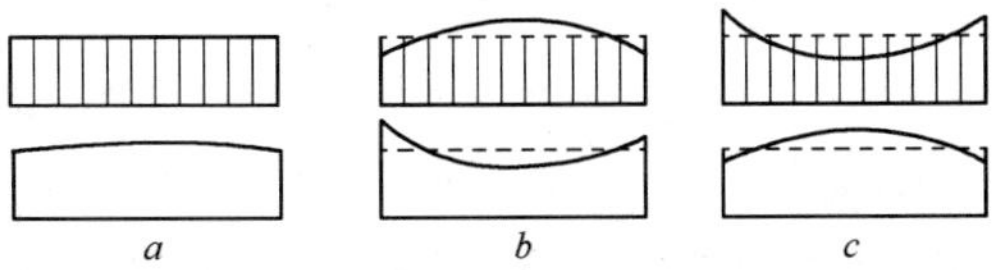

图6-23 喷射模型和对应的凸度分布

a—基准分布；b—喷射模型使热凸度减小；
c—喷射模型使热凸度增大

阀门。由板形检测装置送来的信号输入逻辑运算部分，逻辑运算部分对输入信号进行处理，给出各阀门最合理的流量分布模型控制各阀门工作，以实现合理的工作辊热凸度模型。

ABB 板形控制系统就是根据以上的板形理论，通过倾辊、弯辊以及分段冷却控制手段来进行的。其调节原理如图 6-24、图 6-25 所示。

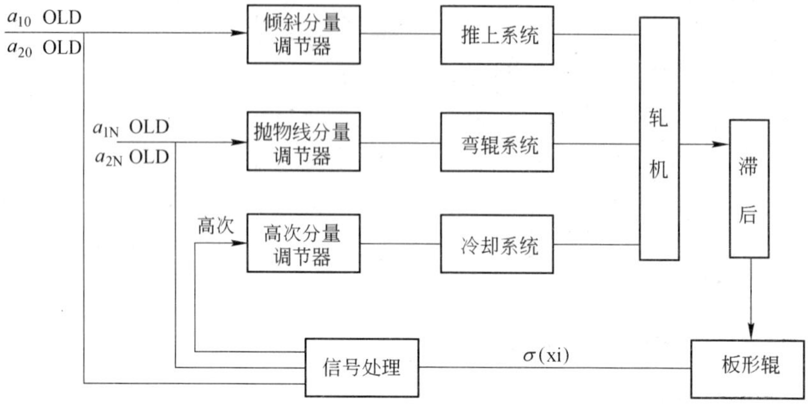

图 6-24　板形调节原理图

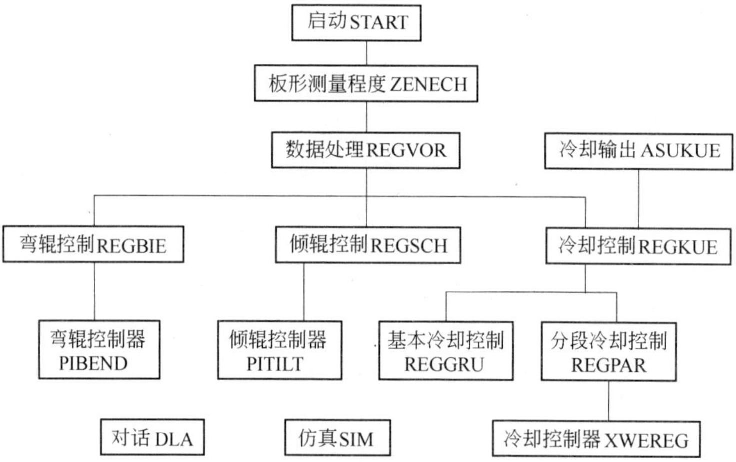

图 6-25　板形调节原理框图

（5）选择轧辊原始凸度改善板形。轧辊原始凸度对轧制板带材的板形有着极为重要的影响。凸度的大小与轧制材料的变形抗力、轧制力、板带材的宽度、轧材厚度、轧辊直径、轧辊辊身长度等有关。有将支承辊做成凸形，工作辊采用平辊的。这种方式比较容易控制板形，但因支撑辊换辊和磨辊都比较困难，采用的较少。在国内，就目前所知，都是将工作辊做成凸度。根据采用凸度的大小，有将两根工作辊做成相等凸形的；也有将一根做成凸形，另一根做成平辊的。轧制 PS 版铝板基，因为一般为纯铝，且宽度多为 1300mm 以下，对于 1850mm 轧机，采用 0. 01mm 左右的中凸度较好。凸度较大时容易出现中部波浪或拱形板[10]。

（6）选择轧辊辊型曲线改善板形。当前在冷轧生产中，主要采用两类辊型曲线：一类为正弦辊型曲线，一类为抛物线辊型曲线。

正弦辊型曲线可用下式表达：

$$Y = \frac{C}{1 - \cos\alpha}\left(\cos\frac{X\alpha}{L} - \cos\alpha\right) \tag{6-8}$$

式中　L——辊身长度的1/2；

C——轧辊凸度的1/2；

α——角度。

由式6-8看出，辊长和凸度一旦确定，辊型曲线随角度 α 的变化而不同（图6-26）。所选角度越大，在辊面二肋处的辊径越小，即二肋处辊面越下凹；反之，所选角度越小，二肋处辊径越大，即二肋处辊面越上凸。

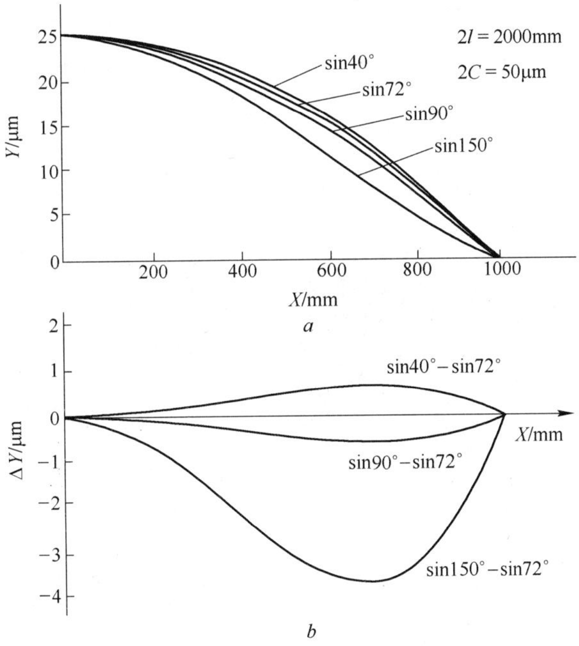

图6-26　不同角度的正弦辊型曲线

抛物线辊型曲线用下式表示：

$$Y = C\left[1 - \left(\frac{X}{L}\right)^2\right] \tag{6-9}$$

72°的正弦辊型曲线与抛物线辊型曲线的比较如图6-27所示。辊面二肋处正弦曲线稍有下凹，抛物线辊型曲线稍凸[11]。

由图示和生产实践得知，采用70°～72°正弦辊型曲线生产的板带材板形较好。采用小角度正弦曲线和抛物线辊型曲线容易出现二肋波（图6-28），采用大角度正弦辊型曲线容易出现边波或拱形（图6-29）。

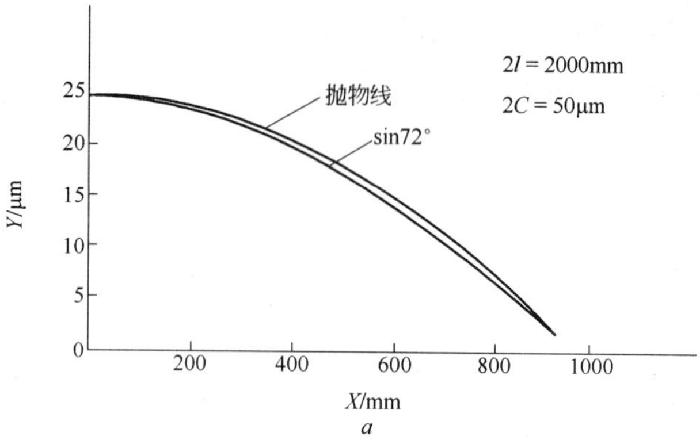

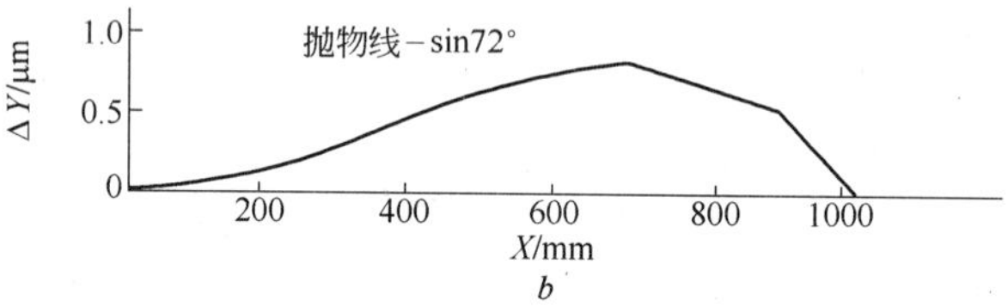

图 6-27　正弦辊型曲线和抛物线辊型曲线对比图

图 6-28　冷轧板材的二肋波

图 6-29　冷轧板材的边部波浪

（7）轧辊辊型的改进与板形控制。近年来，轧机轧辊的制造技术获得了很大的发展，对板形控制收到了很好的效果。

1）CVC 轧机板形控制。1982 年，德国西马克公司开发了连续可变凸度轧机，简称 CVC 轧机。其轧辊辊型由抛物线曲线变成全波正弦曲线，近似瓶形，上下辊相同，而且装置成一正一反，互为 180°。通过轴向反向移动上下轧辊控制辊缝形状的变化（见图6-30）。当上下轧辊位置如图 6-30*a* 时，工作凸度等于 0；为图 6-30*b* 时，轧辊工作凸度为正凸度；为图 6-30*c* 时，轧辊工作凸度为负凸度。

采用 CVC 轧辊，辊缝可根据需要发生连续变化，即两个工作辊可以沿其轴向作相对移动，其效果相当于正弯或负弯，使冷轧板的板形得到了很好的改善。

CVC 轧机有六重轧机，也有四重轧机。

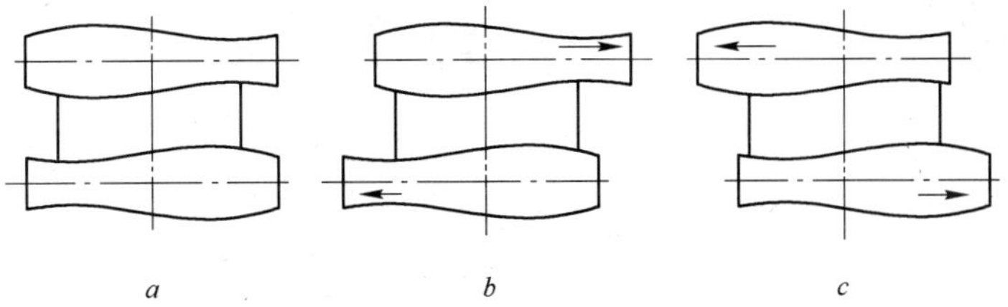

图 6-30　连续变化的辊凸度（CVC 轧机）

a—中性凸度；*b*—正凸度；*c*—负凸度

2）HC 轧机板形控制。HC 轧机是日本于 20 世纪 70 年代研制的新式六辊轧机。该轧机是在四辊轧机的基础上，在支撑辊和工作辊之间安装一对可轴向移动的中间辊，而成为六辊轧机（见图 6-31）。两个中间辊的轴向移动方向相反。

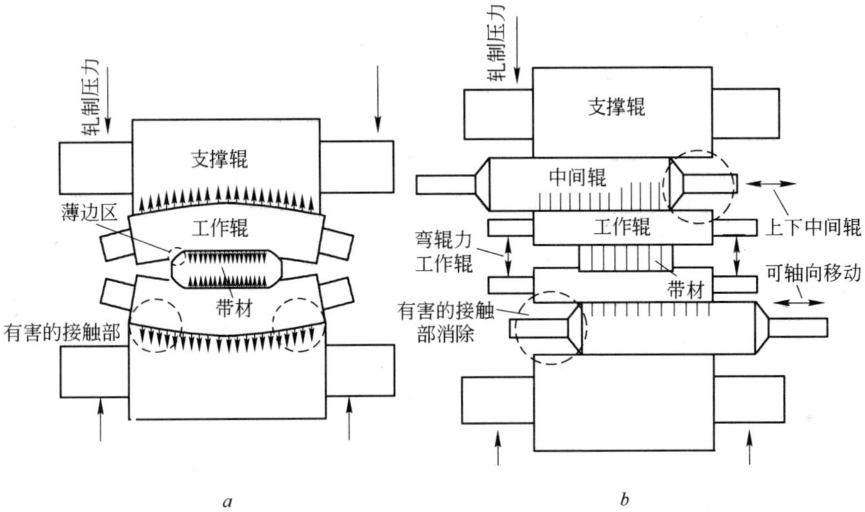

图 6-31　轧辊变形情况比较

a—一般四辊轧机；*b*—HC 轧机

一般四辊轧机工作辊和支撑辊之间的接触部分在板宽之外，形成一有害弯矩，使工作辊弯曲，其大小随轧制压力而变化，最终影响板形。另外，有害弯矩抵消了相当一部分弯辊力的作用，阻碍了液压弯辊效果的发挥。HC 轧机使工作辊和支撑辊在板宽之外的区域脱离接触，从而减少或消除了有害弯矩的影响，使液压弯辊力得到有效发挥。

3）VC 轧机板形控制。VC 轧辊即可瞬时改变凸度的轧辊，其原理如图 6-32 所示。四辊轧机的支撑辊制成中空的液压腔，腔内充以压力可变的高压油。在轧制过程中，随着工艺条件的变化，不断调整高压油的压力改变轧辊的膨胀量，以获得应有的凸度，从而获得良好的板形。其轧辊的构造如图 6-33 所示[10]。

控制板形的方法还很多，如利用张应力分布控制、双轴承座工作辊弯曲控制等控制板形都有较好的效果，这里不一一介绍了。

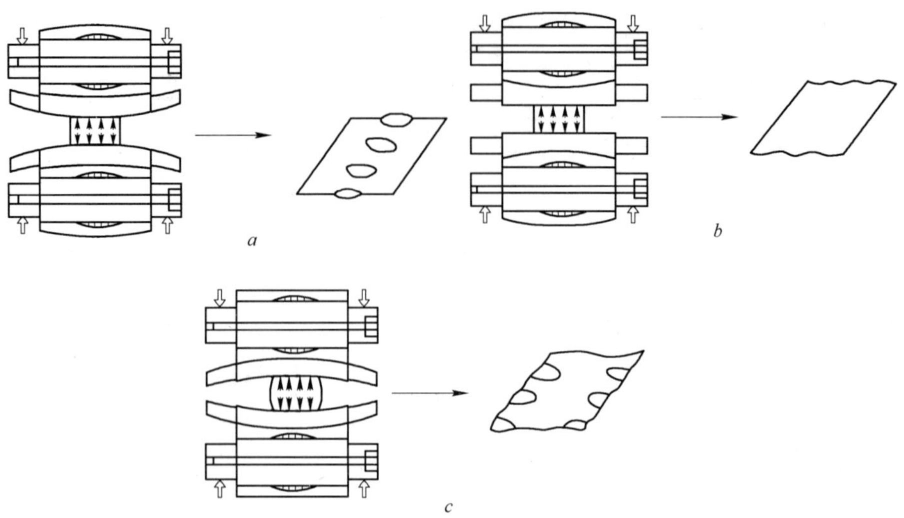

图 6-32　VC 轧机板形控制原理示意图

a—膨胀过大，中波；*b*—膨胀适中，平直；*c*—膨胀不足，边波

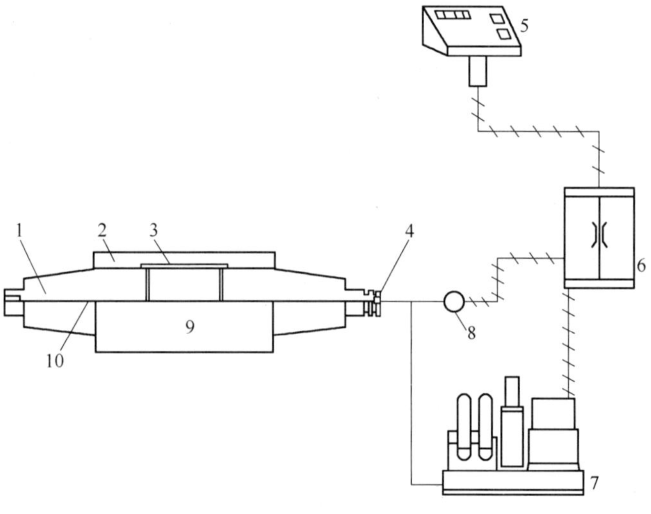

图 6-33　VC 轧辊的构造

1—芯轴；2—套筒；3—液压腔；4—旋转接手；5—操作台；6—控制柜；
7—液压设备；8—压力检测器；9—VC 轧辊；10—油孔

6.2　表面质量控制

获得良好的表面质量是压延生产中的又一个重要课题，对 PS 版铝板基、装饰用铝带材而言，其重要性甚至达到了近乎苛刻的程度。表面阴暗条纹、辊痕、粗糙度不均、振动纹、网络纹、黑白条、点状缺陷等几乎都不允许存在。要生产具有优质表面的产品，涉及轧辊磨削、轧制时的摩擦与润滑、轧制工艺与退火工艺、生产过程管理等。

6.2.1 冷轧加工中的润滑

在金属压力加工过程中，存在两种润滑：机械润滑与工艺润滑。机械润滑是指加工设备各部件之间的润滑；工艺润滑是指在变形金属与工模具接触界面上的润滑。这里只讨论加工工艺的润滑问题。

6.2.1.1 工艺润滑的目的及影响润滑状态的因素

为了减小或消除压力加工过程中外摩擦的不利影响，必须在工模具与变形金属的接触界面施加润滑剂进行工艺润滑。

工艺润滑的目的：

（1）降低金属变形时的能量消耗。当使用有效的润滑剂时可以大大减少或消除工模具与变形金属的直接接触，使表面间的相对滑移剪切过程在润滑层内进行，从而大大降低摩擦力以及由摩擦阻力而产生的金属附加变形阻力，大大减少加工中的力能消耗。

（2）提高制品质量。在金属加工变形过程中，当工模具与变形金属表面直接接触时会产生金属黏着、黏附以及黏着磨损，由此可导致制品表面粘伤、金属或非金属压入、划道以及尺寸超差等缺陷。此外在工艺润滑不良的情况下，摩擦阻力对金属表层与内部质点流动阻碍作用的显著差异致使各部分的变形程度（剪切变形）——晶粒组织的破碎程度明显不同。因此，采用有效的润滑方法，利用润滑剂的防粘降摩作用，有利于提高制品的表面质量和内在质量。

（3）减少工具磨损，提高工具的使用寿命。

为了达到上述目的，必须采用有效的润滑剂和润滑方法。要实现这个目标，有必要了解塑性变形条件下的摩擦特点及其对润滑状态的影响。

在金属加工过程中，工具与变形金属的接触界面上存在润滑油时，摩擦阻力可能由四部分组成：黏着部分的剪切阻力 $F_a = A_r \tau_s$；被润滑薄膜（边界润滑膜）分隔的剪切阻力 $F_b = A_b \tau_b$（τ_b 为边界膜的剪切强度）；工模具硬凸起对金属的犁削阻力 $F_p = A_H \sigma_{sy}$；以及接触界面上存在的充满润滑油的“润滑小池”部分的剪切阻力 $F_l = A_l \tau_l$（τ_l 为润滑油的剪切阻力）。总的摩擦阻力为：

$$F = A_r \tau_s + A_b \tau_b + A_H \sigma_{sy} + A_l \tau_l \tag{6-10}$$

由于 A_H 值很小，$\tau_l \ll \tau_b < \tau_s$，因此认为摩擦力的主要部分为 F_a 和 F_b。压力加工中的润滑模型一般认为如图6-34所示。如果把工具表面当作平滑表面，那么受到工具压熨作用的平坦金属表面部分出现边界润滑，而凹穴处的“润滑小池”区，则出现流体润滑。但是由于加工条件的千差万别，图6-34所示模型也会有所差别。在平坦部分，可能有直接接触的黏着区域。此区的剪切阻力由变形金属的剪切应力 τ_s 确定，并有金属黏附或磨损粒子产生。在适当条件下，如润滑油的黏度与速度的乘积 ηv 较大也可能在所谓微观塑性液体动力润滑机构的作用下，带入平面区域形成厚的边界润滑膜。不同的加工方法对润滑油导入的能力不同；加工工

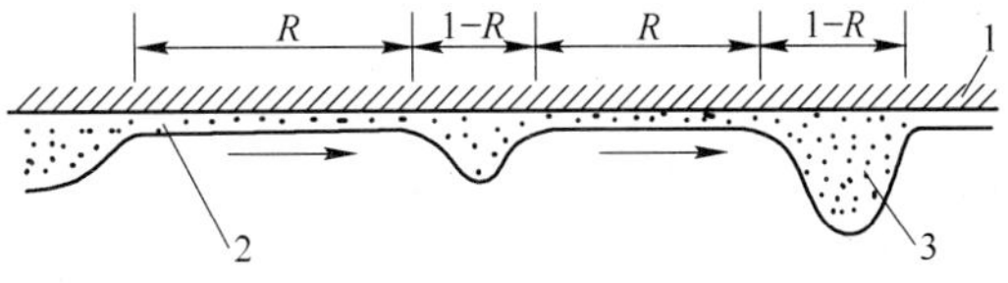

图6-34 压力加工中常见的润滑模型

1—平坦工具；2—受到工具“压熨”作用的平坦表面（R，边界润滑区）；3—润滑剂的显微“小池”区（$1-R$，流体润滑区）

艺条件的不同，导入润滑油的量以及形成油膜的厚度也不同，随后其润滑机理和对产品质量的效果也会有明显的差异。

润滑剂的黏度对于金属的变形以及制品的表面质量也有重要影响。油的黏度增加，轧片的伸长率增大，表面粗糙度增加。因此在实际生产中，不能用高黏度油来增加润滑油膜厚度，降低摩擦系数，只能使用添加表面活性剂的低黏度润滑油，增大图 6-34 所示的边界润滑区域，提高边界润滑膜的抗破裂能力并降低边界润滑膜的剪切应力 τ_1 。

6.2.1.2　边界润滑的种类及特点

边界润滑即润滑表面由性质与润滑剂体积的性质不同且仅为几个分子厚（通常在 0.1μm 以下）的润滑膜所隔开的润滑状态。这时摩擦特点既受润滑剂性质的影响，也受膜下金属表面性质的影响。其摩擦系数的范围一般为 0.05 ~0.15。

边界润滑按其成膜机构通常有下述几类：非极性分子的物理吸附膜、极性分子的物理吸附膜、极性分子的化学吸附膜、化学反应厚无机盐膜。在铝及铝合金加工变形中，通常使用的是极性分子的物理吸附膜和极性分子的化学吸附膜。

A　极性分子物理吸附膜的构成和特点

在金属压力加工中使用的一类润滑剂有脂肪酸、脂肪酸皂、动植物油脂、酯及高级醇类等，是含有氧元素的极性有机化合物。在它们的分子内部，一端为非极性的烃基，另一端为极性基。它们的通式如表 6-2 所示。

表 6-2　一些极性物质的结构

名　称	通　式	
	非极性基端	极性基端
脂肪酸	R—	$-C(=O)-OH$
脂肪酸皂（如钠皂）	R—	$-C(=O)-O-Na$
动植物油脂	R_1— R_2— R_3—	$-C(=O)-O-CH_2$ $-C(=O)-O-CH$ $-C(=O)-O-CH_2$
酯	R—	$-C(=O)-OR'$
醇	R—	—O—H

这种具有永久偶极的分子与金属表面接触时，永久偶极带负电一端与金属原子核相吸引，而排斥其电子，从而使金属原子正负电荷中心不重合，形成诱导偶极。永久偶极与诱导偶极互相吸引，使极性分子的极性端与金属表面吸引，而使非极性端朝外，定向地排列在金属表面上。

极性分子在金属表面上的定向作用，不但形成单层的定向排列分子，还因为极性分子的相互吸引，会形成多层的定向排列分子使吸附层延伸得更远，成为几个分子厚的边界润滑膜（见图6-35）。由于极性分子的极性端与金属表面的吸附以及极性分子永久偶极间的互相吸引都比较牢固，因此非极性端之间虽然因结构相似而互相吸引，但结合力弱，易成为摩擦时的滑动面。图6-36为十六醇（$C_{16}H_{33}OH$）在非活性金属表面上的单分子层物理吸附膜，由于极性端的存在，分子间内聚力的增强以及实际变形金属的高表面活性等，这种物理吸附膜的强度与润滑能力大大高于非极性分子物理吸附膜。

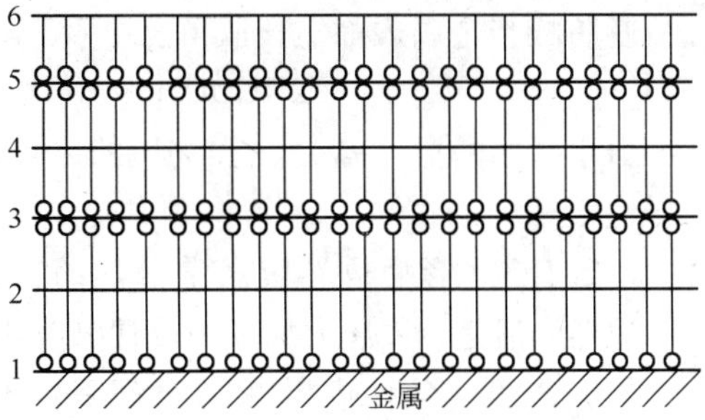

图6-35　极性分子在金属表面吸附层的结构
1—金属与极性端界面；3，5—极性端界面；
2，4，6—分子间滑动面

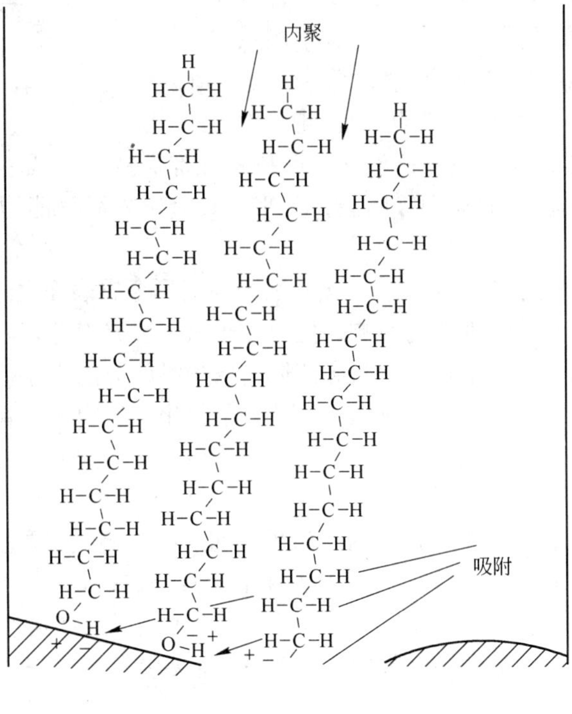

图6-36　极性物质十六醇在金属表面上的单分子物理吸附层

B　极性分子的化学吸附膜

在物理吸附情况下，由于润滑膜与变形金属表面的吸附强度较弱，在较低温度及面压下即可能出现解吸和破裂。然而表面活性物质除与金属表面发生物理吸附外，在一定条件下还与其发生化学反应，出现化学吸附。试验表明，当金属表面上有氧化膜，且能与脂肪酸等极性物质起反应，就地生成脂肪酸皂等物质时润滑膜能与表面结合牢固，并能表现出良好的润滑效果。

脂肪酸与金属表面氧化膜的化学反应代表式为：

$$2RCOOH + MeO \longrightarrow (RCOO)_2Me + H_2O \tag{6-11}$$

由于脂肪酸皂（盐）一类物质的熔点比原脂肪酸高，故解吸温度较高，润滑膜耐温、耐压性较好。

6.2.1.3　影响边界膜润滑性能的因素

边界润滑是金属压力加工中较常出现的润滑形式，下面讨论影响边界润滑性能的因素：

（1）温度。各种边界润滑膜都只能维持在一定的温度范围内，超过这个温度范围，边界膜将发生失向、散乱、解吸或熔化，失去润滑效果。这个温度通常称为边界膜的临界温度。图6-37示出了温度对于不同边界膜摩擦系数的影响。图中，曲线1为脂肪酸边界润滑膜，在临界温度以下摩擦系数不随温度而改变，超过临界温度，摩擦系数急剧上升；曲线2为含有极压添加剂的边界润滑膜，化学反应前摩擦系数较高，达到反应温度后，摩擦系数保持稳定低值；曲线3为极压添加剂和脂肪酸的混合物所形成的边界润滑膜，在低温与高温区，摩擦系数都保持稳定低值；曲线4为非极性石蜡油，它只能形成非极性的物理吸附膜，几乎不具有边界润滑能力，摩擦系数较大，且随温度的升高而升高。

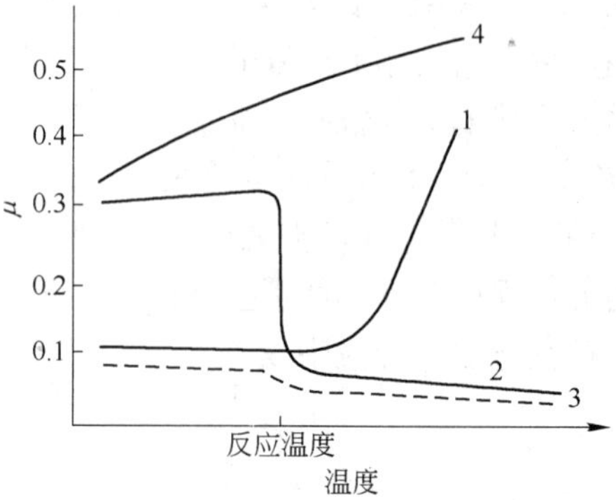

图6-37　温度对边界润滑膜摩擦系数的影响

（2）滑动速度。变形方式不同，工模具表面与变形金属表面之间的相对滑动速度也不同。滑动速度对边界膜润滑性能的影响，主要在于改变边界膜剪切阻力、摩擦温度对边界膜形成与作用的影响以及润滑过程中引起流体动压润滑效应的大小。因此，对于不同的边界膜，速度的影响规律也不相同。例如，极性分子的化学吸附膜，在低速范围内，随速度的增加，摩擦系数增大，达到某种速度之后，摩擦系数又会降低到最小值，当速度继续增大时，却又会出现较高的摩擦系数。

（3）面压。作用在界面上的压力对于边界膜润滑的影响，主要表现在改变润滑剂的性质以及使边界膜破裂的程度。在压力加工条件下，离金属表面1～10μm的边界层内的润滑剂的黏度与常压下的黏度极不相同。表6-3中列出了锭子油和猪油在40℃时的黏度和摩擦系数。在常压下二者的运动黏度很相近，但摩擦系数则相差近三倍，其原因是二者的高压黏度相差近三倍。

表6-3　润滑油的黏度与轧制时的摩擦系数

润滑油	黏度（40℃）$/mm^2 \cdot s^{-1}$		摩擦系数
	0.1MPa	100MPa	
锭子油	21	140	0.044
猪　油	26	55	0.016

表6-4中列出了几种在常温下运动黏度（ν_{30}）相差很大，在轧制时的摩擦系数却相差很小的矿物油。为了说明问题，表中列出了50℃时的运动黏度ν_{50}以及30℃时的运动黏度

ν_{30}。在轧制中，常压黏度大有利于润滑油带入形成较厚的边界膜,以降低摩擦系数;但另一方面,由于其高压黏度增加较大(ν_{50}/ν_{30}值较小),使润滑膜剪切阻力及摩擦系数增大,两种作用相互抵消的结果,使常压黏度 ν_{30} 相差很大的润滑油在轧制时的摩擦系数相差很小。

表 6-4 几种矿物油的黏度特性与轧制摩擦系数

润滑油	$\nu_{30}/mm^2 \cdot s^{-1}$	$\nu_{50}/mm^2 \cdot s^{-1}$	ν_{50}/ν_{30}	摩擦系数
锭子油	11.6	7.0	0.6	0.056
锭子油	19.1	8.3	0.43	0.044
机　油	204	57	0.28	0.044
船舶发动机油	414	96	0.23	0.058

6.2.1.4 润滑作用机理的力学或力学-化学观点与物理-化学观点

在金属加工过程中使用润滑油之后，使金属变形时的摩擦阻力及变形抗力降低，而金属的变形能力及制品质量提高，对其作用效果的解释，当前主要存在两种观点即力学或力学-化学与物理-化学的观点。

力学观点认为：当摩擦界面上存在一层较厚的流体润滑膜时，润滑剂填充表面凹谷或完全覆盖表面，从而减少或消除表面间的机械交锁作用，使剪切流动在润滑层内进行。这时润滑剂在特定条件（压力、温度与速度）下的流变学性质对摩擦阻力起着决定性的影响，结果使金属变形时的流动阻力减小，整个变形区内金属变形比较均匀，从而减少了由于不均匀变形所产生的附应力带来的有害影响，使金属变形能力增加。

当表面存在一层极薄的边界润滑膜时，其降摩机理有两种说法：其一，边界膜内极性分子的定向排列使膜与金属表面的吸附强度以及膜内分子之间的结合（内聚）强度大大加强，从而使边界膜具有较大的抗破裂能力，可以阻止金属间的黏着，结果使摩擦阻力减小；其二，含有极性添加剂的润滑油，在近表面的油膜内黏度值比整个油膜的黏度值要大，形成明显的所谓长程黏度增加层，使剪切流动易在边界膜内部进行，此时润滑油的高压黏度是决定摩擦阻力的主要参数。

润滑作用的物理-化学观点：当金属表面吸附有极性润滑介质时，可使金属的屈服应力（真实变形抗力）降低，变形易于进行，即所谓的吸附塑化效应。变形金属的表层由于吸附塑化效应，流动剪切应力降低，变形时的摩擦阻力减小，从而表现出润滑的效果。这种观点越来越为人们所接受。玉井康腾曾对极性物质的吸附塑化效应这样解释：极性物质的吸附使金属表面能（表面张力）降低，从而有利于变形金属表面积的扩大以及新鲜表面形成、极性物质侵入表面微裂纹等缺陷内，有利于位错滑移至表面，形成滑移台阶，因而使变形易于进行。脂肪酸等极性物质与金属表面氧化膜化合成皂，使表层剪切强度减小，因而减小了金属塑性变形的流动阻力。

6.2.2 润滑剂的种类及性质

6.2.2.1 工艺对润滑剂的要求

在铝及铝合金板带箔轧制中，由于具有高压、高温、高速以及金属基体连续变形、接触表面不断更新等特性，并要求这些润滑剂在较恶劣的摩擦条件下起到良好的润滑作用。对润滑剂的主要要求如下：

（1）对工具与变形金属表面有较强的黏附能力，以保证形成强度较大，而且较完整的润滑油膜；

（2）有适当的黏度，既保证润滑层有一定的厚度，有较小的流动剪切应力，又能获得较光洁的制品表面；

（3）对工具以及变形金属有一定的化学稳定性，以免腐蚀工具和制品表面；

（4）有适当的闪点及着火点，避免在压力加工过程中过快地挥发或烧掉，丧失润滑能力，同时保证安全生产；

（5）燃烧后的残留物要少，保证不出现各种斑迹，避免脏化制品表面；

（6）润滑剂本身或其生成物（烟、尘、气体）不应对人体有害；

（7）冷却性好，以利于对工模具起到冷却、调节与控制温度的作用，提高工模具的使用寿命以及产品质量；

（8）成本低廉，资源丰富。

在金属压力加工中使用的润滑剂按形态可分为液体润滑剂、固体润滑剂、液-固润滑剂以及熔体润滑剂。其中，液体润滑剂应用最广，通常又分为纯粹型油（矿物油或动植物油）和水溶型油两类。

6.2.2.2 润滑基础油

矿物油来源丰富，成本较低，是金属压力加工中使用最广泛的润滑油。矿物润滑油分子组成中只含有碳、氢两种元素，属非极性物质，只能在金属表面形成非极性物理吸附膜，润滑性能较差。在压力加工中较少直接作为润滑剂，一般只作为润滑油的基础油，需添加各种油性添加剂，构成一类混合润滑剂。基础油在混合润滑油中的比例很大，对铝及铝合金冷轧和箔轧来说，一般为92%～97%之间。因此，选择好的基础油是生产优质产品的重要条件。国内外高速冷轧机冷却润滑基础油的主要性能见表6-5。

表6-5 国内外高速冷轧机冷却润滑基础油的主要性能

性 能	Somentor 35	EXXSO1 D100	Gemrex 56	Run 56	沧州一号
密度(15℃)/$kg \cdot m^{-3}$	800	780	810	790	800
黏度(40℃)/$mm^2 \cdot s^{-1}$	2.32	1.84	1.74	2.10	1.67
馏程/℃	230～260	235～268	215～255	230～265	211～248
闪点/℃	105	102	85	114	81～87
酸值/$mg \cdot g^{-1}$			0.03		0.01～0.014
硫含量/%	0.0005	0.0003	0.0003	0.0003	0.0020
芳烃含量/%	0.95	0.9	7	0.75	10
用 途	薄板轧制	薄板轧制	薄板箔轧制	薄板轧制	铝箔轧制
生产厂家	美 ESSO	美 ESSO	美 Mobil	金陵石化	沧 州

6.2.2.3 动植物润滑油脂

动植物润滑油脂是用动物基体或植物种子提炼所得到的油或脂肪。其分子组成除碳、氢元素外，还含有氧元素，因此在性质上与矿物油有许多不同之处。

动植物油脂受到高温作用即行分解，但不蒸发与挥发。通常把在20℃以下为液态者称为油，而把在20℃以上为固态者称为脂。所有动植物油脂都不溶于水，其黏度随压力及温度的变化较小。油脂中所含高级脂肪酸的碳原子数，一般都在C_{12}～C_{20}之间，尤以C_{16}、

C_{18}为最多。其中，饱和脂肪酸主要有十二酸、十四酸、十六酸、十八酸、二十酸；不饱和脂肪酸主要有油酸、亚油酸、亚麻油酸及桐油酸等；还有含羟基的蓖麻酸。由于油脂中的各种脂肪酸的分子内均有属极性基端的羟基，因此容易吸附在金属表面上，形成极性分子物理吸附膜。由于脂肪酸易与金属氧化物反应生成各种脂肪酸盐（皂），因此在金属压力加工过程中使用动植物油脂作润滑剂时，易在润滑表面形成极性分子的化学吸附膜，大大提高润滑效果，并且可以获得光洁的制品表面。但由于资源有限，一般只用作油性添加剂，加入矿物基础油中，混合使用。

判定油脂性能的重要指标包括：

（1）皂化值。皂化值定义为一克油脂完全皂化所需要的氢氧化钾毫克数（mgKOH/g）。皂化值与油脂的分子量成反比，因此可用以表示油脂的平均分子量，也可用以表示油脂的纯净程度，测定其中不皂化物的含量。

（2）碘值。碘值定义为100g 油脂所能吸收碘的克数（gI/100g）。它可表示油脂中高级脂肪酸的不饱和程度，描述干化能力的强弱。干性油的碘值通常在 180～190 之间，半干性油则在 100～120 之间，碘值低于 100 的称为不干性油。

6.2.2.4　润滑油的性能与要求

如前所述，矿物油多用作基础油，动植物油脂常用作提高润滑性能的油性添加剂。为了描述其使用性能，经常使用如下性能参数。

（1）黏度。黏度是衡量润滑油流动阻力的参数，是润滑油脂最重要的参数之一。最常用的黏度指标有两种：

1）动力黏度（绝对黏度）。如果两块面积为 A、间距为 S 的平行板之间充满润滑油，当它们以速度 v 相对运动时，所受到的阻力为：

$$F = \eta \frac{Av}{S} \tag{6-12}$$

当表示成单位面积所受阻力，即润滑油流动剪切应力时，则有：

$$\tau = \eta \frac{v}{S} \tag{6-13}$$

式中　F——切向运动阻力；
A——相切面积；
v——相切速度；
S——层间距离；
η——动力黏度，Pa · s。

2）运动黏度。运动黏度与动力黏度的关系为：

$$\nu = \frac{\eta}{\rho} \tag{6-14}$$

式中　η——动力黏度；
ρ——润滑油密度；
ν——运动黏度，m^2/s。

在金属压力加工过程中，润滑油的黏度与油膜厚度、摩擦系数的关系见图 6-38。黏度增加，油膜厚度增加，摩擦系数减小。但黏度过小，易从变形区挤出，容易产生松枝纹，起不到良好的润滑作用；黏度过大，形成油膜过厚，辊面对轧件表面起不到压熨作用，不能获得光洁制品表面，也不能达到良好的润滑目的。润滑油黏度与轧后板带表面粗糙度、表面光亮度的关系见图 6-39。

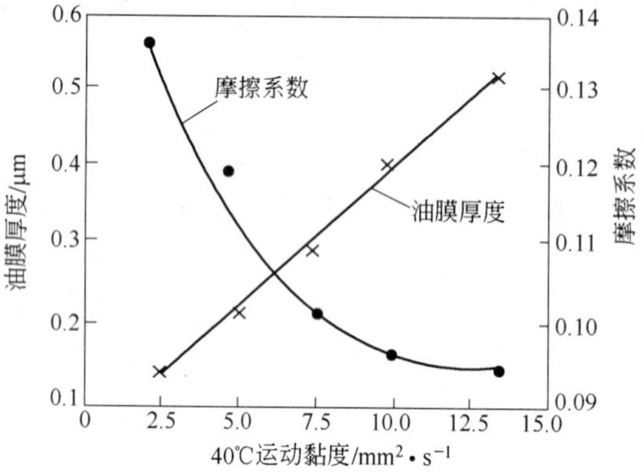

图 6-38　润滑剂黏度与油膜厚度、摩擦系数的关系

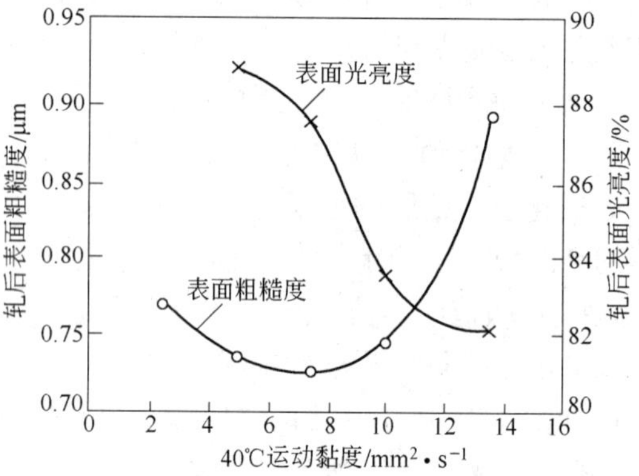

图 6-39　润滑剂黏度与轧后铝板表面粗糙度、表面光亮度的关系

（2）黏度指数。黏度指数是用于衡量润滑油的黏度随温度及压力变化程度的指数，具体区分有黏度温度指数和黏度压力指数。

1）黏度温度指数，反映润滑油黏度随温度变化的程度指数。其数值越大，表示黏度值随温度的变化越小，即润滑油的黏-温性能越好。黏度指数的大小通常分为四类，如表 6-6 所示。

表 6-6　黏度温度指数分类

分类名称	黏度温度指数范围	分类名称	黏度温度指数范围
低黏度温度指数	<35	高黏度温度指数	80～110
中黏度温度指数	35～80	很高黏度温度指数	>110

2）黏度压力指数，反映润滑油黏度随压力变化程度的指数。润滑油的动力黏度 η 与压力 p 的关系可近似表达为

$$\eta = \eta_0 e^{\alpha p} \qquad (6\text{-}15)$$

式中　η_0——0.1MPa 下的润滑油的动力黏度；

α——反映润滑油黏度随压力变化大小程度的指数，取决于润滑油的性质。

由式 6-15 可见，指数 α 大，润滑油的黏度随压力增加的程度也大。试验证明，在压力不大时，压力对黏度的影响不大；当压力大于 4.90MPa 时，则影响越来越明显（见图 6-40）。

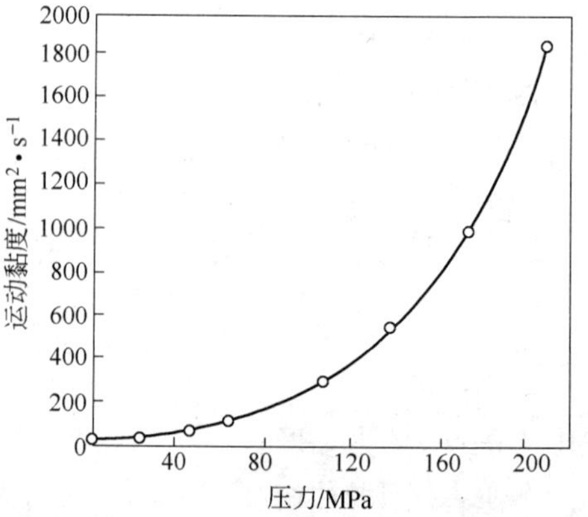

图 6-40　润滑油黏度随压力变化曲线

作为压力加工用润滑油，通常希望有较高的黏-温指数及较低的黏度压力指数，以保证变形区界面上的润滑油在较高温度及压力条件下，仍具有良好的润滑作用。

（3）闪点与着火点。润滑油加热至某一温度，用火苗引点，能发生闪火而燃烧，但随即又熄灭，此时的温度称为闪火点，简称闪点。当油温继续升高至另一温度，所产生的油气能维持燃烧，此时的温度称为着火点（引火点）。

一般认为润滑油的闪点与着火点相差10℃左右，但是在铝合金板带材的轧制生产中，为了使工艺润滑剂具有一定的洗涤性能，常含有一定数量的汽油或煤油，为保证安全生产，对闪点应作严格要求。从润滑油的冷却性能及对制品表面污染影响角度看，希望润滑油的黏度和闪点低一点，但考虑到润滑油的挥发损失以及安全生产、道次加工率等情况，就要求黏度和闪点高一点，在实际生产中，须根据具体情况综合考虑。

（4）酸值与皂化值

酸值是用以衡量润滑油中酸含量的指标，采用中和1g润滑油内的酸所需要的氢氧化钾毫克数（mgKOH/g）来表示。

皂化值用以测定动植物油中脂肪酸的含量，通常也以皂化1g油样所需的氢氧化钾毫克数（mgKOH/g）来表示。

（5）抗污染性

在金属压力加工中使用工艺润滑剂之后不使制品脏化的能力。由于润滑油中的酸碱含量、硫含量、机械杂质、润滑基础油或添加剂的性质等，都可能在加工或其后热处理过程中，制品表面出现腐蚀斑、污染斑、碳迹斑以及油迹斑等。因此，在生产过程中必须加强润滑油的管理[12]。

6.2.2.5 润滑油添加剂

由于矿物油是非极性物质，在金属表面上所形成油膜的耐压强度比动植物油等极性物质要小约三倍，因此在金属压力加工中，一般情况下只是把矿物油作为基础油，再添加一定的添加剂以提高其润滑性能。此外，润滑油在加工条件下较长时间的使用，其稳定性变差，容易发生氧化、胶化、变质等现象，为此也常常需加入一些添加剂的物质。

（1）油性剂与极压剂。油性添加剂是由极性非常强的物质组成。由于它们的极性基端可以定向吸附在金属表面上，而非极性的基端又可以与矿物油分子很好结合，从而促使这些分子也呈定向排列，形成耐压、耐温能力较强的润滑油膜，具有良好的耐压和减缩性能，表现出较好的润滑油性能。

常用的油性添加剂包括酯类（油酸丁酯、动植物油脂等）、脂肪酸及其皂类（油酸、硬脂酸及硬脂酸铝等）、醇类（脂肪醇等）。

1）轧制油中油性添加剂的化学组成与耐压和减缩能力的关系。轧制油的减缩能力对生产板带箔是一个很重要的指标。它决定于轧制油中表面活性物质所组成的油膜强度，与添加剂的分子结构有密切的关系。

减缩能力与分子结构间的关系有如下规律：

①极性团相同的分子中，减缩能力随分子链长而增加。如月桂醇比癸醇的减缩能力大，癸酸比辛酸的减缩能力大。

②分子极性团的极性越强，则减缩能力越大。含相同碳原子数目的有机化合物中，酸的极性大于醇，醇的极性大于脂。减缩能力也是酸大于醇，醇大于脂。如硬脂酸的极性大

于18醇，其减缩能力也高于18醇。

③在碳原子数目相同的分子中，支链比直链的减缩能力低。如叔乙醇低于仲乙醇的减缩能力，而仲乙醇又低于正乙醇的减缩能力。这是因为支链结构的有效链长较短，不能紧密吸附在金属表面的原因。

④当化合物的每个分子具有一个以上的极性团时，不仅有效链长比较短，同时这两个或多个极性团吸附在金属表面上弯曲的分子结构还具有应变。因此，单极结构的分子比偶极或多极结构的分子减缩能力大。如以正丙醇为基础，加入浓度各为3%的正癸酸和癸二酸。前者在压板应变压缩试验中测定减缩率为84.5%，后者为74.7%。

⑤饱和分子结构比不饱和分子结构的减缩能力大，这是双键的弱点。如在馏程范围为275～300℃的工业石油馏分中，分别添加2%的正18醇、油醇、硬脂酸和油酸用压板应变试验测得的减缩率依次为51%、42.6%、60%、48.2%。由此可见，单键结构的减缩能力大于双键结构的减缩能力。

⑥无极性的矿物油，减缩能力与其含碳原子数目无差别。如无极性的14烷与18烷的减缩能力无差别。它们不能优先吸附在金属的表面上，其含量对润滑油的减缩能力并无影响。

⑦在一定温度下极压添加剂能分解出活性元素与金属表面起化学反应，生成一层低剪切强度的金属化合物膜。由于这种膜具有极高的耐压、耐温能力，从而表现出很好的防粘降摩及减少工具磨损的性能。

此外，当有几种添加剂加入时，会发生竞争吸附，极性强的优先吸附。

2）轧制油中油性添加剂的化学组成与退火后的污染趋势的关系。铝板带箔退火后的表面污染与卷材轧制后的平整度、缠卷的松紧度、热处理工艺以及退火炉内炉气气氛等有关；但最主要的还是轧制油的化学组成和分子结构。试验证明，轧制油产生污染的趋势是：

①添加剂分子极性团的极性越强，产生褐色污染的趋势越大。例如，豆油、花生油较机械油污染严重。

②同系化合物中，随分子链长的增加，产生褐色污染的趋势增大。例如，40号机械油比20号机械油的污染严重。

污染原因除了与添加剂的化学组成有关外，基础油与污染也有一定的关系。基础油分子的链长、不饱和程度、含硫量、环状结构分子中碳原子百分数对基础油的褐色污染也有影响。

3）添加剂的浓度对减缩能力和污染的影响。轧制油中随着添加剂浓度增加而使减缩能力增加，当浓度增加到一定值后，减缩能力的增加逐渐缓慢。但是随着添加剂浓度的增加，退火后污染的趋势增加，它们两者是相互矛盾的，因此要综合考虑，寻找最佳值。即轧制油既要有较大的减缩能力，退火后又不产生污染，以此作为添加剂的加入浓度。

一般认为添加高级醇和酯类抗污染效果较好。

（2）抗氧化剂。润滑油在使用过程中不断与空气接触会发生连锁性氧化反应。抗氧化剂能使连锁反应中断，减缓润滑油的氧化速度，提高化学稳定性，延长其使用期限。

轧制油的氧化反应有以下特点：

1）氧化反应过程中要有氧参加，如果将油品和氧隔绝就可以制止氧化。

2）氧化反应能被光线激发和被金属催化，特别是铜、铁、铅对氧化反应有较大的促进作用。油品中的金属盐对氧化反应促进作用更大。

3）氧化反应是一个连锁反应。在反应中有两种生成物——过氧化物和自由基，对推动这个连锁反应的发展起着重要作用。如果能找到分解过氧化物和稳定自由基的物质，就能抑制油品的氧化进程。

4）随着温度提高，氧化反应速度会大大加快。油品氧化要有一个诱导期，其长短随油品的成分、有无催化剂和氧化条件的不同而不同。

抗氧化剂根据其作用分为两类：一类只能延长诱导期，对新油才有效，如对位羟基二苯胺；另一类对已用过一段时间，并且已过了诱导期的油也有效，如二乙基对位苯二胺。还有现在常用的264（2、6二叔丁基-4-甲基苯酚）是属于以上两类抗氧化剂之间的类型，即在刚开始氧化不久有效，但当氧化再深一步就无效了，因此应该在早期就添加。

多数抗氧化剂为酚类和胺类。这些化合物都有一个或几个活泼的氢原子。在氧化作用下较易被氧化。抗氧化剂的作用在于能连接自由基，因而截断了氧化反应的链，或者使过氧化物分解成稳定的化合物，使油品延长使用寿命。

工业上常用的抗氧化剂有芳香胺及双酚等。

（3）消泡剂。润滑油在压力加工中循环使用时，由于急剧运动并与空气接触，容易起泡。起泡严重时会导致循环系统内因气穴作用而使流量降低甚至中断等故障。常用的油消泡剂有硅素油，如二甲基硅油等，用量范围一般为0.0001%～0.001%。

上述添加剂除了保证各自作用而应具有的特性外,与润滑基油一样,还需要满足一些共同的要求,如优良的耐压性、一定的稳定性、无污染性、不留残迹、无腐蚀性、对人体无害等。

6.2.2.6 冷却润滑剂的过滤

冷轧时，轧件与轧辊摩擦，不断产生铝粉，均进入冷却润滑剂中，影响润滑性能，恶化表面质量，降低使用寿命。因此，在加工过程中必须对润滑剂进行过滤。

根据过滤粉尘颗粒大小不同，分为粗过滤和精过滤两类。

粗过滤一般采用网式、圆盘式或缝隙式过滤器。粗过滤只能过滤直径0.1～0.3mm以上的颗粒。现代化冷轧机一般不采用粗过滤形式。

精过滤一般采用通过辅助元件的方法。辅助元件又可分为两类：一类为平面过滤元件（滤纸、滤布、卡普伦等），另一类为体积过滤元件（陶瓷、活性炭、硅藻土、漂白土等）。这类过滤装置过滤轧制油可过滤直径0.5～2μm以上的颗粒。

精过滤有不同的结构，下面介绍几种形式的容积过滤器：

（1）填料式过滤器。将容积过滤介质装在布袋内，使脏油透过布袋，采用人工处理过滤介质的办法来进行过滤器的清洗（见图6-41）。

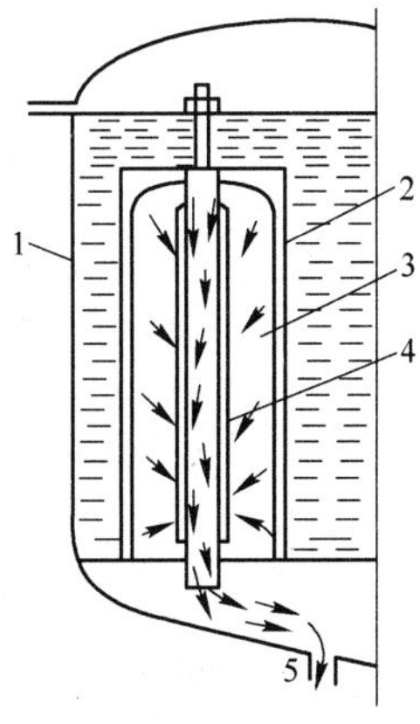

图6-41 填料式过滤器

1—过滤器外壳；2—钻孔的圆筒；3—装有过滤砂的布袋；4—带金属网的管子；5—干净润滑剂的放出口

（2）管式过滤器。过滤介质充填于立式管中。当形成一定的过滤层之后，让脏润滑剂从中透过。当过滤器外壳达到极限压力时，把过滤器与系统分开，借助于反向的流体冲击使附着物分离，并从过滤器中放出（见图6-42）。

（3）圆盘式过滤器。在立式圆筒中，空心圆盘式过滤元件水平地固定在立轴上。经圆盘上的过滤介质实现过滤。以旋转圆盘的方法排除过滤介质的污垢层（见图6-43）。

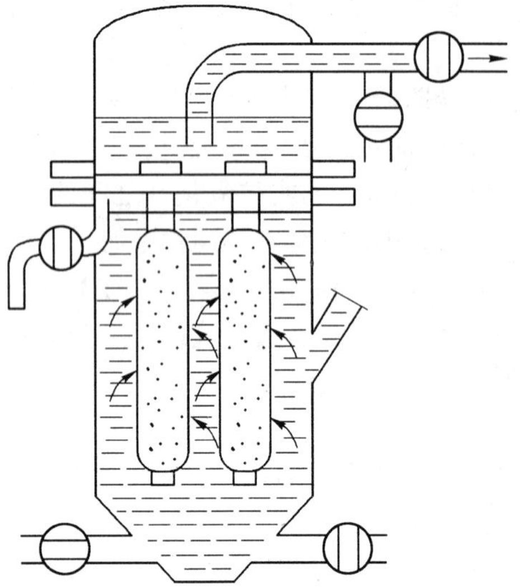

图6-42　管式过滤器

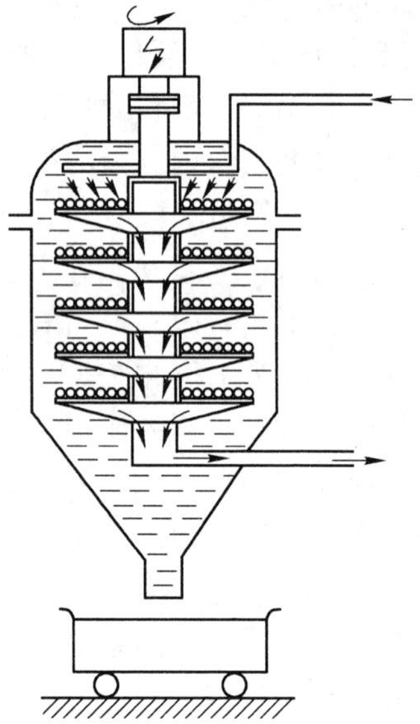

图6-43　圆盘式过滤器

（4）板式过滤器。把过滤介质硅藻土、漂白土和轧制油混合后，预涂在过滤纸上。这类过滤器有一垛和两垛、多垛几种，每垛过滤纸一般为8～9层。由容积过滤介质和多层过滤纸形成容积过滤装置，脏轧制油通过过滤后达到精过滤的要求。板式过滤器工作压力达到0.4MPa时必须重新更换过滤纸和介质。板式过滤器过滤精度可达0.5μm。

板式过滤器两层过滤纸之间的过滤原理如图6-44所示[13]。

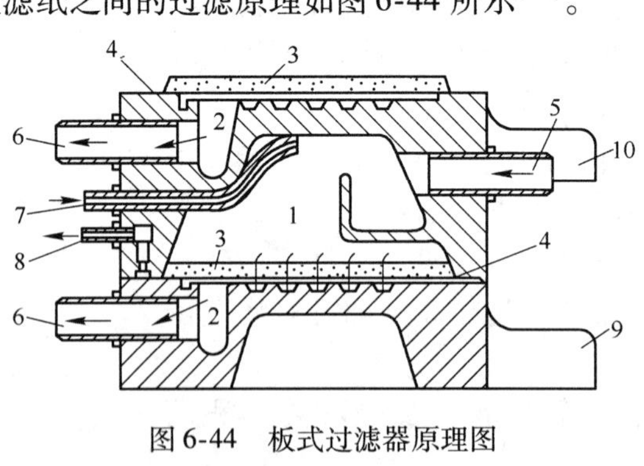

图6-44　板式过滤器原理图

1—污油；2—净油；3—助滤剂（硅藻土）；4—过滤纸（无纺布）；5—污油进口；6—净油出口；7—滤饼吹干；8—负压密封；9，10—滤箱

6.2.3　轧辊的要求与磨削

要获得优良表面质量的板带材，磨削高质量的轧辊是一个不可或缺的条件。高质量轧辊必须具备如下条件：

（1）轧辊表面硬度要求。冷轧工作辊应表面坚硬，中心韧软，使用寿命长。工作辊一般由合金钢锻造制成。辊身硬度要求在 HS 95 ~ 100 以上，辊颈硬度为 HS 45 ~ 50 以上；要求硬度均匀，各点硬度差在 ±1 之内。一般说来，工作辊辊身硬度偏上限，可以减少粘铝，提高轧件的表面质量。

支撑辊的硬度低于工作辊，避免互相摩擦时损伤工作辊表面。冷轧支撑辊辊身硬度一般为 HS 60 ~ 65，辊颈硬度为 HS 40 ~ 45。支撑辊使用一段时间之后，有可能发生疲劳，其表面出现剥落。剥落不大时，有的经过清理可继续使用；有的轧机则发现剥落，不管面积大小，深度多少，都必须换辊，磨削去剥落部分后，方可重新使用。为防止表面剥落现象，支撑辊使用一定时间（一般为半年），应进行回火恢复处理。

（2）轧辊辊型的选择。上述关于板形的讨论中，已经涉及到了轧辊的凸度问题。影响轧辊凸度的因素很多，如轧件的力学性能、压下量、来料板坯凸度、板带宽度、张力大小、润滑状态、冷却条件、轧辊辊径大小和轧辊辊身长度等，条件不同，轧辊凸度的选择也不尽相同。就 1850mm 冷轧机生产 1 × × ×、3003、5052、8 × × × 系列合金而言，中凸度取 0.01 ~ 0.05mm。

关于辊型曲线的选择，有抛物线辊型曲线和正弦辊型曲线。就正弦辊型曲线而言，随着角度大小的不同，辊型曲线在二肋处辊面的凹凸不同。在一般情况下，1850mm 冷轧机采用正弦辊型曲线，其角度取 70° ~ 72°时较好。

（3）轧辊的磨削。轧辊应在专用磨床上磨削。磨削后辊面应无粘铝、碰伤、划伤、凹陷、砂轮印、螺旋状斑纹等缺陷。

磨削精度应符合表 6-7 的规定。

表 6-7　冷轧机轧辊磨削后的技术参数要求（参考值）

轧辊类别	辊面粗糙度/μm		配对辊径差/mm	圆度/mm	径向跳动/mm	同轴度/mm	两端辊径差/mm
	轧件厚度 0.3 ~ 0.5mm 以上	轧件厚度 0.3 ~ 0.5mm 以下					
支撑辊	0.8 ± 0.02	0.8 ± 0.02	≤0.025	≤0.005	≤0.003	≤0.005	≤0.005
工作辊	0.45 ± 0.02	0.23 ± 0.02	≤0.025	≤0.001	≤0.003	≤0.005	≤0.002

对生产 PS 版铝板基来说，为保证板面粗糙度的均匀性，要求磨削砂轮的粒度是均匀的，否则磨出辊子的辊面粗糙度均匀度难以满足技术要求。

6.3　厚度控制

板带材的厚度是材料使用的一个重要参数。在板带材产品技术标准中，都规定了名义厚度（或公称厚度）和实际厚度的允许差值，即厚度偏差。冷轧产品厚度的另一个要求是厚度在纵向与横向的均匀性。如果在各个方向的厚度不一致，存在差值，称为同板差。

在现代化工业生产中，自动化程度越来越高，对板、带材厚度偏差和同板差的要求越来越严格。例如生产易拉罐用带材，厚度偏差超厚时，冲出的罐体过长，在生产线中引起卡罐，妨碍生产的正常进行；厚度偏差超薄时，冲出的罐体过短，会产生掉罐，影响成品率。PS 版铝板基材料如果厚度超出偏差范围，会影响影印的整体质量。对箔材毛料而言，厚度偏差过大，在箔轧中会引起断带，影响生产效率和成品率。同时对所有用户，正偏差太多，降低产出率，影响经济效益。因此，使用厂家对厚度偏差的要求越来越严格。一般而言，薄板要求控制在厚度的1%以内，厚度在0.2～0.3左右的特薄板，其厚度偏差不得超过1.5%，大大高于传统的5%～10%的要求。

6.3.1 带板厚度测量

控制冷轧厚度，得在线进行厚度测量。测厚可分直接测量和间接测量两类：

（1）直接测厚法。采用测厚仪直接测出带板的厚度。这种方法的优点是使用方便、直观；缺点是测量点距金属变形区较远，调节延迟的时间较长易造成带板厚度超差。

直接测厚可用下列两类仪器：

1）接触测厚仪，其测厚精度可达0.01mm。这类仪器多用于轧制速度较低的轧机，现代高速轧机很少采用。

2）非接触测厚仪，如X射线、β射线和涡流脉冲测厚仪等。这类测厚仪测厚精度高。目前多倾向于采用X射线测厚仪，其测厚精度可达0.25/100mm。

铝及铝合金X射线测量范围见表6-8。

表6-8 铝及铝合金X射线测量厚度范围

X射线形式	纯铝及软铝合金	硬铝合金
25kV	25～3000μm、10～1000μm	25～1500μm、10～500μm
60kV	0.5～25mm、0.2～8mm	0.5～12mm、0.2～4mm

X射线测厚仪的测量精度为0.001mm，测量误差不超过±0.3%。

（2）间接测厚法。这种方法可测出轧制变形区的轧件厚度。当轧制过程中带板厚度超过允许偏差时，能在几毫秒的时间内给予纠正，控制精度高。间接测厚法有压力测定法、轴承箱位移测定法等。

1）压力测定法。该方法根据轧制过程中金属对轧辊产生的反作用力来进行调节。轧制压下量越大，反作用力越大（压力越大）。利用压力变化来调节压下系统，控制带板厚度。该方法的不足之处是，难以判断来料厚度不均或轧辊偏心，使轧制力产生的变化而做出正确的调节。

2）工作辊缝测定法。该方法直接测定两个工作辊之间的辊缝变化，一般靠轧辊轴承箱位移的测定来实现。测量精度高，反应时间短；不足之处是不能调节由于轧制力所引起的工作辊之弹性压扁而产生的辊缝变化。

6.3.2 带板厚度的自动控制

轧制时带板厚度的自动控制方法很多，下面介绍两种控制方法：

（1）直接式自动控制厚度（见图6-45）。根据测厚仪所测得的带板实际厚度与所要求的轧制厚度进行比较，调整压下系统、张力和轧制速度，以达到所要求的轧制厚度。

（2）恒辊缝控制厚度（见图6-46）。这种方法依靠轧辊轴承箱移动量（即辊缝变化）和轧制力的变化，控制带板厚度。欲使带板厚度均匀一致，除设置有辊缝测量系统外，还应设有轧制压力监控系统，把恒辊缝和压力监控与压下系统和张力系统连接成两个闭环自动控制系统使之达到恒辊缝自动控制的目的。该方法控制精度较高[11]。

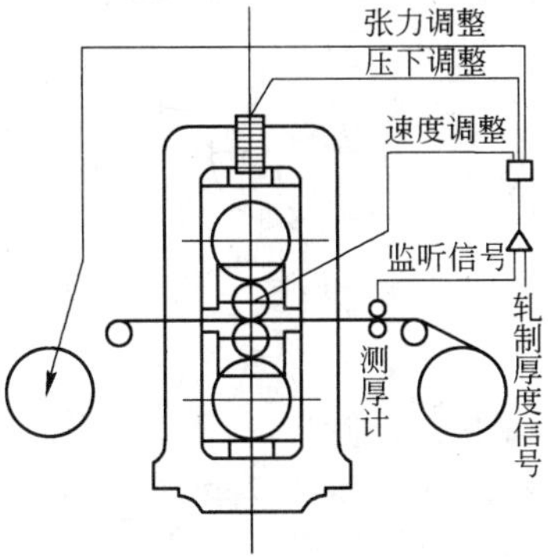

图6-45 直接式自动控制厚度示意图

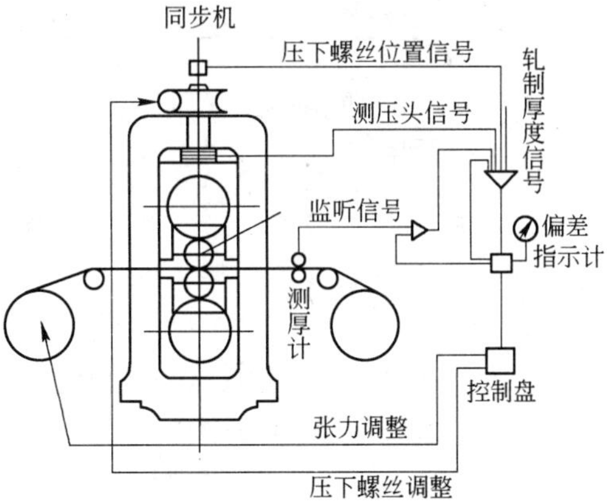

图6-46 恒辊缝自动控制厚度示意图

6.4 板带精整——矫直

尽管在压延生产过程中，采取各种技术措施以改善板形，但无论如何，都消除不了变形的不均匀性问题，因此也就不能获得理想板形的产品。一般轧制产品的板形为 20 ~ 100I；而一些高端用户对 PS 版基和装饰用带材，要求板形不大于 3I。为了满足使用要求，所有这些产品都得在拉弯矫直机（见图6-47）上进行拉伸矫直。

图6-47 板带材普通拉弯矫直机

带材矫直（矫平）分三种类型：

（1）反复纯弯曲矫直，一般用于板片的矫平。

（2）拉弯矫直，一般用于 0.5 ~ 1.5mm 厚度带材的矫直（矫平）。

（3）纯拉伸矫直，用于 0.5mm 以下厚度，特别是 PS 版基和装饰用带材的矫直。

6.4.1 拉弯矫直

前已述及，板带材的不良板形是因为金属在横向上沿纵向的伸长率存在差异，从而引起内应力造成的。拉弯矫直就是带材在外加拉伸力与交变弯曲应力联合作用下产生塑性延伸，以达到矫直带材的目的。外加的拉伸力由入、出口张力辊组产生，交变弯曲应力由矫直辊组产生，残余弯曲由随后的矫正辊消除（见图6-48）。

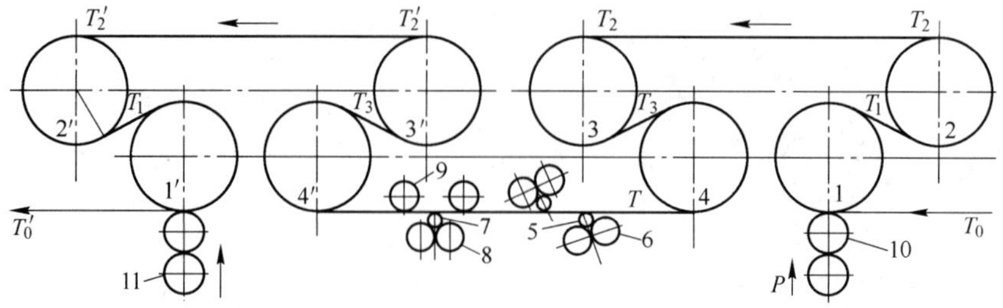

图 6-48 八辊式连续拉弯矫直机布置形式示意图

1～4—入口张力辊组；1′～4′—出口张力辊组；5—弯曲辊；6—支承辊；7—矫正辊；8—支承辊；9—上支承辊；10—入口压辊；11—出口压辊

带材在拉伸张力作用下，经过弯曲辊弯曲，使得带材紧靠弯曲辊的一侧（内侧）受压应力，离开弯曲辊的一侧（外侧）受拉应力。带材弯曲越厉害，弯曲弧曲率半径越小，受应力越大。在带材弯曲半径最小处的弯曲应力达到最大值。这使带材不仅产生弹性弯曲变形，还产生一部分塑性弯曲变形，变形中性层向曲率中心移动（见图 6-49）。带材经过第一个弯曲辊后，继续经过第二个弯曲辊作相反方向的弯曲，受到相反方向的应力作用，即原来的外侧变成内侧，由受拉应力而变成受压应力，原内侧变成外侧，由原来的受压应力而变成受拉应力，使得中性层向新曲率中心移动（见图 6-50），这样既抵消了原产生的部分应力，又新产生了部分应力，从而产生了新的弹性弯曲变形和部分塑性弯曲变形。带材经过两次（或偶数次）不同弯曲方向的弯曲。每一次弯曲变形时，可以根据需要和条件，调整弯曲辊的位置，改变曲率中心的半径，即改变变形中性层移动的距离，以改善应力分布状态。矫直后带材不但产生塑性延伸，也存在一定的残留弯曲。残留弯曲在随后的矫正辊作用下进行变形矫正，使残留弯曲消除。经过弯曲变形和矫正变形后，带材在横截面上的残留应力呈对称平衡状态分布（见图 6-51），使带材保持平直[15]。

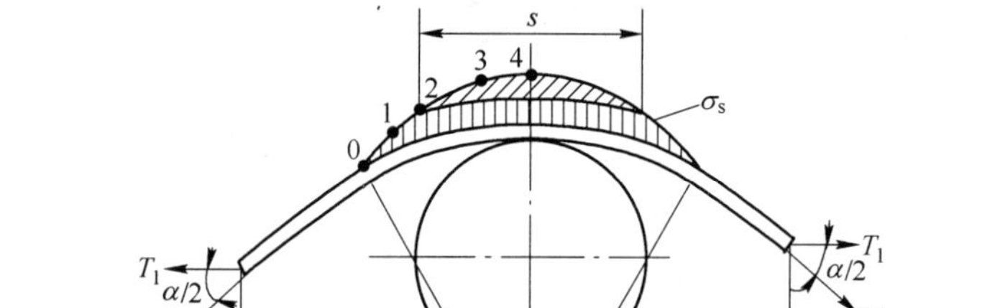

图 6-49 带材经过弯曲辊时的拉伸弯曲合成应力图

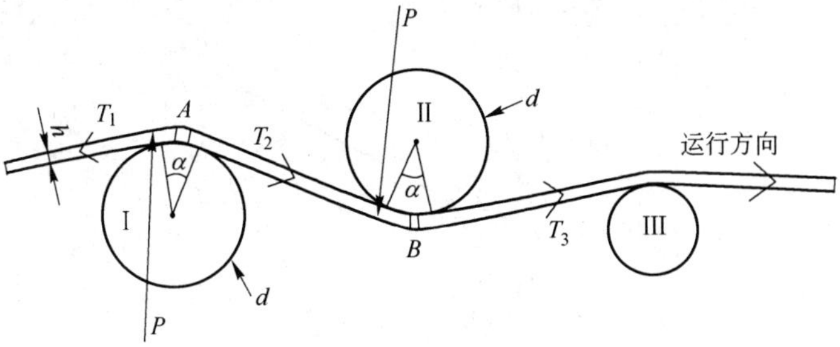

图 6-50　带材拉弯矫平过程

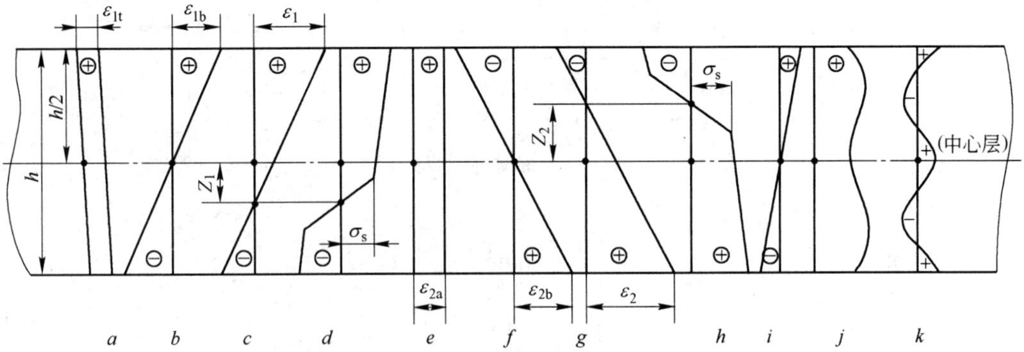

图 6-51　带材拉弯矫直后截面应力应变分布

6.4.2　板带材矫直总伸长率

板带材矫直的目的是使其横向上沿纵向的不同延伸，即存在长短不一的金属纤维，在拉伸弯曲的作用下，使金属短纤维延长，与金属长纤维的长度趋于一致，获得相同的伸长率。假设板带材板形指数为 100I，即板带中最长纤维条与最短纤维条的相对长度差为 0.1%，从理论上讲，拉伸矫直 0.1% 即可消除板形缺陷，获得平直板形材料。但实际上，带材在延伸过程中，存在弹性延伸与弹性恢复，同时短纤维条塑性延伸时，由于相邻长短纤维之间的相互制约，不可避免地使邻近长纤维条产生一定的塑性延伸，故矫直的总伸长率远大于理想伸长率。

设定材料的弹性模量为 E，并在塑性区有不变的硬化率 E_1，其应力应变曲线如图 6-52 所示。其矫直过程如图 6-53 所示。

图 6-53 中带材长、短纤维延伸的原始差值，即来料板形指数为 I_0，短纤维延伸到与长纤维等长的 D 点后，继续共同延伸到屈服点 C、F，并以 E_1 的硬化率分别延伸至 G、H 点。应力松弛后，因短纤维硬化程度大于长纤维，其弹性恢复量也大于长纤维，最终长、短纤维伸长率的差值，即拉伸后的板形指数为 I_1。如图，在 $\triangle GHK$ 中，

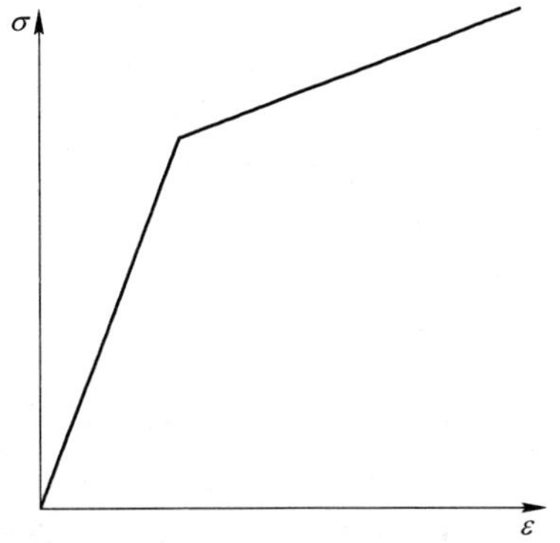

图 6-52　材料应力应变示意图

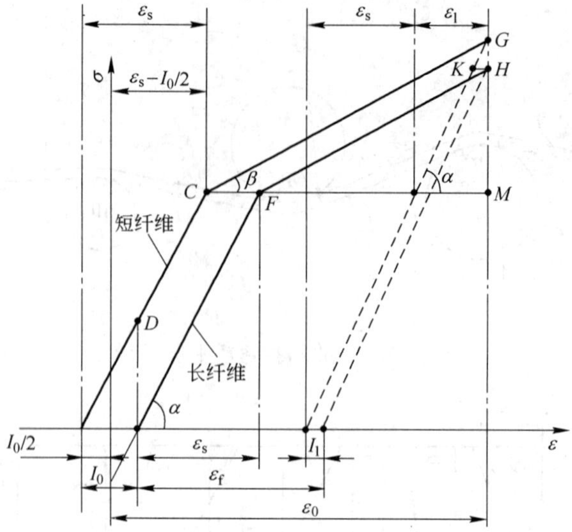

图 6-53　带材的矫直过程

$$I_1 = KH = \frac{GH}{\tan\alpha} = CF\frac{\tan\beta}{\tan\alpha}$$

即
$$I_1 = \frac{E_1}{E}I_0 = \eta I_0 \tag{6-16}$$

式中　η——材料在塑性区的硬化系数。

由图看出，矫直带材所需要的总伸长率为：

$$\varepsilon_0 = \frac{I_0}{2} + \varepsilon_f - I_1 + \varepsilon_s + \varepsilon_1 \tag{6-17}$$

其中：
$$\varepsilon_s = \frac{\sigma_s}{E}$$

$$\varepsilon_1 = \left(\varepsilon_0 + \frac{I_0}{2} - \varepsilon_s\right)\frac{\tan\beta}{\tan\alpha} = \eta\varepsilon_0 - \eta\varepsilon_s + \eta\frac{I_0}{2}$$

式中　ε_0——矫直带材所需总加工率,%；

I_0——带材原始平直度，单位长度差的百分数,%；

ε_f——长纤维附加塑性伸长率，经验值约为 0.1% ~0.2%；

I_1——带材矫直后的平直度,%；

ε_s——材料弹性伸长率,%；

σ_s——材料屈服极限；

E——材料弹性模量。

整理得：

$$\varepsilon_0 = \varepsilon_s + \frac{I_0}{2} + \frac{\varepsilon_f}{1-\eta} \tag{6-18}$$

由式 6-18 看出，矫直带材所需的总伸长率，决定于带材的原始板形、弹性伸长率和硬化系数[14]。

矫直铝及铝合金带材的总伸长率一般为 0.5% ~1%。一般拉弯矫直机的最佳厚度是 0.5 ~1mm 左右，矫直后的板形指数为 5 ~10I（来料板形不大于 40I）。

6.4.3 纯拉伸矫直

图 6-54 经碱腐蚀后的 PS 版基优质表面

目前 PS 版铝板基 70% ~ 80% 的产品，板厚为 0.275mm 左右。大多装饰带材也在 0.5mm 以下。带材越薄，内、外层受的压、拉应力差越小，变形中性层向曲率中心移动的距离小，矫直的效果受到限制，采用一般的拉弯矫直机矫直，其板形指数约在 5 ~ 10I 之间。同时，这类材料表面质量要求非常严格，要求零缺陷，如图 6-54 所示；不允许有如图 6-55、图 6-56 所示的擦划伤和点状缺陷。在拉弯矫直中，带材要与弯曲辊表面发生摩擦，而弯曲辊又是极容易藏垢（铝屑和其他尘土颗粒）的地方，增大了表面产生缺陷的几率，很难实现所要求的优质表面。为此，近年来发展了主要用于矫直高档 PS 版基和特薄装饰带材的纯拉伸矫直装置，其原理如图 6-57、图 6-58 所示。它完全靠拉伸应力进行矫直，有两段、多段之分。拉伸段越多，矫直效果越好。其矫直原理是在入口侧，段与段之间拉力递增；依靠控制辊面的微小速度差，将带材拉伸变形，延长金属短纤维，使金属长、短纤维趋于一致后，再产生一定量的延伸变形。在出口侧，段与段之间拉力对应递减（见图 6-59）。为了进一步改进板形质量，在入口辊组和出口辊组之间，又增加了一个可改变辊型凸度的膨胀辊，对拉伸变形的板形继续作一些精细调整。膨胀辊采用液压控制。膨胀辊的变形形状、对带材拉伸后的张应力分布状态、所采用的液压状态如图 6-60 所示。

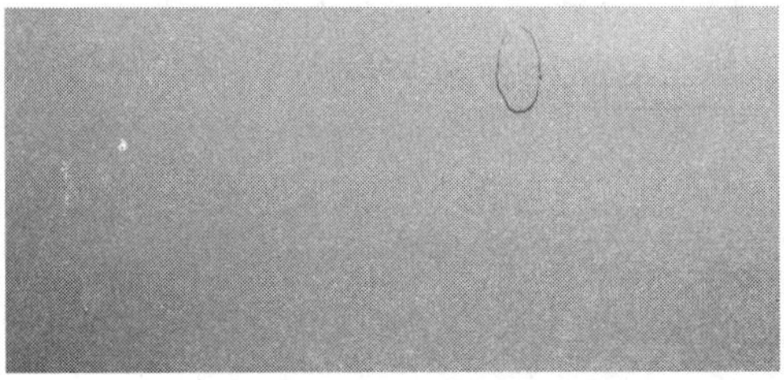

图 6-55 经腐蚀后表面存在条状缺陷

图 6-56 制作 PS 版后表面存在点状缺陷

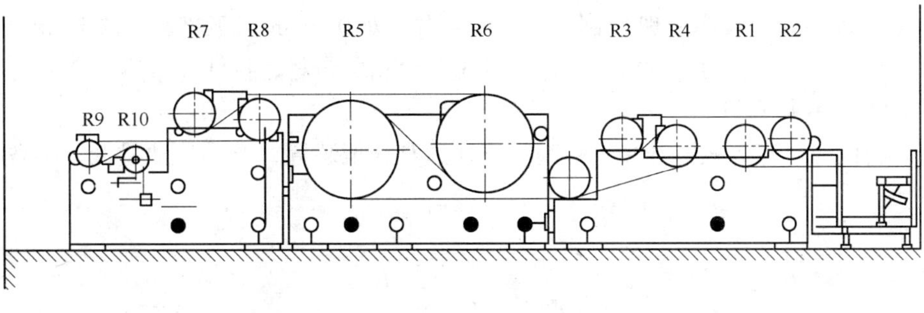

图 6-57 BWG 公司的带膨胀辊的纯拉伸机原理图

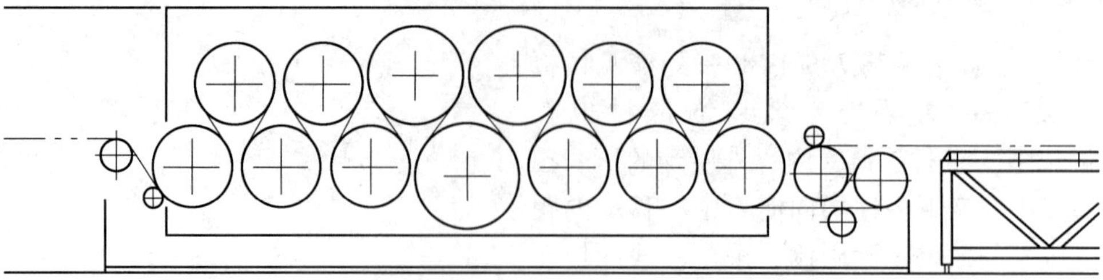

图 6-58　SELEMA 公司的带张力辊的设计原理图

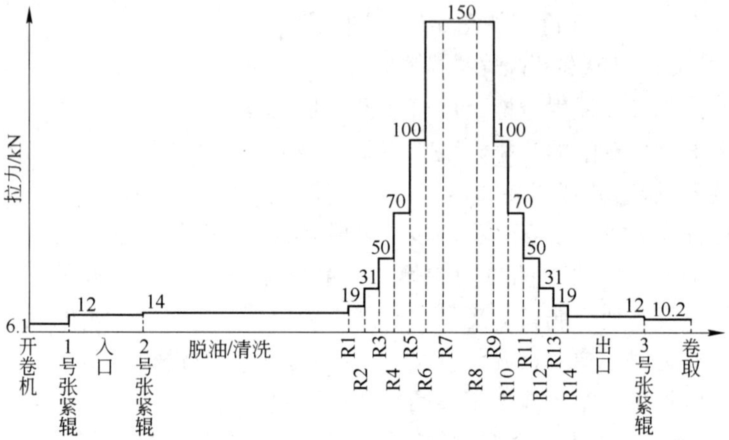

图 6-59　纯拉伸矫直的拉伸张力变化示意图

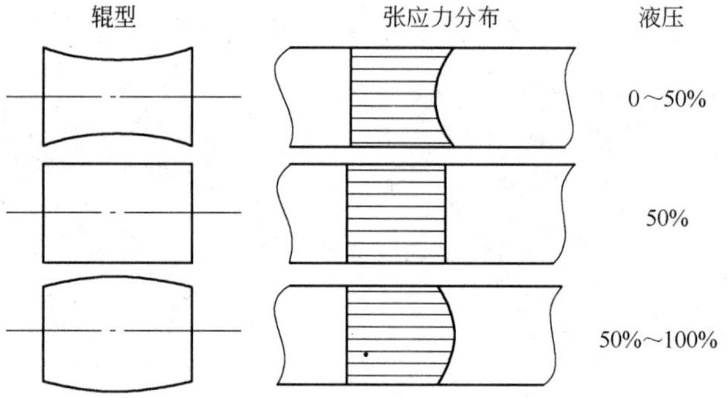

图 6-60　膨胀辊辊型和应力分布

纯拉伸矫直的伸长率一般控制在 0.5% 左右。对 0.5mm 以下带材，来料板形不大于 20I（离线板形），材料力学性能、板厚尺寸偏差合格的带材，拉伸矫直后，产品的 80% 不大于 2I，90% 不大于 3I。

该设备同时具有高效清洗装置、高精度切边和纠偏装置，产品残油量低，不致对表面产生损伤。

7　再结晶退火工艺与质量控制

金属材料经过一定的塑性变形之后，其金相组织和力学性能都发生了很大的变化，为了满足后续加工或用户的某些需要，需进行再结晶退火处理。

7.1　塑性冷变形后的组织性能

7.1.1　塑性冷变形后的组织特征

塑性冷变形后的组织包括：

（1）纤维状组织。材料由冷变形前的等轴晶组织沿其变形方向被拉长，随着加工率的增加，晶粒拉长越厉害，总变形率达到一定程度时，有可能完全变成纤维状组织，如图7-1和图7-2所示。

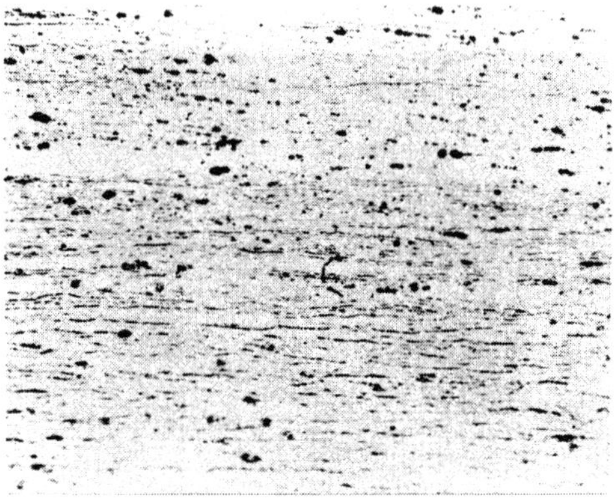

图7-1　1060 H18合金板材纵向组织，化合物破碎后沿压延方向排列

图7-2　图7-1的偏光组织，呈变形纤维状

（2）变形织构。当冷加工总变形量达到60%以上时，原随机取向的晶粒位向转变为大体一致的晶粒位向，形成所谓的轧制织构（见图7-3）。对于铝来说，其冷轧后的板织构主要为{100}〈112〉,冷拉后的丝织构为{111}〈100〉。

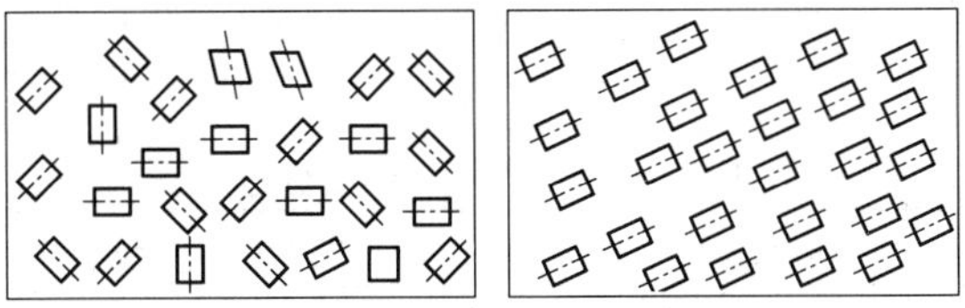

图7-3　晶粒位向示意图

a—晶粒随机取向；*b*—大体相同的晶粒取向

（3）粗大化合物破碎。铝基体上和晶界上析出的粗大的金属间化合物，在冷加工过程中由于承受着巨大的压应力而发生破碎，弥散地分布于变形了的固溶体基底上或晶界处，对位错的滑移起钉扎作用。

（4）亚结构。大量实验证明，塑性变形是金属晶体内位错线发生滑移和攀移或滑移和孪生的结果。大量位错的缠结、聚合，形成胞状的亚结构。冷加工率越大变形越严重，造成的位错密度越高，从而使胞状亚结构的尺寸减小，与位错相关的晶格畸变更厉害。

7.1.2 塑性变形后的力学性能

塑性变形后，金属材料的组织形态发生了一系列变化，大量位错的引入和塞积、晶格点阵畸变，内应力增加，使得材料的力学性能和理化性能都发生了一定的变化：

（1）抗拉强度、屈服强度增加，塑性降低。在一般情况下，铝及铝合金材料的冷加工率越大，其抗拉强度、屈服强度越高，塑性越低，继续变形越是困难。但是有些合金，当冷加工率达到一定程度之后，虽然强度增加，所需变形功增加，伸长率其后并不随之降低，但裂边扩展严重，给继续加工增加了很大的难度。

生产实践表明，已再结晶的铝合金，包括热处理可强化合金的加工硬化特性与热处理不可强化合金的特性大体上有相似之处，硬化曲线近似于抛物线，其真应力-真应变的关系为：

$$\sigma = K\varepsilon^{n} \tag{7-1}$$

式中 σ——真应力；

K——单位应变的应力，也称强化系数；

ε——真应变；

n——硬化指数。

对于纯铝，$K=16\sim21$，$n=0.25\sim0.27$；对硬铝合金，$K=32\sim38$，$n=0.12\sim0.13$。

加工硬化或应变硬化速率为：

$$d\sigma/d\varepsilon = nK\varepsilon^{n-1} \tag{7-2}$$

几种不可热处理强化铝合金的加工硬化特性曲线如图 7-4 所示。铝合金的加工硬化特性与温度有关，在低温下加工硬化更为明显（见图 7-5）。

（2）各向异性。由于冷加工使晶粒拉长，位向趋于一致，导致变形织构的形成，使得材料的力学性能出现各向异性。这对深冲用材料是很不适合的。

（3）物理性能和化学性能。加工对铝的电导率没有明显影响。电工铝退火态的电导率为 63% IACS，特硬态为 62.5% IACS，两者相差很小。

加工对密度的影响。铝镁合金因其加入的元素镁在冷加工中导致位错和点缺陷增加，其密度的变化比纯铝大（见表 7-1）。

表 7-1 冷加工纯铝、铝镁合金密度

合 金	退火/kg · m^{-3}	冷轧 80%/kg · m^{-3}	变化/%
Al	2701.1	2700.6	-0.018
A-1% Mg	2688.3	2687.7	-0.022
A-2.4% Mg	2669.6	2668.7	-0.034
A-4.4% Mg	2645.0	2643.0	-0.076

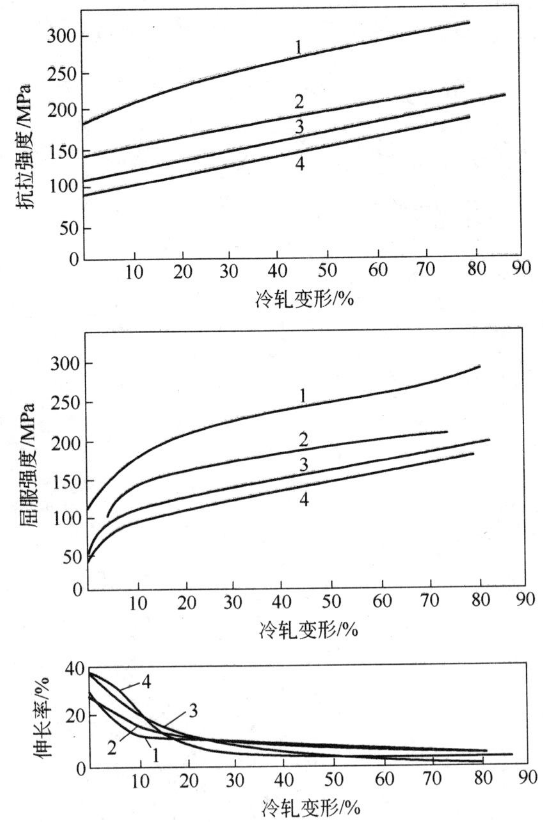

图 7-4 热处理不可强化合金的加工硬化曲线
1—5A02 合金；2—Al-1.4% Mg 合金；
3—3A21 合金；4—1100 合金

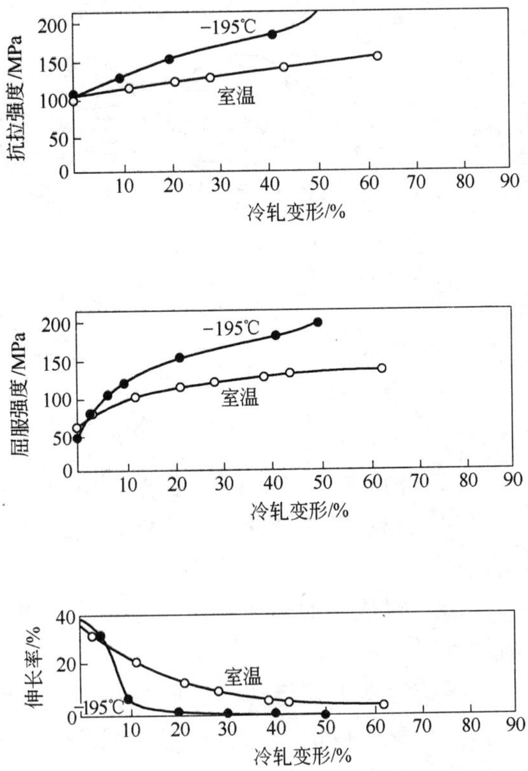

图 7-5 1100 合金退火板材的加工硬化曲线

冷加工对铝及铝合金的弹性模量影响甚微，因此退火态及冷加工态可采用相同数值。

加工硬化对滞弹性（如内耗和减震性）有影响。一般地说，退火铝合金与加工硬化铝合金比较，退火的阻尼更大。

加工硬化对铝的化学性能影响不大，但在一定条件下，某些铝合金的抗蚀性由于冷加工而降低。冷加工使金属中存在残留拉应力，在腐蚀环境下，某些热处理可强化铝合金会发生应力腐蚀开裂。热处理不可强化的铝-镁合金，冷加工可能会加速晶界沉淀，使之对应力腐蚀开裂更为敏感。

7.2 再结晶退火工艺基础

7.2.1 再结晶退火过程的组织特征

7.2.1.1 概述

再结晶退火的目的为：

（1）改变组织形态。将加工后的纤维组织恢复或部分恢复到加工前的等轴晶组织，消除或部分消除晶格畸变（见图 7-6）。

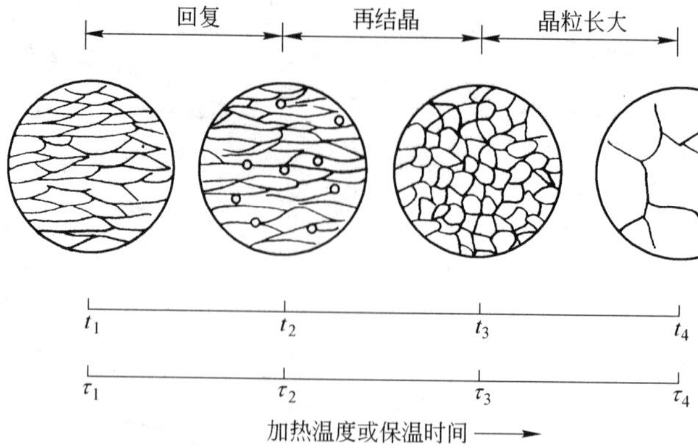

图 7-6　冷变形金属退火时晶粒形状和大小变化示意图

（2）消除内应力，降低强度，提高塑性（见图 7-7）。

（3）减小各向异性，尽可能使之趋于各向同性。

（4）对成品而言，改善理化性能，提高抗蚀性。

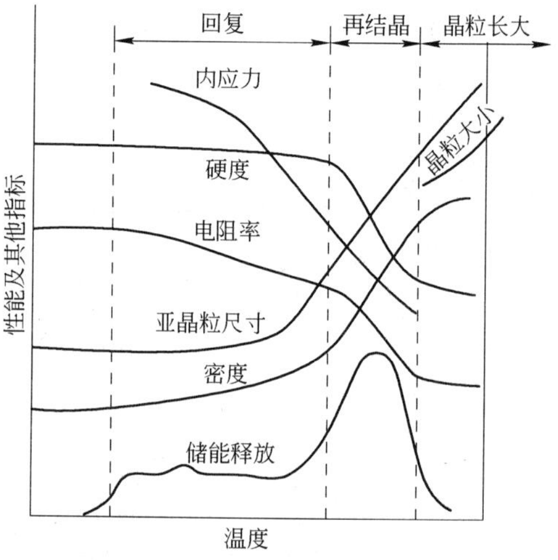

图 7-7　冷变形金属退火时某些性能的变化

再结晶退火是将加工后的材料加热升温至再结晶温度以上，保温一定时间，使其全部或部分发生再结晶后，然后进行冷却的热处理工艺。根据不同温度下组织性能变化的特点，通常将再结晶退火分为三个阶段：（1）在较低温度下发生的“回复”；（2）在一定温度范围内发生的再结晶；（3）在再结晶完成后继续提高温度或延长保温时间所发生的“晶粒长大”。在实际退火过程中，这三个过程往往重叠发生，图 7-6 即为回复—再结晶—晶粒长大组织变化情况示意图。

再结晶退火分为：

（1）回复退火。对板带箔成品而言，有的要求材料基本上具有冷加工状态下的抗拉强度，但有比冷加工状态较好的伸长率和较稳定的组织结构，这就得进行回复退火。回复退火温度较低。在回复阶段强度与硬度下降不多，但内应力明显降低，而伸长率有所上升，各项性能指标的稳定性比冷加工状态提高。

（2）完全再结晶退火。高于回复温度，低于晶粒不均匀长大温度或少于再结晶温度下晶粒发生不均匀长大的时间内进行的退火为完全再结晶退火。在再结晶阶段，首先出现新的无畸变的核心，然后这些核心“吞食”周围的变形基体，直到整个基体都由新的无畸变的、细小均匀的等轴晶粒组成。

（3）部分再结晶退火。根据用户要求，其成品退火后的组织和力学性能既不同于回复状态，又不同于完全退火状态，而是介于回复与完全退火状态之间。其间又细分为若干档次：在国家的老标准中有1/4硬、1/2硬、3/4硬状态，新标准中则为H22、H24、H26等状态。根据其要求或状态的不同，通过控制退火的温度和时间，以达到部分再结晶退火的目的。

7.2.1.2　再结晶退火时组织变化的机制

金属在塑性变形时所消耗的大量能量，其绝大部分转化为热能被释放了；一小部分（约2%～10%）以储能的形式保留在金属中。储能的主要形式是与晶体相联系的畸变能。储能是回复和再结晶的驱动力，在回复和再结晶阶段全部释放出来。

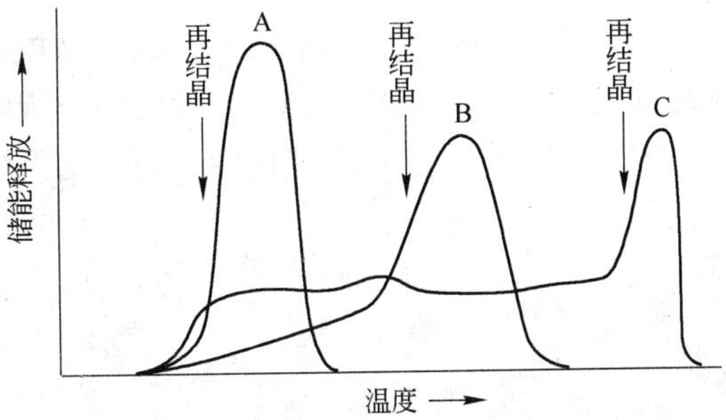

图7-8　冷变形材料退火时储能的释放

储能的释放根据合金的不同而不尽相同。其释放曲线如图7-8所示，有A、B、C三种形式。A代表纯金属，B、C分别代表纯度不高的金属和合金。它们的共同特点是每条曲线都出现一个高峰。这个高峰出现的地方即对应于再结晶开始的温度。在该温度之前，只发生回复。由图看出，在回复阶段，A型曲线储能释放少，B型曲线次之，C型曲线释放最多。这是因为杂质原子和合金元素阻碍再结晶的形核和长大，推迟了再结晶过程，使储能在再结晶开始前通过回复较多地得到释放。

7.2.1.3　回复过程的组织变化

在光学显微镜下，回复过程基本上没有什么组织变化，但是在电镜下观察到亚结构却产生了重要变化。

亚结构变化主要有以下几种情况：

（1）多边化。将一单晶体经弯曲变形后在不同温度下回复退火，这个单晶就会变成若干无畸变的亚晶粒（见图7-9）。图7-9*a*表示经弯曲变形的单晶体沿平行的滑移面散乱地分布着过剩的正刃位错，此时晶体中的弹性畸变较大。将此晶体加热，滑移面的刃型位错通过滑移和攀移，沿竖直方向排成有规律的位错壁，即成为小角度倾斜晶界（见图7-9*b*），此时单晶体被位错壁分割成几个位向差不大（几分至几度）的亚晶粒。亚晶粒内的畸变能大大减小。很显然，这是一个能量降低的过程。由于这个连续弯曲的单晶经回复退火后变为多边形，故称此过程为多边化。

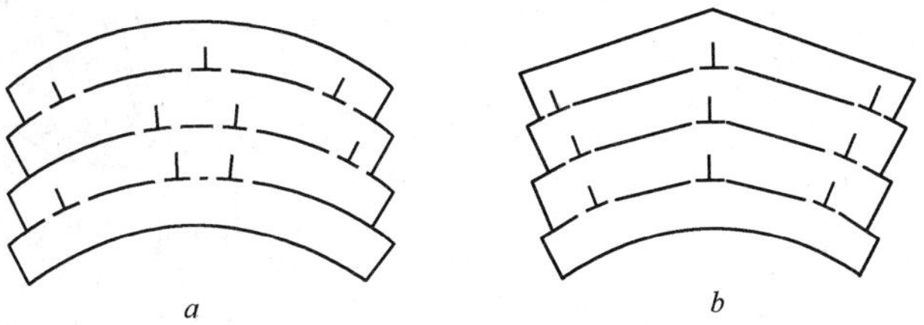

图7-9　位错在多边化过程中重新分布

a—多边化前刃型位错散乱分布；*b*—多边化后刃型位错排列成位错壁

（2）胞状组织的规整化。前已述及，金属塑性变形后存在胞状组织，其胞壁位错密度很高，位错缠结相当宽。在回复过程中，这种胞状组织将发生变化（见图 7-10*a*）。在回复初期，首先是过剩空位消失，变形胞状组织内的位错被吸引到胞壁，并与胞壁中的异号位错互相抵消，使位错密度降低，而且位错变得较直、较规整（见图 7-10*b*）。当回复继续进行，胞内变为几乎无位错，胞壁中的位错缠结逐渐形成能量较低的位错网，胞壁变薄，且更清晰，单胞也有所长大（见图 7-10*c*），实际上胞状组织已转变成亚晶粒。材料变形程度越大，回复退火温度越低，最后获得的亚晶粒尺寸越小。这种亚晶粒的形成过程，其实是变形胞状组织中位错重新组合，胞状组织的规整化过程。回复再继续进行，亚晶粒继续长大，亚晶界上有更多的位错按低能态的位错网络排列（见图 7-10*d*）。

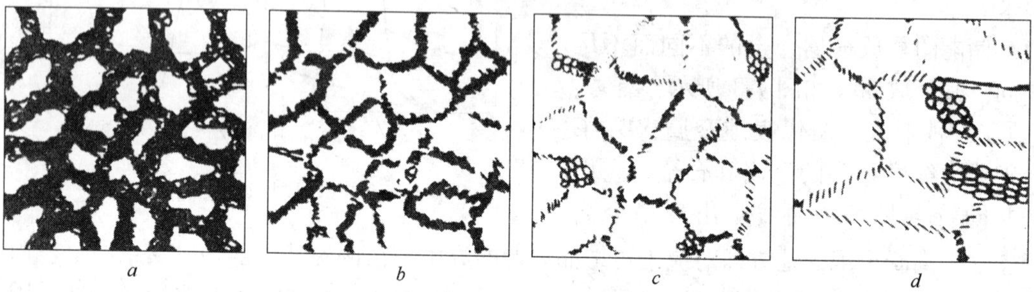

图 7-10　冷变形多晶体金属在回复阶段亚组织的变化

（3）亚晶粒合并。电镜观察发现，许多金属（如 Cu、Al、Zr 等）在回复阶段相邻的两亚晶粒会相互合并而长大。图 7-11 示意地描述了这种合并过程。它可能是通过位错的攀移和位错壁的消失，导致亚晶粒转动来完成的。合并之后，原来的亚晶界消失，两个亚

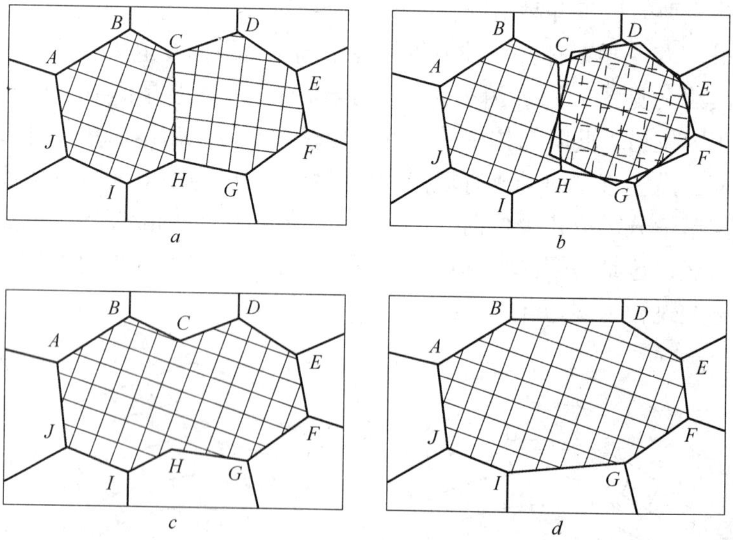

图 7-11　亚晶粒合并示意图

a—合并前的亚晶粒结构；*b*—开始合并，一个亚晶粒在旋转；
c—刚合并后的亚晶粒结构；*d*—某些亚晶界迁移后的最终亚晶粒结构

晶粒的取向趋于一致。

通过对回复过程中亚组织变化的观察和对过程激活能的测定分析，一般认为回复机制是空位和位错通过热激活改变了其组态分布和数量过程。在低温范围内的回复主要是空位的运动；在中等温度范围内的回复是位错再度滑移和交滑移；在较高温度范围的回复则包括了攀移在内的位错运动和多边化。表7-2综合概括了各种回复机制。

表7-2　回复机制

温　度	回 复 机 制
低　温	1. 点缺陷移至晶界或位错处而消失； 2. 点缺陷合并
中等温度	1. 缠结中的位错重新组合； 2. 异号位错互相抵消； 3. 亚晶粒长大
较高温度	1. 位错攀移位错环缩小； 2. 亚晶粒合并； 3. 多边化

应当指出，这种温度范围的划分是相对的，各种回复机制也没有严格的温度界线。

7.2.1.4　再结晶过程的形核长大

再结晶的驱动力也是冷变形时所产生的储能。其结晶过程也是通过形核和长大来进行的。不过再结晶的晶核不是结构不同的新相，而是无畸变的新晶粒核心。

再结晶核心的形成：过去人们曾经根据经典的均匀形核理论来研究再结晶形核，并用传统的热力学方法来估算再结晶时的晶核临界尺寸，但结果与电镜观察不符，核心半径太大。因此，认为再结晶形核是通过现存界面的移动来实现的。具体形核机制如下：

（1）亚晶粒粗化形核。亚晶粒粗化形核有两种机制：对于高层错能金属，通过相邻亚晶粒的合并来实现，即相邻亚晶粒某些边界上的位错，通过攀移和滑移，转移到这两个亚晶界外边的亚晶界上，而使这两个亚晶之间的亚晶界消失，合成为一个大的亚晶。同时通过原子扩散和位置的调整，使两个亚晶的取向趋于一致（见图7-12*a*）。由于合并后的较大亚晶的晶界上吸收了更多的位错，逐渐转化为易动性大的大角度晶界，这种亚晶就成为再结晶晶核。

对于低层错能金属，亚晶粒的粗化可能直接通过亚晶界的迁移来实现。变形后的亚晶组织中，有些位错密度很高，同号位错过剩量大的亚晶界与它相邻的亚晶取向差比较大，退火时这种亚晶界很容易转变成为易动性大的大角度亚晶界，它可能向变形区弓出“吞食”周围亚晶而成为再结晶晶核（见图7-12*b*）。

上述两种亚晶粗化形核机制均在变形程度比较大时出现。变形量越大，越有利于这种晶核的形成。

（2）原有晶界弓出形核。变形程度较小时，金属的变形不均匀，各晶粒的位错密度不同，原有晶界两侧的胞状组织粗细各异。退火时，在原来的大角度晶界中可能有一小段（尺寸约为几微米）突向位错密度大、胞状组织细的一侧弓出，并形成一小块无位错区而

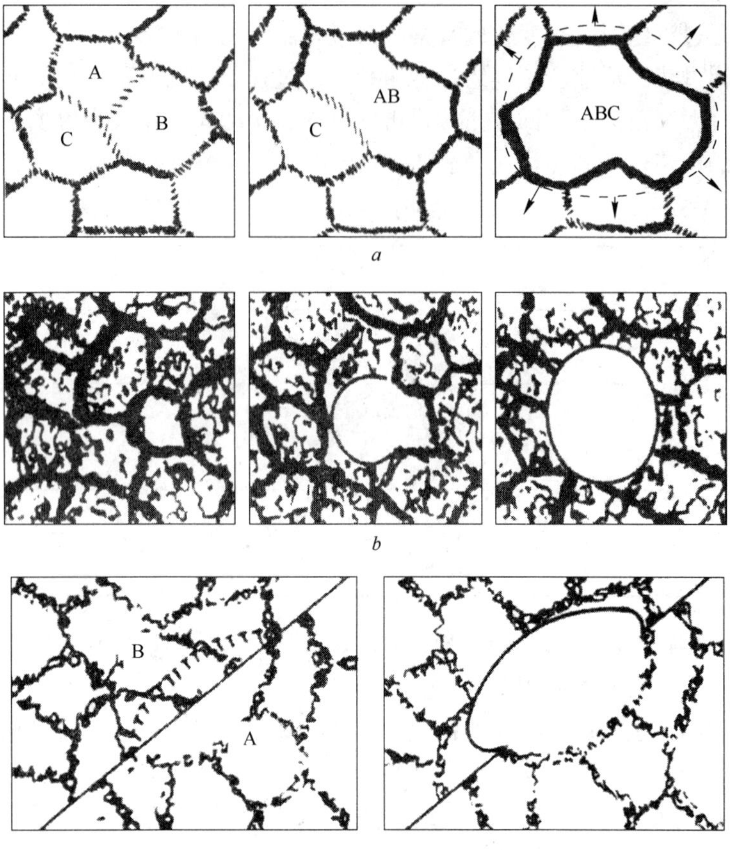

图 7-12　再结晶的形核机制示意图

a—高层错能金属中 A、B、C 三个亚晶粒合并成一个核心；
b—低层错能金属中局部位错密度很高的亚晶界发生迁移，逐渐长大为核心；
c—当变形程度较低时，大角度晶界上有一小段弓出发展为一个晶核

成为再结晶晶核（见图 7-12*c*）。

再结晶晶核形成之后，由于无畸变新晶粒与周围畸变的旧晶粒之间存在应变能差，即存在储能，驱动晶界界面的移动向周围畸变区长大。新晶粒彼此接触，变形的旧晶粒全部消失，再结晶过程完成。此时的晶粒大小即为再结晶的初始晶粒度。如果继续保温或升温，则发生晶粒长大过程。

7.2.2　再结晶过程控制

7.2.2.1　再结晶动力学

要正确地制定再结晶退火工艺规程，必须了解再结晶动力学，研究再结晶过程的速率问题。

再结晶是由形核和晶核长大两个步骤组成，所以再结晶速率必然是形核率与长大速率的函数。

用 N 和 G 分别表示形核率和长大速率。设再结晶为均匀形核，晶核为球形，N 和 G 不随时间而变化，在恒温下经不同时间退火后，已再结晶的体积分数 φ 可用梅厄公式表示：

$$\varphi = 1 - \exp\left(-\frac{\pi}{3}NG^3\tau^3\right) \tag{7-3}$$

式中　τ——退火保温时间。

用梅厄公式计算铝的再结晶动力学曲线与实验结果基本相符（见图 7-13）。由图可知，再结晶有一个孕育期，其转变速率开始时很慢，随后迅速增加。但是式 7-3 在推导过程中提了很多假设，这些假设与实际的再结晶过程不完全符合。如再结晶的形核率 N 并不是常数，而是随时间而改变的。因此，用式 7-3 描述再结晶并不严格。阿弗瑞米（Avrami）提出如下修正公式：

$$\varphi = 1 - \exp(-kt^n) \tag{7-4}$$

式中，k，n 均为系数，由实验确定。此方程称阿弗瑞米公式，较梅厄公式更为适用。

再结晶动力学曲线的典型形式如图 7-13 所示，但它受许多因素影响。一切影响形核率和长大速率的因素都会影响再结晶速率。其主要影响因素分述如下：

（1）变形程度增加，晶核数量（N）和长大速率（G）增加。再结晶孕育期和整个再结晶时间都缩短。图 7-14 表示不同变形程度对铝的再结晶动力学的影响。

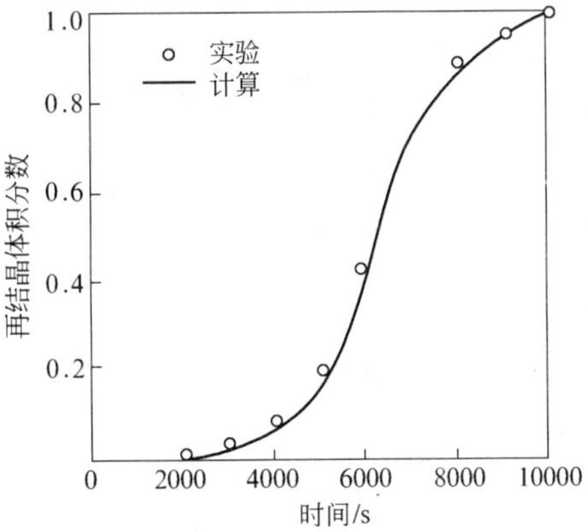

图 7-13　铝在 350℃的等温再结晶动力学曲线

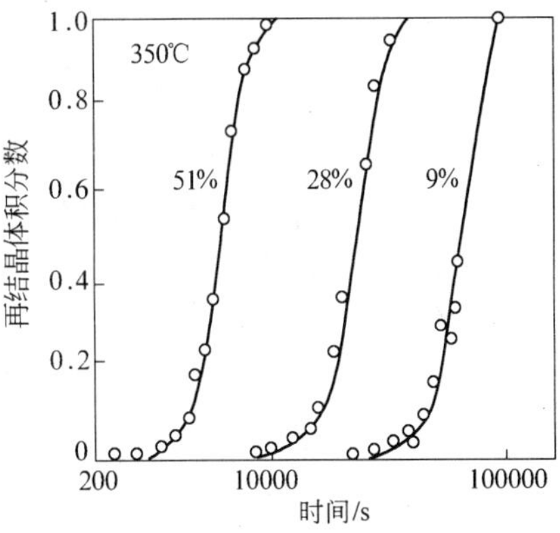

图 7-14　不同变形程度对铝的等温 350℃再结晶动力学的影响

（2）退火温度升高，晶核数量（N）和长大速率（G）都增大，再结晶速率加快。图 7-15 为纯铜经 98% 变形后在不同温度等温退火的再结晶动力学曲线[17]。

（3）溶解于合金中的杂质或合金元素，一般会降低再结晶速率，因为它们降低了晶核数量（N）和长大速率（G）。

（4）第二相对再结晶动力学的影响比较复杂。当第二相很粗时，会提高再结晶速率；第二相很细时，会降低再结晶速率。

（5）再结晶前的回复过程会使储能减小，晶核数量（N）降低，再结晶速率减慢。

（6）变形金属的原始晶粒粗，再结晶时晶核数量（N）低，再结晶速率较慢[16]。

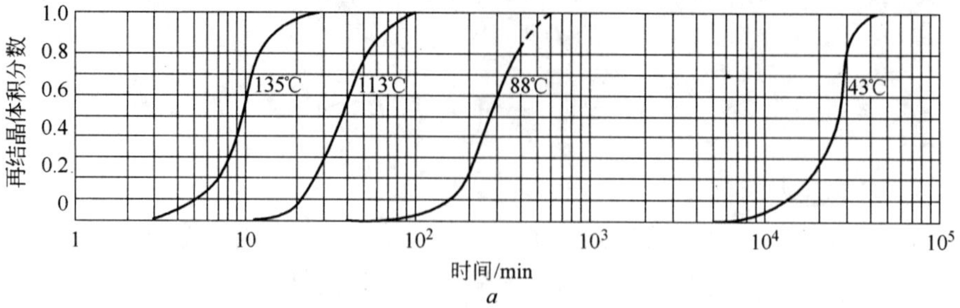

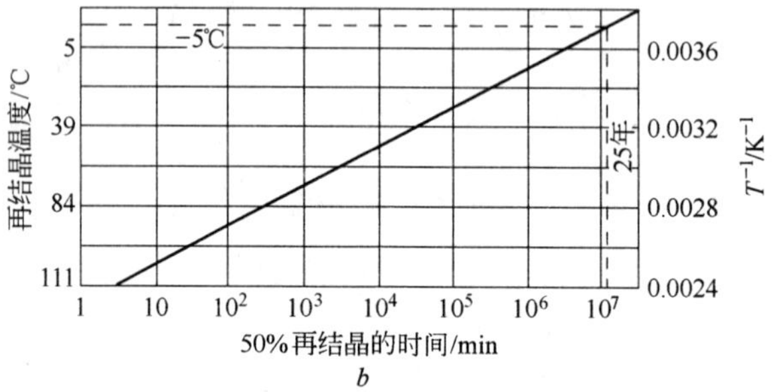

图 7-15　纯铜经 98% 变形后在不同温度下的再结晶动力学曲线

a—再结晶动力学曲线；*b*—由图 7-15*a* 的四条曲线上的数据外推而得

7.2.2.2　再结晶温度

再结晶是一个热激活过程，因此要使其发生再结晶，必须有一定的温度条件，人们把能够发生再结晶的温度称为再结晶温度。再结晶温度在生产实践中是一个很重要的参数，有非常重要的意义。但是再结晶温度不是一个精确的物理常数，它随许多因素的变化而变化。再结晶有开始发生的温度，也有完成的温度。因此，必须对再结晶下一个确切的定义。

在文献中，有人将再结晶温度定义为：经过严重冷变形的金属（通常变形量大于70%），保温 1h 能完成再结晶（已再结晶的体积分数大于 95%）的温度。也有人把变形量大于 70%，保温 1h，开始发生再结晶的温度定义为再结晶温度。很显然，按这两个定义所确定的再结晶温度不是完全一样的。为避免混乱，查阅和测定再结晶温度时应当注意其条件。若未注明条件，则指再结晶起始条件。

几个铝及铝合金的再结晶起始温度如下：

铝及铝合金	再结晶起始温度/℃
铝（99.99%）	80
铝（99.0%）	290
铝合金	320

影响再结晶温度的因素：

（1）变形程度。金属的变形程度越大，内能越高，处于越不稳定的状态，因此再结晶温度越低；当冷变形程度很小时，由于晶体的畸变能很小，不足以发生再结晶的形核过程，故没有再结晶发生（见图7-16）。当达到一定的冷变形量时，金属开始形核并形成新的再结晶晶粒，但再结晶后的晶粒特别粗大，该变形程度称为临界变形度（一般在2%～10%之间）。

（2）杂质及合金元素。在金属中溶入微量合金元素可显著提高再结晶温度。金属纯度不同，再结晶温度相差很大。少量添加元素与杂质对铝的再结晶温度的影响见图7-17。实验结果表明，溶质原子与晶体缺陷的交互作用能（即结合能）与溶质原子的大小和价电子数有密切的关系。如果溶质与溶剂原子的尺寸差别大，价电子数相差大，（其固溶度必然小）则溶质原子与晶体缺陷的结合能大，能更有效地阻碍这些缺陷运动，延缓亚晶在加热时的形成和长大，从而显著提高再结晶温度。

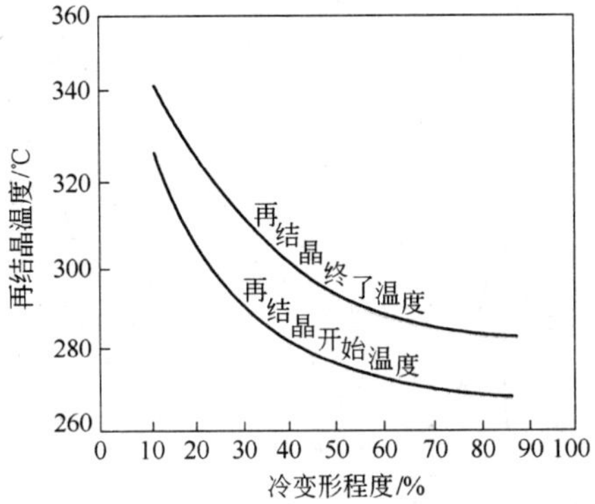

图7-16　纯铝（99.99%）板材再结晶温度与冷变形程度的关系

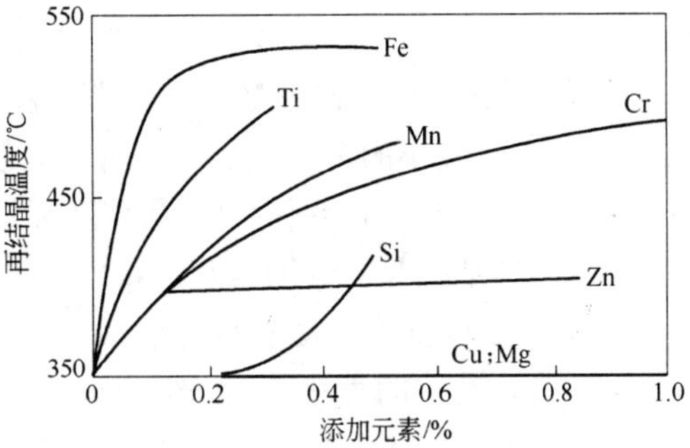

图7-17　少量添加元素对铝（99.99%）再结晶温度的影响

（冷变形量80%；退火保温时间30min）

溶质原子提高再结晶温度的作用，开始时随溶质元素添加量增多而增强，但到某一定添加量后作用逐渐减缓。这可能是由于固定晶体缺陷所需的溶质原子数量有一定的饱和度，超过此饱和度后作用减弱。

弥散的第二相也能提高再结晶温度，弥散度越大效果越好。但如果第二相数量不多且弥散度不大时，反而有可能使再结晶温度降低。

（3）原始晶粒大小。原始晶粒细，冷变形时加工硬化率大，储能高，且晶界往往是再结晶形核的有利区域，所以晶核数量（N）和长大速率（G）都增加，再结晶温度较低。

（4）加热时间。在一定范围内，延长加热时间可降低再结晶温度（见图7-18）。

（5）加热速度。当加热速度十分缓慢时，变形金属在加热过程中有足够的时间进行回复，使点阵畸变程度降低，储能减少，从而使再结晶驱动力减小，再结晶温度上升。如铝镁合金缓慢加热时的再结晶温度比一般条件下高50～70℃。但是快速加热能使再结晶温度升高。这是因为再结晶过程需要时间，快速加热升温过程中，在各温度段上停留的时间都很短，来不及进行再结晶形核和长大，所以需要加热到更高的温度才能进行再结晶。

（6）凡提高晶核数量（N）和长大速率（G）的因素都会降低再结晶温度。

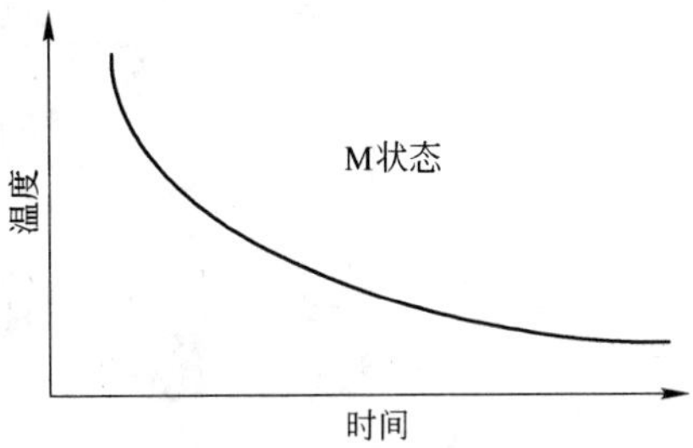

图7-18　退火加热时间与再结晶温度的关系

再结晶温度在生产上有着重要的现实意义。首先，金属材料在生产过程中经常需要进行软化退火，消除冷作硬化，以利于继续冷加工作业，即进行所谓“中间退火”。金属材料的中间退火必须加热到再结晶温度以上。因此，再结晶退火温度是制定中间退火工艺的重要依据。其次，所有耐热合金的使用温度都应该在再结晶温度以下，因此，提高材料的再结晶温度，以提高材料的高温强度，是一个很重要的研究课题。

7.2.2.3　再结晶后金属的晶粒度

金属材料的性能与晶粒大小密切相关，控制再结晶后的晶粒尺寸是金属材料生产中的一个极为重要的问题。

再结晶后的晶粒尺寸可用下式描述：

$$d = 常数 \times \sqrt[4]{\frac{G}{N}} \tag{7-5}$$

可以看出，增加晶核数 N，减小晶粒长大速率 G，即可得到细小的再结晶晶粒。所有能使 G/N 值发生变化的因素都可能引起再结晶晶粒的变化。

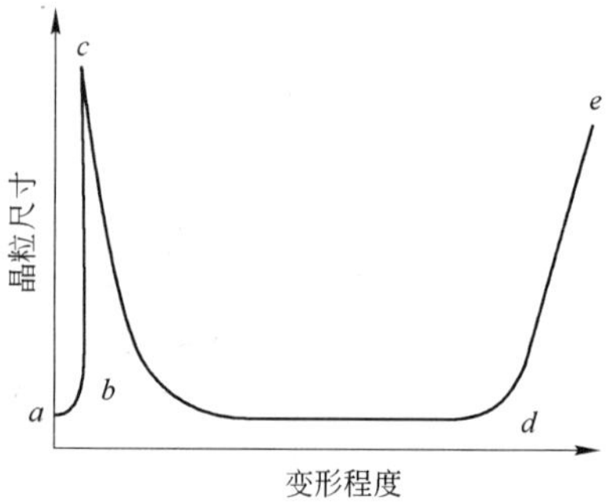

图 7-19　变形程度与再结晶晶粒大小的关系

影响再结晶晶粒的因素有：

（1）变形程度。大量实验事实表明，变形铝合金再结晶晶粒的大小与预先冷变形度之间密切相关，其关系如图 7-19 所示。由图可见，变形程度很小时（图中 ab 段），由于畸变能很小，不足以引起再结晶，金属材料的晶粒仍保持原来大小。当变形程度增加到一定值时（相当于图中的 c 点），畸变能已足以引起再结晶，但变形程度尚不够大，N/G 值很小，因此得到特别粗大的晶粒。通常把对应于再结晶后得到特别粗大晶粒的变形度称为“临界变形度”。一般金属的临界变形度约在 2% ~10% 范围内。当超过临界变形度后，随着变形程度的增加，N/G 值增大，再结晶晶粒变细。图 7-20 为纯

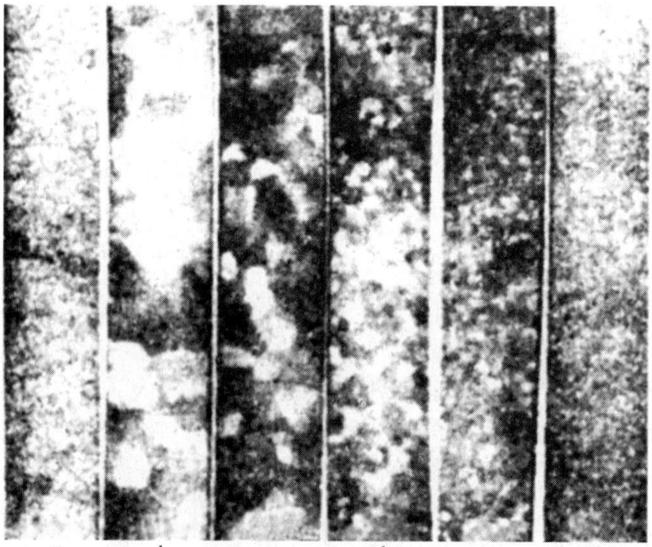

图 7-20　纯铝经不同冷变形后，在相同退火工艺下的晶粒大小

a—未变形；b ~ f—变形度分别为 4%、8%、12%、20%、40%

铝板具有不同的冷加工变形度经相同退火工艺下所得到的不同晶粒尺寸的组织。对某些铝合金而言，当变形程度很大又在高温下退火时，可能会发生不均匀的晶粒长大而得到特别粗大的晶粒，即发生二次再结晶（图7-19中的 *de* 段）。粗大晶粒出现会使材料的力学性能和表面质量恶化，因此在制定加工工艺时，应尽可能避开临界变形度以防止粗大晶粒出现。

（2）退火温度与保温时间。退火温度高时可以相应地缩短保温时间，相反保温时间长时则可相应地降低退火温度，因此应将这两个参数综合进行考虑。

当变形程度和保温时间都一定时，退火温度越高，所得到的晶粒越粗大（见图7-21）。退火温度一定，保温时间不同，则保温时间长的晶粒粗大（见图7-22）。在大生产中，某

431℃，保温2h

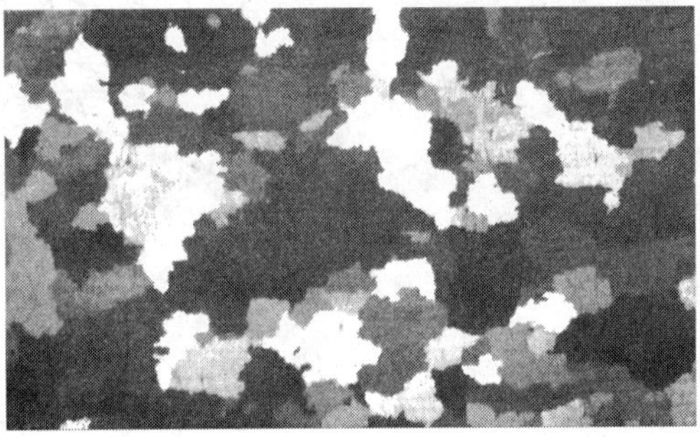

480℃，保温2h

图7-21　3003合金退火不同温度、相同保温时间对板材晶粒度的影响

460℃，保温1h

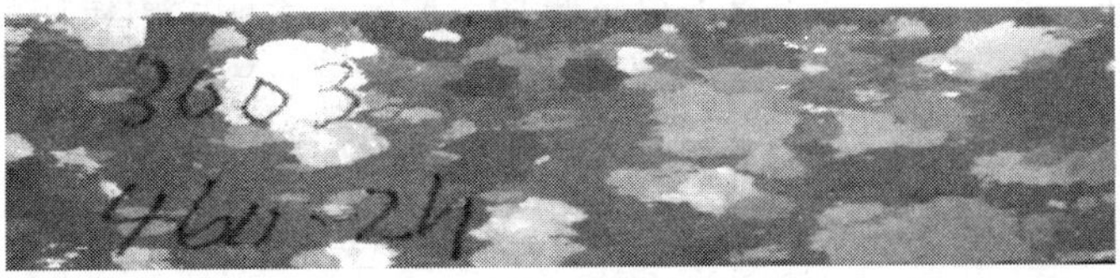

460℃，保温2h

图7-22　3003合金退火相同温度、不同保温时间对板材晶粒度的影响

些合金（如3003）即使在同一个试样上，由于表面受热早，保温时间长，晶粒粗；中部到温晚，保温时间短，晶粒比较细（见图7-23）。当然，对多数合金来说，如果在不同温度下退火，控制不同的保温时间，使之刚好完成再结晶即停止退火，所获得的晶粒大小差别不大。这是因为同一变形程度的合金，在不同温度下，再结晶刚完成后的晶粒尺寸并无明显变化。也就是说，在不同温度退火，完成再结晶所需要的时间是不同的。因此，只要控制好保温时间，使再结晶完成后不发生晶粒长大，即可获得大小基本相同的晶粒。

将变形程度、退火温度（保温时间一定）、再结晶后晶粒大小的关系绘制成一个立体图，即构成所谓的"再结晶全图"。纯铝的再结晶全图如图7-24所示。这种图形是编制金属加工变形和退火工艺规程的重要参考依据。

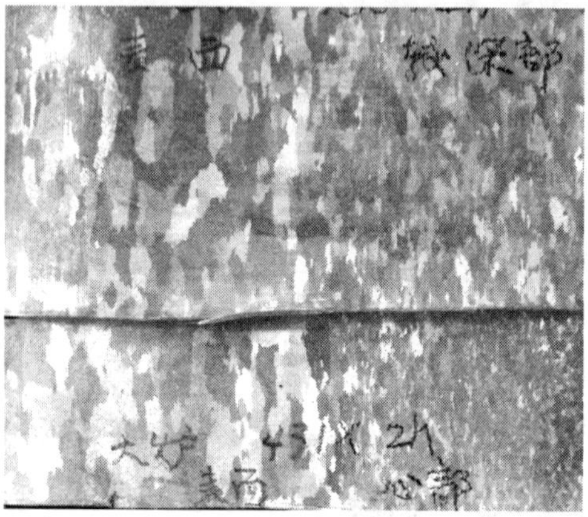

图7-23　3003合金421℃、保温2h退火后同一试样不同部位的晶粒度

左—试样表面，晶粒较粗大；右上—表层下面较深部位晶粒较细小；右下—试样心部，晶粒细小

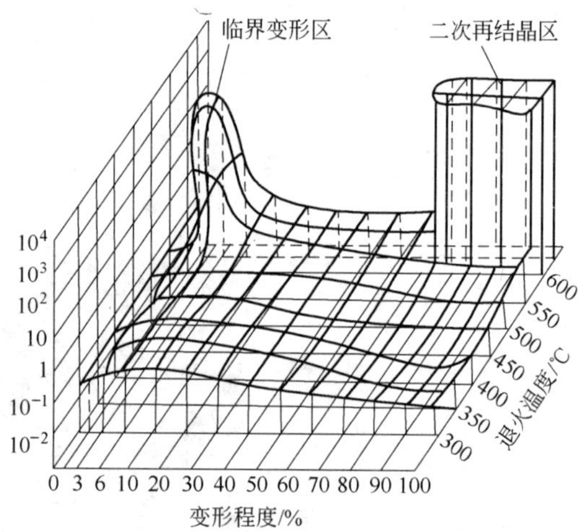

图7-24　铝的再结晶全图

7.2.2.4　加热速度

如退火加热速度太慢，变形金属在升温过程中会发生回复，降低储能，使再结晶核心数目减少，晶粒粗化；提高加热速度，可减少金属升温过程中的回复程度，保存较高储能，增加再结晶核心数目，获得细小的再结晶晶粒。图7-25为3A21合金在不同的加热速度下的再结晶晶粒。

从1与5对比中，可知合金在低温退火时对加热速度的敏感性不十分明显，而比较3、7、4、8则明显看出，退火温度越高，加热速度对晶粒大小的影响越大。

在实际生产中，为了获得高质量的退火制品，越来越多地采用快速退火工艺。即提高退火温度，减少装料数量，保持加热的均匀度，缩短保温时间，尽可能增加核心数目，防止晶粒不正常长大，以获得均匀细小的晶粒，保证材料性能的均匀性。

影响再结晶加热速度的因素有：

(1) 原始晶粒大小。原始晶粒细，加工变形后，其晶粒之间的变形程度比较均匀，形成再结晶核心的数量多，再结晶晶粒细。原始晶粒粗，或晶粒粗细悬殊，加工变形过程中

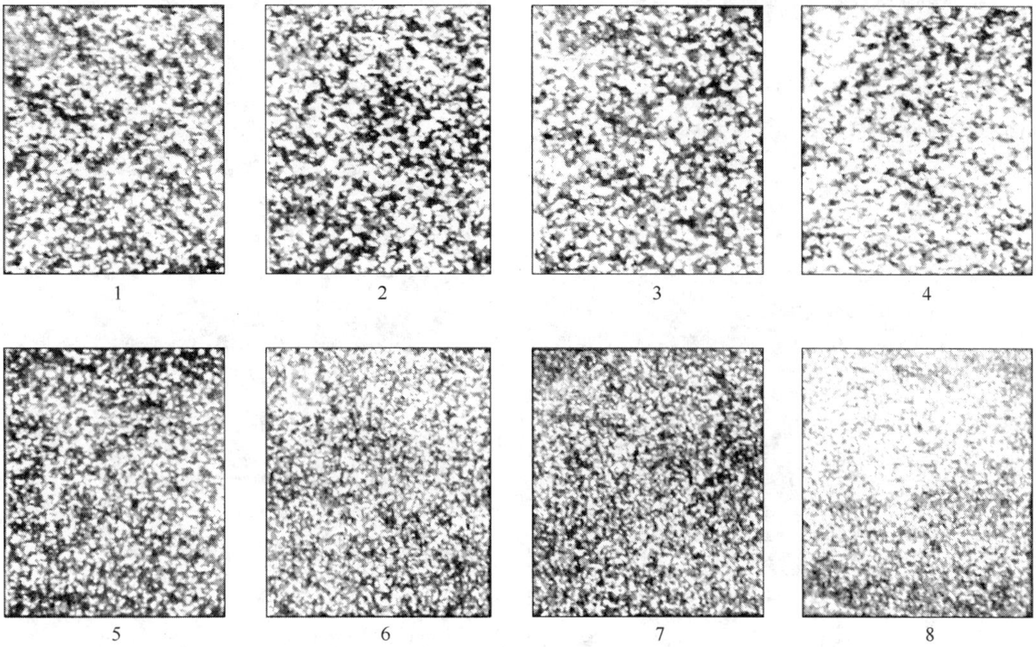

图 7-25　加热速度对 3A21 合金厚 1.5mm 板材晶粒大小的影响

1～4—空气炉中退火（慢速加热），温度分别为 350℃、400℃、450℃、500℃保温 4h 后的宏观组织；

5～8—盐浴槽中退火（快速加热），温度分别为 350℃、400℃、450℃、500℃保温 20min 后的宏观组织

晶粒间难以相互协调，致使变形程度不等，形成再结晶核心的数量少或核心分布不均匀，再结晶晶粒较粗大。

（2）合金元素。在铝及铝合金中，一般地说合金的再结晶晶粒比纯铝的细小，高成分合金比低成分合金的晶粒细小。纯铝的纯度越高，晶粒越容易粗大。

在合金中加入延缓再结晶及阻碍晶粒长大的元素或杂质均使金属再结晶后得到细晶粒组织。如在纯铝和 3A21 合金中加入一定量的铁，能有效地细化晶粒。图 7-26 为 3A21 合金加工及退火后的组织。合金中由于铁含量的差异，退火后的晶粒明显不同。

（3）铸锭均匀化退火工艺。不同的均匀化退火工艺（即这里的热轧温度，热轧前的加热相当于材料的均匀化退火）对铸锭组织的作用是不一样的。均火温度低，无论时间长短，有时都不能起到均匀化的作用，晶内偏析不能消除或不能完全消除，某些金属化合物不能析出或不能完全均匀地析出，致使晶内显微硬度不均匀，会引起后续加工变形不均匀，从而影响退火晶粒组织。均火温度过高，有可能使析出质点再度固溶，也造成显微硬度不均，使退火晶粒粗大。铸锭均火制度对 3A21 合金退火晶粒大小的影响见图 7-27。

7.2.2.5　晶粒长大

金属在再结晶刚完成时，一般得到的是细小的等轴晶粒。但如果继续保温或提高加热温度就会发生晶粒相互吞并而长大的现象，即“晶粒长大过程”。晶粒长大通常有正常长大（均匀长大）和反常长大（非均匀长大或二次再结晶）。

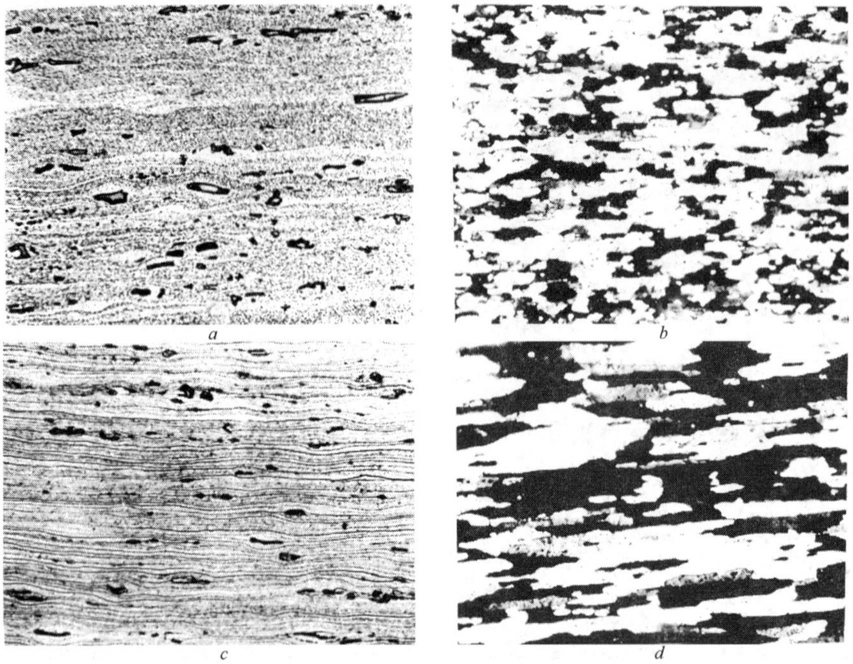

图 7-26　3A21 合金不同含铁量对板材晶粒度的影响

a—含铁量 0.47% 的热轧板，其中大块长条状化合物是 $(FeMn)Al_6$ 初晶；*b*—含铁量 0.47% 的热轧板冷轧后经退火的偏光组织，晶粒细小均匀；*c*—含铁量 0.31% 的热轧板，$(FeMn)Al_6$ 初晶较少，而且细小；*d*—含铁量 0.31% 的热轧板，冷轧后经退火的偏光组织，较低铁的晶粒要粗大

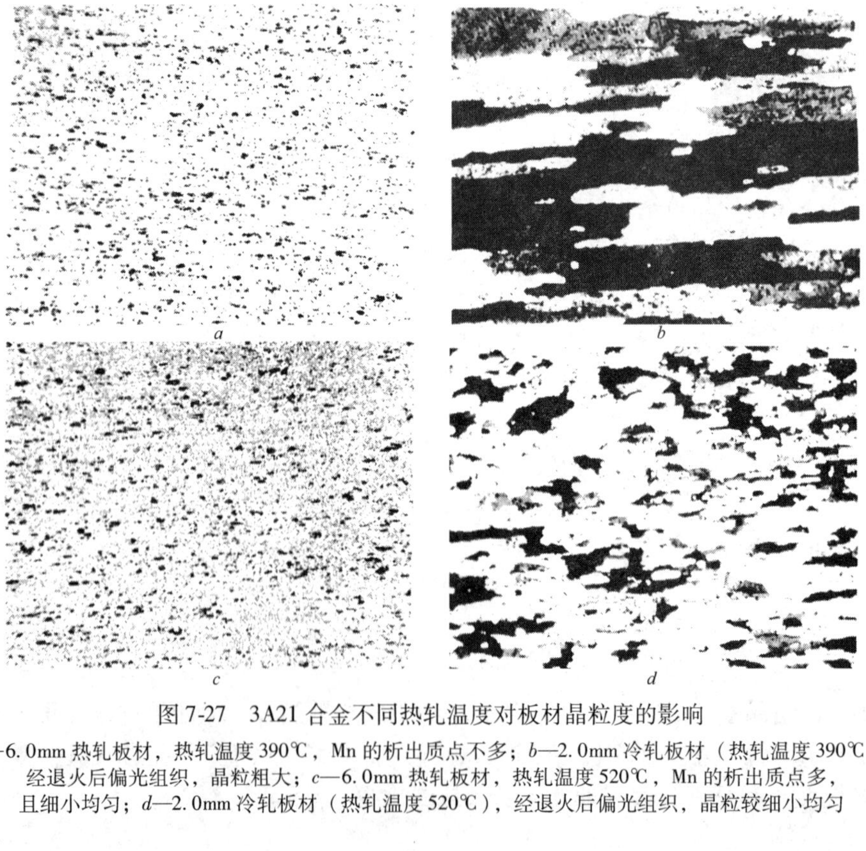

图 7-27　3A21 合金不同热轧温度对板材晶粒度的影响

a—6.0mm 热轧板材，热轧温度 390℃，Mn 的析出质点不多；*b*—2.0mm 冷轧板材（热轧温度 390℃），经退火后偏光组织，晶粒粗大；*c*—6.0mm 热轧板材，热轧温度 520℃，Mn 的析出质点多，且细小均匀；*d*—2.0mm 冷轧板材（热轧温度 520℃），经退火后偏光组织，晶粒较细小均匀

A　正常晶粒长大

正常晶粒长大是金属材料在退火过程中较普遍的晶粒长大方式，是相邻晶粒互相吞食的过程，是一个晶界迁移的过程。长大后的晶粒大小相对来说比较均匀。

晶界能否迁动取决于两个因素：足够的驱动力；足够的迁移率。

a　晶粒长大的驱动力

晶粒长大的驱动力来自界面能的降低。晶粒与晶粒是由晶界相连的。晶粒长大会使晶界面积减小，总的界面能降低。晶粒长大在热力学上是一个自发的过程。而晶粒长大是通过晶界迁移实现的，引起晶界迁移的驱动力则是界面能和界面曲率。设晶界迁移的驱动力为 P，晶界的曲率半径为 R，则：

$$P = \frac{2\sigma}{R} \tag{7-6}$$

晶界迁移的驱动力与其曲率半径成反比，与界面的表面张力（表面能）成正比。

由式7-6可知，从晶界的曲率半径考虑，其曲率半径越小，驱动力越大，晶界的迁移率越大，因而弯曲的晶界总是趋向于平直化，即晶界向曲率中心移动，如图7-28所示，晶界由实线位置迁移至虚线位置。

同时，晶体中大角度晶界的界面能总大于小角度晶界的界面能，所以大角度的迁移率总是大于小角度晶界的迁移率。

在再结晶后的多晶体中，90%以上的晶界是大角度晶界，且大角度晶界的界面能与晶体取向无关，可以看成是一个常数，因此多晶体中三个晶粒相会的三叉晶界的夹角如果不等于120°，则晶界总是向角度较锐的晶粒移动 $O \to O'$，力图使三个夹角都趋近于120°，如图7-29所示，三叉晶界由实线位置移至虚线位置，达到下列平衡关系：

$$\frac{T_A}{\sin A} = \frac{T_B}{\sin B} = \frac{T_C}{\sin C} \tag{7-7}$$

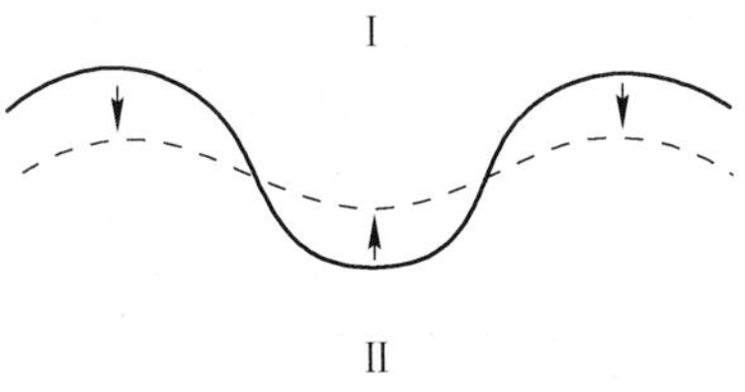

图7-28　晶界向曲率中心移动，趋向于平直化

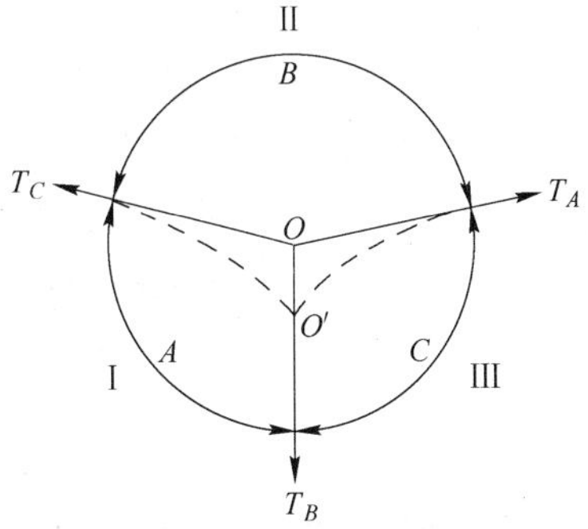

图7-29　晶界移动使三个夹角趋向120°

根据上述三叉晶界的平衡条件，单相组织在平衡时，其金相试样上（即二维坐标中）晶界之间的交角应尽可能为120°。显然，只有平直的六边形可以满足如此要求。但晶粒很难成为这种六边形，于是边数小于六的晶粒（通常为尺寸较小的晶粒）为满足120°夹角的要求，晶界必然凸向外边。反之，大于六边的晶粒（通常是大晶粒），晶界必然凸向内

部，如图 7-30 所示。根据驱动力与曲率半径的关系可知，晶界边数小于六的小晶粒，晶界向曲率中心移动，必然导致这些晶粒逐渐缩小，直至最后消失，如图 7-31 所示，晶粒 5 逐渐缩小，最后消失。

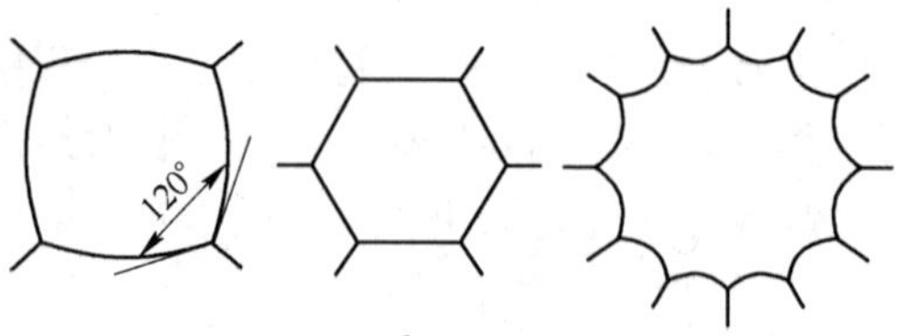

图 7-30　不同边数的晶粒中曲率半径的变化

晶界边数大于六的大晶粒，晶界向外移动而长大（见图 7-30*c*）。平直的六边形晶粒处于平衡状态，晶界不再移动，但要达到这种平衡状态需要很长的保温时间。

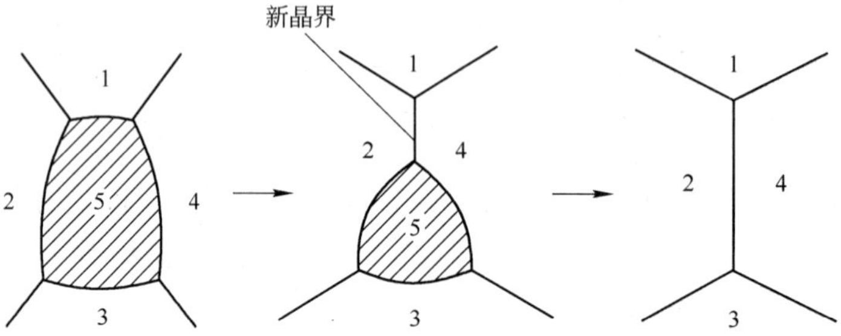

图 7-31　晶界边数少于六的晶粒在缩小和消失

b　晶界迁移率

晶界迁移率是指在单位驱动力作用下所产生的晶界迁移速度。晶界迁移速度除了驱动力之外，还与晶界迁移是否受到其他因素的阻碍有关。如果有驱动力，但存在严重阻碍晶粒移动的因素，晶界迁移的速度可能很低，晶界迁移率很小。从这个意义上来说，晶界迁移率可理解为晶界可动性的大小。

影响晶界迁移率的主要因素有：

（1）可溶解的杂质或合金元素。溶质原子都能阻碍晶界迁移，特别是晶界偏聚现象显著的元素，其阻碍作用更大。一般认为，被吸附在晶界的原子会降低晶界的界面能，拖住晶界不易移动。但当温度很高时，晶界偏聚可能消失，阻碍作用减弱甚至消除。

（2）不溶解的第二相。弥散的第二相颗粒（或微孔隙）对阻碍晶界作用起着重要的作用。设 R 为达到平衡时的稳定晶粒半径，即代表在该条件下晶粒长大的极限尺寸，r 为第二相颗粒的半径，f 为第二相的体积分数，则：

$$R = K\frac{r}{f} \tag{7-8}$$

由式 7-8 看出，晶粒长大的极限半径与合金中第二相质点的半径成正比，与第二相的体积分数成反比。这就是说，第二相质点的数量越多，颗粒越小，阻碍晶粒长大的能力越强。铝中含有 $MnAl_6$ 等质点可明显阻止加热时合金晶粒长大。

（3）温度。实验测试表明，晶界迁移速度与温度的关系为：

$$G = G_0\exp\left(-\frac{Q_G}{RT}\right) \tag{7-9}$$

式中 G_0——常数；

Q_G——晶界迁移的激活能；

R——气体常数；

T——绝对温度。

由式7-9可知，晶界迁移速度与温度呈指数关系。在一定温度下，通常晶粒长到一定尺寸就不再长了；但温度再升高时，晶粒又会继续长大。

B 反常晶粒长大（二次再结晶）

某些金属材料经过严重变形之后，在较高温度退火时会出现反常长大现象，即在再结晶（一次再结晶）完成之后的晶粒中，有少数晶粒优先长大，成为特别粗大的晶粒，而其周围较细的晶粒逐渐被吞食，直到这些迅速长大的晶粒完全接触为止。这种晶粒反常长大现象，有的文献称为二次再结晶，而将上述的再结晶称为一次再结晶。

二次再结晶并不重新形核，而是以一次再结晶后的某些特殊晶粒为基础长大的。研究表明，细小均匀的一次再结晶组织再继续加热时，那些阻碍晶粒长大的因素在少数地区开始被消除，晶界就在这里迅速迁移，成为特殊晶粒而迅速长大。当这些晶粒长大到超过它周围的晶粒时，它的界面总是凹向外侧，因而晶界总是向外迁移扩大，结果越长越大，形成二次再结晶。

7.2.2.6 再结晶织构

前已述及，多晶体金属经过大变形量的加工后，可能产生变形织构。具有变形织构的金属经过再结晶退火后，织构也难以完全消除，有时还可能出现新的再结晶织构（或称退火织构）。再结晶织构的位向可能和原来的变形织构相同，也可能不同，但和原织构往往具有一定的取向关系。对铝板材而言，由原变形织构的{110}〈112〉，经退火再结晶后成为(110)[112]、(100)[001]、(7，12，22)[845]织构。既保留了部分{110}〈112〉织构，又增加了新的(100)[001]、(7，12，22)[845]织构。几种织构重叠出现，有助于削弱各向异性。

再结晶织构形成的机理，目前有两种见解：一种是“定向生长理论”，即在变形基体中存在不同取向的晶核（回复阶段形成的亚晶），其中只有那些取向有利的晶核才能获得最快的迁移速率。例如面心立方金属，只有当两个晶面的位向差为30°~40°时，其界面移动速率最快。图7-32为铝在615℃退火时新晶粒的晶界迁移速率与位向差的关系。这样其他取向的晶核生长受到限制，最终被淘汰。

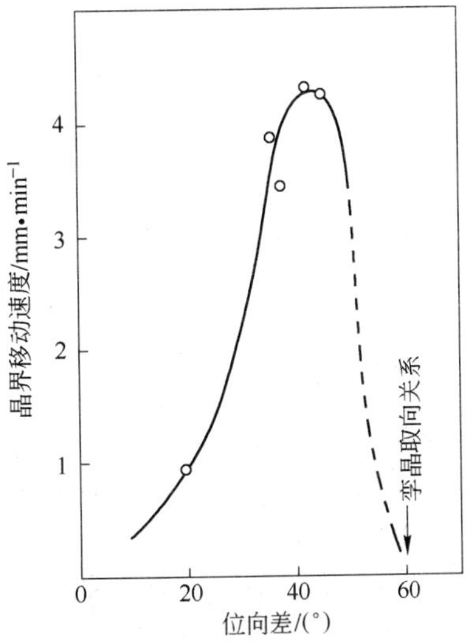

图7-32 615℃铝新晶粒的晶界移动速率与位向差的关系

另一种是“定向形核理论”，认为由于变形基体中已具有很强的择优取向，再结晶形核时本身也具有择优取向，这些择优取向的晶核长大后就形成再结晶织构[17]。

7.3　变形铝及铝合金退火工艺制度

7.3.1　退火工艺的确定

退火工艺制度包括加热升温速度、加热温度、保温时间及随后的冷却速度等工艺参数。在再结晶退火作业中，必须根据需要退火的材质、规格、交货状态、技术要求等合理地确定工艺参数和操作规范。

7.3.1.1　加热速度的确定

在生产实践中，一般对加热速度没有作出明确的规定，对进行低温退火的材料，其加热速度的快慢不会对质量产生影响。但是，对要求高温退火的产品，特别是某些退火晶粒容易粗化的材料，尽可能加快加热速度是非常重要的。加热速度快，可以缩短回复阶段的时间，减少材料中储能的消耗，增加再结晶核心的数量，细化晶粒。如3A21合金退火时，无论是板带材还是挤压材，都极容易出现粗大晶粒，应采取高温快速退火，尽可能缩短加热和保温时间，避免晶粒长大，因此最好采用盐浴炉、移动式退火炉或中频感应炉退火。采用空气循环退火炉时，虽然将炉子预先加热至退火温度以上，再进行装炉，提高升温速度，缩短保温时间，但仍不能控制晶粒长大，很难获得均匀细小的退火态组织。

7.3.1.2　升温除油措施

现代空气退火炉具有一定的密封性能，炉内可维持相对的一定的正压或负压。因此，升温除油就有了两种方法：(1) 在除油段往炉内吹入冷空气，在炉内形成正压，将炉内蒸发的油气排挤出炉外；(2) 加一负压除油装置，在除油段，将炉内抽成一定的负压，加快制品表面油气的挥发。

根据气体状态方程：

$$\frac{p_1V_1}{T_1}=\frac{p_2V_2}{T_2} \tag{7-10}$$

式中　p——炉内气体压力；

V——炉膛体积；

T——气体温度（在这里可认为是油气挥发时的温度）。

因为炉膛体积是不变化的，所以：

$$\frac{p_1}{T_1}=\frac{p_2}{T_2} \tag{7-11}$$

往炉内吹气时，炉内气压高于大气压力，炉内油气挥发的温度高于在大气压力下的挥发温度；相反，炉内为负压时，油气挥发的温度降低，油气挥发的温度低于大气压下的挥发温度；退火板带、箔卷材在层与层之间存在残留油膜，油膜汽化后要从层间扩散至炉气中，然后排出炉外，正压除气时的扩散阻力大于负压除气的扩散阻力。所以，采用负压除油可以降低油气挥发温度，加速金属表面残油的挥发，减少或消除油斑。

为了提高负压除油效果，需采取阶段式升温和换气工艺（见图7-33）。第一次抽负压时温度较低，负压3.0kPa以上，停留一定时间，然后换气；第二次抽负压温度有所提高，

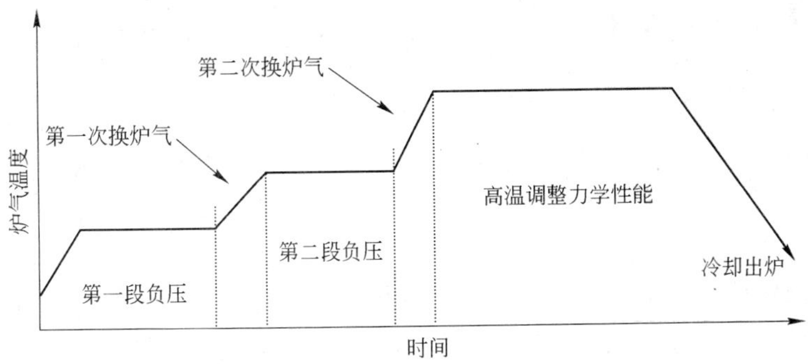

图 7-33 负压退火除油工艺示意图

负压 2.5kPa 以上，停留时间与第一次相差不多，到时后进行第二次换气；之后升温至退火温度保温。抽负压停留的温度和时间，随退火材料和轧制油的性能而定（一般情况第一次抽负压温度 170～190℃，第二次抽负压温度 220～250℃）；负压值决定于炉子的密封性能，负压值愈低，除油效果愈好。

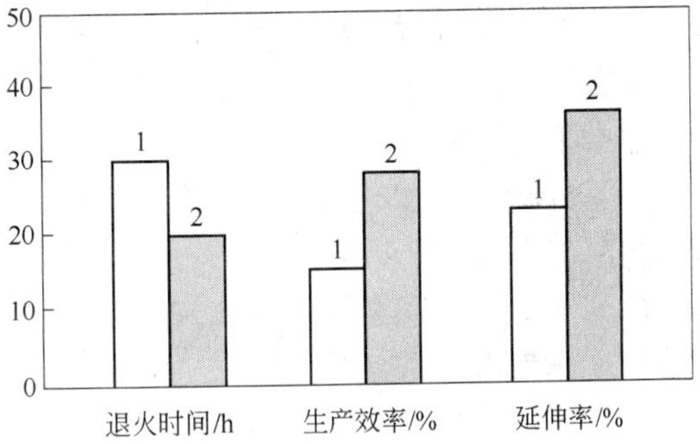

图 7-34 正压、负压退火工艺效果对比
1—正压除油；2—负压除油

负压除油工艺与正压除油工艺相比，可节省退火时间、提高效率和材料力学性能。箔材退火的工艺效果见图 7-34[18]。箔材正、负压除油的表面质量效果见表 7-3。

表 7-3 正、负压除油表面质量对比试验[14]

序号	退火方式	材料规格/mm	卷径/mm	表面油斑	表面起泡	卷内异味	刷水试验
1	常 规	0.015×1050	400	有	有	有	中部油斑
2		0.015×1050	400	无	无	无	边部油斑
4		0.015×500	300	无	无	无	中部油斑
3	负 压	0.015×1050	400	无	无	无	合 格
5		0.015×500	300	无	无	无	合 格
6		0.015×105	300	无	无	无	合 格

7.3.1.3 退火温度的确定

对不同合金、不同品种和规格、不同状态，根据其压力加工工艺规范和使用部门对产品性能的要求，应采用不同的退火工艺制度。生产中常用的有毛料退火、中间退火、成品退火。

毛料退火是指在退火前进行了一定程度的热加工，但保留了相当的冷加工量材料的退火。这些材料在热加工过程中发生了再结晶，在随后的相对冷加工变形时可能发生了部分再结晶，即使没发生再结晶，也会在较热的状态下产生回复现象，使储能降低。要使其进行再结晶，必须增加激活能，因而需要适当地提高退火温度。铸轧坯料生产的箔毛料比热轧坯料生产的毛料退火温度高50℃左右可能就是这个原因引起的。

中间退火是指两次冷加工之间进行的退火。因冷变形程度大，储能高，所以其退火温度一般比毛料退火温度低。

成品退火是指产品提交给用户之前的退火。成品退火根据用户要求分高温退火（相对而言）和低温退火（主要用于箔材成品退火），完全再结晶退火和不完全再结晶（部分再结晶）退火。

低温退火温度低，保温时间长，其目的一是防止晶粒过度长大；二是在升温和降温过程（主要是降温过程）中，降低温变速率，以减少卷内外的温度差所产生的热应力引起铝箔表面的板形恶化。

部分再结晶退火工艺是比较复杂的，它要求根据材料的冷变形程度、一定的保温时间等条件确定再结晶的开始温度和终了温度；同时还要确定在某再结晶温度下，保温一定时间内发生的部分再结晶的程度。然后根据用户要求的产品状态（H2X）决定退火的加热温度和保温时间。而这些条件或规范都得通过实验来确定。

通常采用测定再结晶温度的方法有：

（1）用“退火软化曲线”来判断再结晶温度。一般采用退火60～90min后硬度降低50%的温度定为再结晶温度。

（2）金相法。用金相显微镜观察第一个新晶粒出现或者观察晶界出现“锯齿状”边缘的温度作为再结晶温度。

（3）X射线法。拍摄X射线衍射图，衍射图上出现清晰的衍射斑点时的温度，即为合金的再结晶温度（见图7-35）。

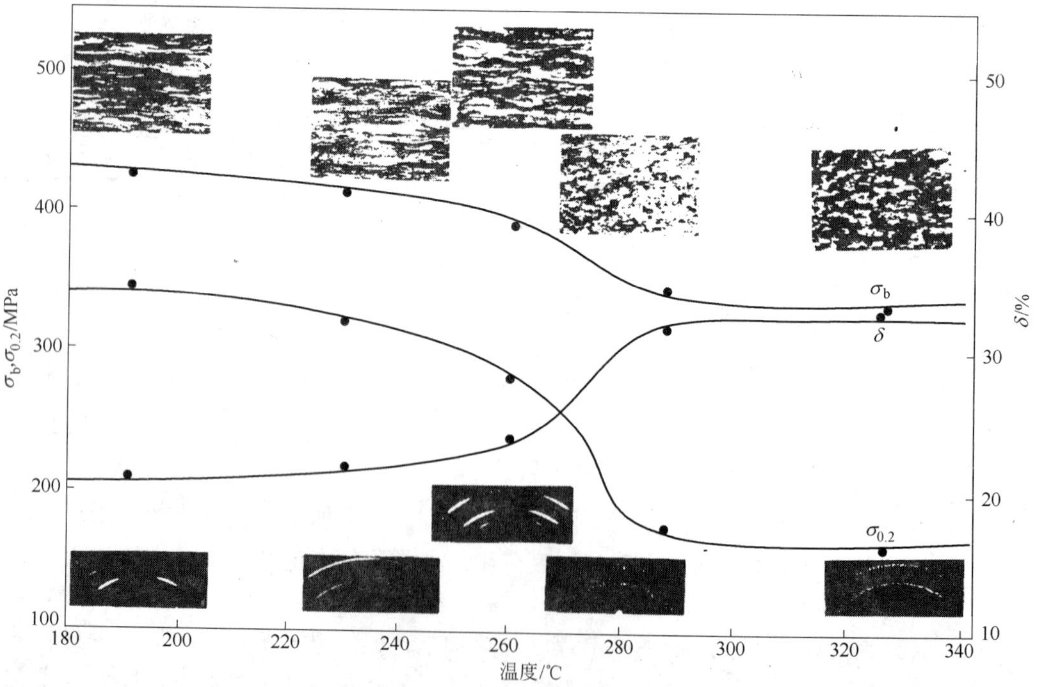

图7-35　退火温度对5A06合金冷轧板（冷变形量60%）组织和力学性能的影响

在条件允许的情况下，最好是将三种方法结合起来进行研究和确定。

铝镁合金在退火时，组织和性能发生变化。温度逐渐升高，这种变化愈趋明显。当温度升高到某一较高温度后，即使退火温度继续升高，组织和性能仍然较稳定。如图 7-35 所示，5A06 合金冷轧板材在 240℃退火时（保温 1h，空冷），板材已开始再结晶。这时在变形纤维状组织中出现了少量的再结晶晶粒，其相应的 X 射线照片上也看到清晰的衍射斑点，合金的强度开始下降，伸长率上升。退火温度提高到 280℃，其显微组织已由变形状纤维组织完全变为等轴的再结晶晶粒，X 射线照片上完全出现了清晰的衍射斑点。再提高温度到 320℃以上，其组织和性能无明显变化。

部分铝镁合金在特定条件下的再结晶温度列于表 7-4。

表 7-4　工业铝合金部分产品的再结晶温度

合金牌号	品种	规格/mm	工艺条件				再结晶温度/℃	
			压　延		退火条件			
			温度/℃	变形率/%	退火炉型	保温时间/min	开始温度	终了温度
1060	冷轧板	2.0	室　温	75	空气炉	60	200	320
5A02	冷轧板	2.0	室　温	80	空气炉	60	245~250	300~305
5A03	冷轧板	1.0	室　温	80	空气炉	60	230~235	260~265
5A05	冷轧板	2.0	室　温	80	空气炉	60	225~230	250~255
5A06	冷轧板	2.0	室　温	80	空气炉	60	235~240	270~275
3A21	冷轧板	1.25	室　温	84	空气炉	30	320	520
3A21	冷轧板	1.25	室　温	84	盐浴炉	10	320	535
6A02	冷轧板	3.0	室　温	57	空气炉	60	260	350

不完全（部分）再结晶退火一般应高于该工艺条件下的再结晶开始温度，低于再结晶终了温度。

7.3.1.4　保温时间的确定

退火温度确定之后，根据实验测定典型的等温退火曲线来确定退火保温时间。一般来说，退火温度越高，保温时间相应缩短；退火温度越低，保温时间相应加长。但是，实际生产中影响保温时间的因素很多，主要应考虑的有如下几个方面：

（1）装炉量和制品的几何尺寸。装炉量多，制品几何尺寸大，热透时间长，保温时间应适当加长，保证退火制品温度达到平衡状态。

（2）装炉方法。装炉时炉料松，达到热平衡所需要的时间短，保温时间相应地缩短；炉料密度大，热平衡时间长，保温时间也相应加长。

（3）设备类型。盐浴炉加热快，热平衡时间短，保温时间缩短。

移动式（或气垫式）退火炉，可采用高温快速退火。即加热温度远高于再结晶退火温度，连续进行，流水式作业。炉料在炉内停留的时间很短，一般从进炉到出炉约 20~30min。退火制品晶粒细小，性能均匀。

空气退火炉，视风速的不同保温时间不同。风速慢，热交换慢，保温时间长；风速快，热交换快，保温时间缩短。

（4）加热温度。如上所述，加热温度高，退火时间短；反之，退火时间长。采用低温退火，一般退火时间都在60h以上，最长达100h以上（含升温和降温时间）。

保温时间的确定：首先要保证退火制品的加热均匀，保证良好的组织和性能；同时考虑生产效率。

在工业生产中，就空气炉而言，对热处理可强化铝合金的退火，一般保温时间（不含升温和降温时间）为1～3h；热处理不可强化合金的保温时间为0.5～5h。

7.3.1.5　退火冷却速度

根据不同的合金应采取不同的冷却速度。热处理不可强化铝合金，冷却速度一般不作具体要求，保温结束后出炉，在空气中冷却即可。但对高镁合金，为了获得单相固溶体组织，提高合金制品的工艺性能，常要求快速冷却（置于水中冷却）。

7.3.2　部分铝合金退火参考工艺制度

铝及铝合金退火工艺必须根据坯料状态、设备性能、制品使用要求确定，不能完全照搬现成的东西。部分铝合金毛料退火、中间退火、成品退火以及纯铝不完全再结晶退火参考工艺制度如表7-5～表7-8所示。对现有的工艺制度只能作为生产时参考。

表7-5　部分铝合金毛料退火参考工艺制度

合　金	材料种类	金属温度/℃	保温时间/h	冷却方式
5A03	厚度小于4.0mm板材	390～410	2.0	出炉空冷
	压延毛料	370～400	2.5	
5A05	厚度小于4.0mm板材	390～410	1.0	出炉空冷
	压延毛料	370～400	2.5	
5A06	厚度小于4.0mm板材	390～410	1.5	出炉空冷
	压延毛料	315～335	2.0	

注：1. 保温时间系指加热达到金属温度之后所停留的时间；
2. 退火炉为空气加热炉。

表7-6　部分铝合金中间退火参考工艺制度

合　金	半成品		退火制度	
	种　类	规格/mm	加热温度/℃	保温时间/h
5A02	板　材		340～360	1.0
5A03	板　材	0.6以下	370～390	1.0
5A05	板　材	1.2以下	370～390	1.0
5A06	板　材	2.0以下	340～360	1.5

注：1. 保温时间系指达到加热温度之后所停留的时间；
2. 退火炉为空气加热炉。

表 7-7 部分铝合金成品退火参考工艺制度

合 金	制品品种	状 态	成品规格/mm	退火制度		冷却方式
				加热温度/℃	保温时间/h	
1070A 1060	板带材	O	1.2～2.0	310～330	5.0	出炉空冷
			≥2.1	390～410	4.0	
1070A ～1200	板带材	O		460～480	1.0	
	板带材	H112		390～410	1.0	
5A02	板带材	O	≥1.2	340～360	4.0	
	板带材	H112	≥1.2	340～360	1.0	
5A03	板带材	O	≥1.2	290～310	3.0	
	板带材	H112	≥1.2	290～310	1.5	
5A05	板带材	O	≥1.2	290～310	3.0	
	板带材	H112	≥1.2	290～310	0.5	
5A06	板带材	O	≥1.2	290～310	1.5	
	板带材	H112	≥1.2	290～310	0.5	
3A21	板带材	O	≥1.2	410～420	4.5	
	板材（盐浴快速退火）	O	<0.8	450～525	5min	
			>0.8		10min	

注：1. 除注明者外其余均为空气退火炉加热；
2. 保温时间系指材料达到加热温度后所停留的时间。

表 7-8 纯铝不完全再结晶退火参考工艺制度

合 金	板带材厚度/mm	供应状态	退火温度/℃	保温时间/h	冷却方式
纯 铝	>1.0	H24	220～240	5.0	出炉空冷
	>1.0	H24	240～260	2.5	
	>1.0	H24	210～230	3.5	
	>1.0	H24	150～170	6.0	
	>1.0	H24	340～360	4.5	

7.4 成品主要质量缺陷

产品经过冷轧、退火、重卷切边、拉伸矫直等一系列工序之后，进入成品包装。包装之前，必须对成品进行表面、板形、外形尺寸、组织、力学性能等方面的质量检查。

7.4.1 板形缺陷

板形缺陷包括：

（1）荷叶边。带材边部出现有规律性的微小波浪，波长较短，波幅较小。荷叶边系切边时刀片间隙调整不合适，或刀片欠锋利引起。

（2）拱形。带材中部隆起，两边下垂，成龟背状，如图 7-36 所示。轧制时轧辊辊型凸度较大，或辊型曲线不合适，使中部变形量略大于边部，但尚未产生明显的中部波浪。

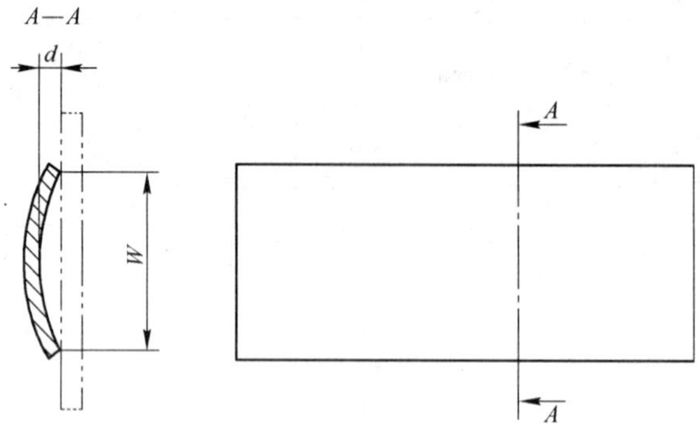

图 7-36　带材呈拱形形状

拉伸矫直时又不能消除。

（3）二肋波浪。距带材边部带宽 1/4 左右的部位产生的波浪，波幅较短，波高较小，频率较密，如图 6-29 所示。产生原因：1）热凸度控制不当，二肋处辊径产生热膨胀；2）采用抛物线辊型曲线或小角度正弦辊型曲线（见图 6-27、图 6-28）。

由图 6-28 看出，在相同条件下，正弦 72°辊型和与抛物线辊型对比，在辊面二肋处，正弦曲线辊型稍凹。正弦曲线辊型与抛物线辊型的差值，随着角度的减少，正弦函数辊型越接近抛物线辊型。差值最大点出现在 $x/l = 0.7$ 附近。所选角度无论怎么变化，正弦辊型曲线只能接近抛物线辊型曲线，不能高出抛物线辊型曲线。由此可见，抛物线辊型较易产生二肋波，小角度正弦曲线辊型也易产生二肋波。

（4）两边波浪。轧制过程中，不合理地使用负弯辊，边波过大，矫直不能消除；卷取套筒在长期生产中发生严重变形，轴线中部段的套筒直径小于套筒两端的直径，因而在卷取中带材两边产生附加变形。

（5）板形指数超标。经拉伸矫直的带材，卸去张力，测量板形单位长度内的波浪数，或单个波浪的高度，或计算出的板形指数，超出标准要求。产生原因：轧制板形不良，或拉伸矫直延伸变形量不足。

（6）退火板形不良。对特薄板和铝箔退火时，有时会在卷外层出现制品板形不良的情况，即制品出现波纹或皱折，造成产品报废。其可能原因为：

1）退火完成后即出炉，进行强制冷却。温度梯度大，表面温度迅速下降，卷内部温度高，从而使表面收缩受阻，产生张应力。当张应力超过该温度下的屈服强度时，即出现一定程度的延伸变形，而这种变形沿其卷的轴线方向是不均匀的，轴线两端冷却快，高温下停留时间短，变形小；轴线中部则恰恰相反，变形大。随后内部的热量慢慢导出，温度降低而发生收缩。但是外部已留下残余变形，使得板形发生改变。因此，应控制冷却速度，保持卷内外和轴线方向的热量基本平衡。

2）退火卷材采用钢带或铁丝捆绑。钢的线胀系数仅为铝的一半，而在 500℃ 左右的高温下其抗拉强度远大于铝。卷材加热升温时，铝卷沿直径方向膨胀，而在钢带捆绑处受到限制，膨胀量小，离钢带越远，膨胀量越多，于是沿卷的曲线方向产生副应力，其副应力超过屈服强度时，就产生塑性变形，留下斑纹。

7.4.2 表面缺陷

表面缺陷包括：

（1）黑白条。板片经酸碱腐蚀，预涂感光胶后，在板面出现黑色或白色线条状缺陷，如图 7-37、图 7-38 所示。

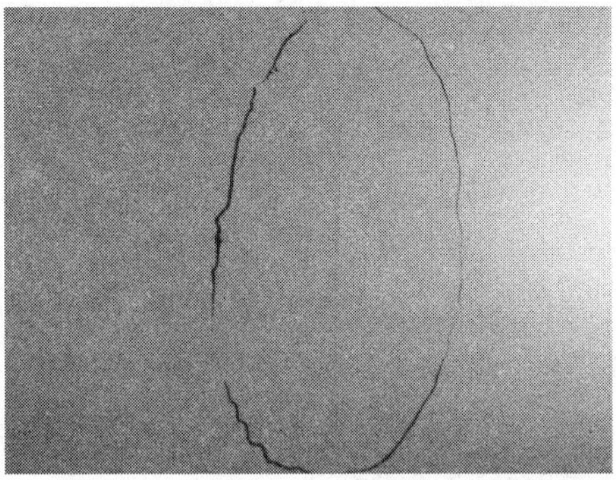

图 7-37 PS 版表面的黑条缺陷

图 7-38 PS 版表面的白条缺陷

优质 PS 版不允许存在黑白条缺陷，中低档 PS 版对其存在的数量、长短有极其严格的限制。当前在国内生产的材料中，总是不同程度地、普遍地存在黑白条缺陷。黑白条缺陷成了 PS 版基提高质量的技术瓶颈，解决黑白条缺陷是 PS 版基板带材生产企业面临的重大课题。

黑白条缺陷的特点：黑白条大都与轧制方向平行，其长度从几毫米至几十毫米不等，迄今尚未发现与轧制方向垂直的黑白条。从模拟 PS 版的电解腐蚀实验试样看，有成片出现的（见图 7-39），但几率小；有单条出现的（见图 7-40），较常见；也有以单个点状或多个点状出现的黑白点。点状缺陷有的在一条直线上；有的则不在一条直线上而呈点状群（见图 7-41、图 7-42）。试样中，同一个条状或点状缺陷，从某一个方向看是黑色的，但换一个角度即呈白色（见图 7-43、图 7-44）。

黑白条缺陷出现的情况：带卷头、尾出现频率高，中间部分频率低；原始铸轧板的下表面出现频率高，上表面出现频率低；合金钛含量高时出现频率高，钛含量低时出现频率

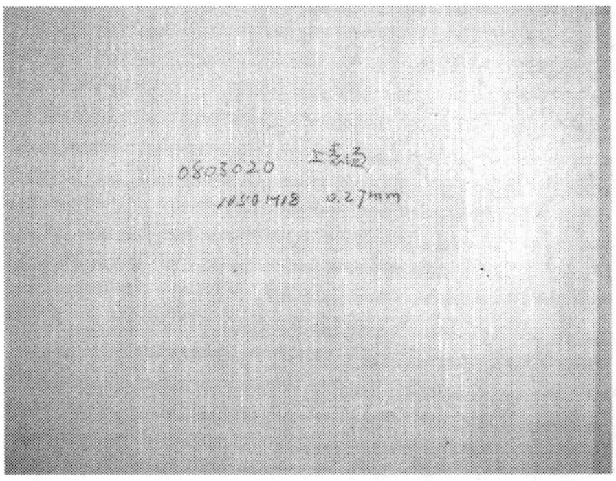

图 7-39 试样成片黑白条

图 7-40 试样单个黑白条图

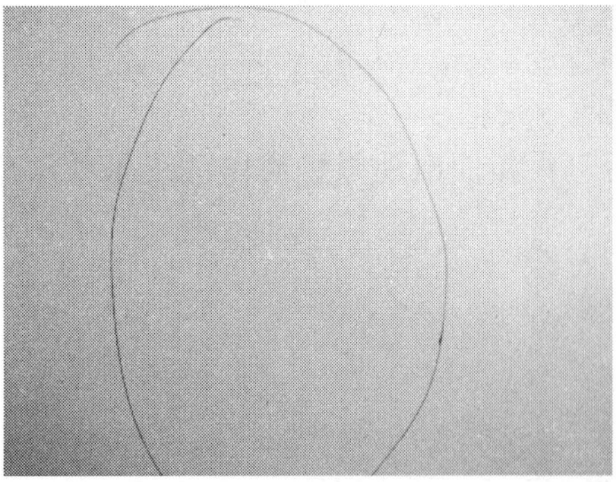

图 7-41　PS 版中在直线上的白点

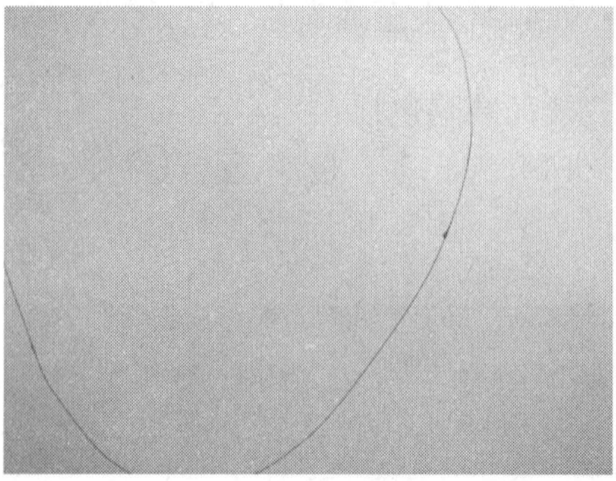

图 7-42　PS 版中不在一条直线上的白点群

图 7-43　条纹呈黑色

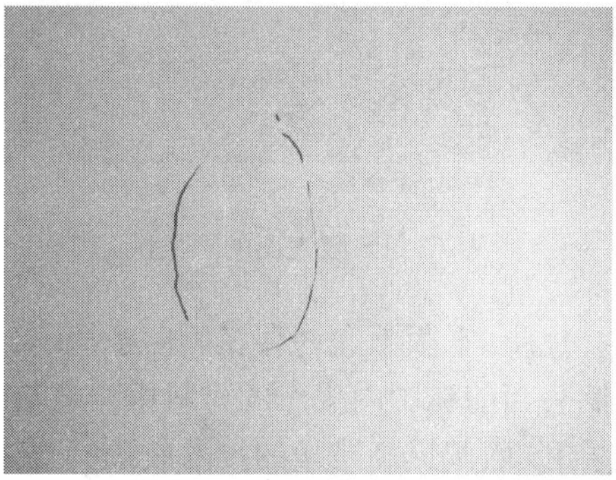

图 7-44　条纹呈白色

低；产品厚度在 0.27mm 左右时可能黑白条较多，但继续轧制一个道次，至 0.14mm 左右时，黑白条缺陷则大大减少。

根据上述情况，黑白条产生的可能原因：

1）擦划伤影响。带卷头尾由于在轧制过程中，与助卷器钢丝带发生剧烈摩擦，产生严重擦划伤（见图 7-45）。虽然随着其后轧制的进行，带材厚度随之减薄，擦划痕迹越来越淡，甚至完全消失。但是因为轧制油中，含有大量的铝屑等颗粒物，有些颗粒物充填在擦划过的划沟之内，破坏了横向金属表面的连续性，并沿轧制方向延伸成长条状。这些条

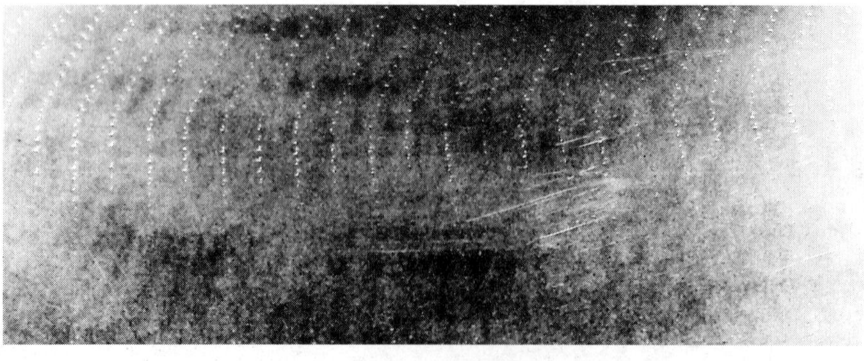

图 7-45　铸轧带卷冷轧时前几道次产生的擦划伤

状划沟，在随后的压延变形中，大部分由内层的金属补充到表面，辗平了，消失了。但是有一部分划沟保存了下来，或者表面被横向两边的金属抚平了，划沟转入表层下面，铝屑等脏物犹存。这些划沟在以后的电解腐蚀时暴露了，成了黑白条缺陷。

除首尾产生划沟外，在铝带压延过程中，由于辊面粘铝，带材松卷产生擦伤，或其他异物压入，也可能产生同样的条状缺陷，不过其几率减小了。

2）铸轧坯料影响。现在的铸轧机除个别厂家，生产有特殊要求的材料时，采用底注式铸轧机外，大都为倾斜式或水平式铸轧机。倾斜式和水平式铸轧机铸轧板的上、下表面熔体由于静压力和温度场存在差异，下铸嘴唇比上铸嘴唇更容易发生化合物聚集和积渣沉淀。这些聚集物和沉淀物在冷轧变形中被加工延伸，随后成了 PS 版中的黑白条缺陷。

3）化学成分影响。1050 合金钛、锰含量高比含量低的黑白条出现的频率高。实验检测表明，出现黑白条缺陷的部位，钛、钙含量比其他地方高，即为钛、钙化合物偏聚区，在随后的压延加工中变形，拉长成条状。因此，铸轧时，在能保证细化晶粒的基础上，应尽量减少 Al-Ti-B 丝的添加量，并严格防止钙元素的进入。

4）总变形量影响。生产实践发现，当将铸轧 7～8mm 的纯铝带材轧至 0.27mm，制成 PS 版，和将同样带卷再进行一次压延加工，轧至 0.14mm 制成 PS 版，其表面的黑白条缺陷，前者远多于后者。前者因黑白条缺陷降级或不合格，后者则可能基本上没有黑白条，大部分为 PS 优质版基。

5）辊面压延影响。上面已经说过，几乎所有黑白条缺陷都与轧制方向平行。

对碱洗后的白亮条缺陷进行电镜扫描表明，白亮条在微观上表现为沿轧制线方向排列的一系列小坑（见图 7-46）。图 7-46*b* 是对单个小坑的高倍观察。从图看出，可能是表面局部脱落造成。对坑内（图 7-47 标识十字处）进行能谱分析，结果如图 7-47 所示，除基体铝外，还有氧、铁、硅和钙等元素，但氧元素含量最高。图 7-48 给出了感光涂层后表现为白色亮线区域的扫描电镜二次电子像形貌。从图中看出，亮线区域在微观上表现为近似成一条线排列的白色粒子，对这些粒子进行能谱分析表明，粒子为富氧、硫的化合物。

a　　*b*

图 7-46　碱洗后白亮条区域扫描电镜二次电子像

a—白亮条电子像；*b*—白亮条中一亮点的电子像（图 7-47 标识十字处）

综上所述，缺陷的另一个重要原因，可能是由于粘铝等在轧制过程中压入铝板表面造成；也可能是原铸轧板表面的氧化铝膜在这些区域由于某些原因的集成，在一定程度上得

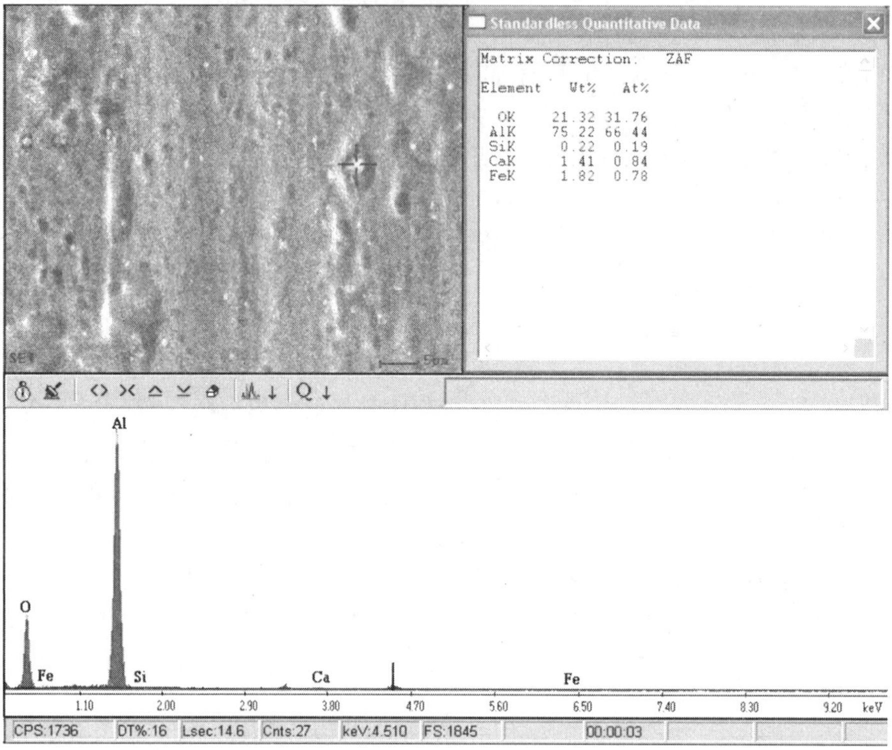

图 7-47　碱洗后白亮条区域内小坑能谱分析

以保存，并被压入板材表层形成。

改变轧辊表面磨削状态，变辊面环圆周磨纹为点状蚀坑，破坏其轧制方向直线的连续性，可减少或消除这种黑白条状缺陷。

（2）辊印。隆起于板带材表面上的凸点，陷塌于板带材表面下的凹痕。这种缺陷大多呈周期性出现。缺陷的面积大小不一。其产生原因：工作辊面出现压坑（见图 7-49），带材表面便产生凸点；工作辊面粘铝，带材表面上即留下凹痕；支承辊面出现凸点或外来异

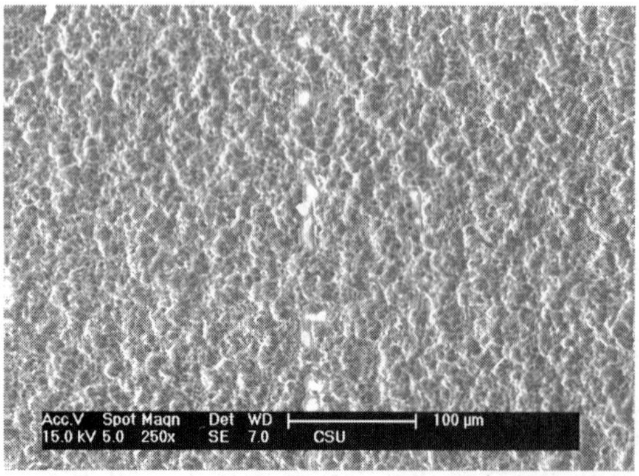

图 7-48　感光涂层后白亮线区域形貌

图 7-49　工作辊面上的压坑

物压入，则在带材表面产生凸点，且随着工作时间的延长，凸点可能连成直线状缺陷。

（3）松树枝状花纹。道次加工率大；润滑剂黏度低，抗压性能差；轧制处于边界润滑状态，油膜发生间隙性地破裂与恢复。油膜破裂时，轧辊表面与带材表面直接接触，产生摩擦，出现粗糙暗纹；油膜恢复时，油膜对轧辊表面和带材表面起隔离和润滑作用，带材表面出现光洁亮纹，明暗相间，呈松树枝状（见图 7-50）。

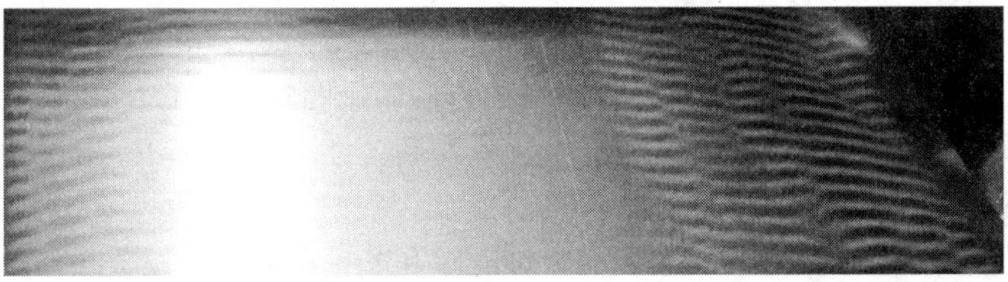

图 7-50 松树枝状花纹

（4）辊花、斑纹。板带材表面沿横向出现的明暗条纹。这些条纹有时呈波浪形，条纹间的距离大致相等（见图 7-51），或呈网络状（见图 7-52、图 7-53）。有时呈直线，与轧制方向呈一定交角；线与线间的距离完全相等，很有规律性。前者比较明显，很容易观察；后者比较隐蔽，在强光下较难察觉，当光线较弱，视线与板面成 45°左右交角，观察比较清楚。

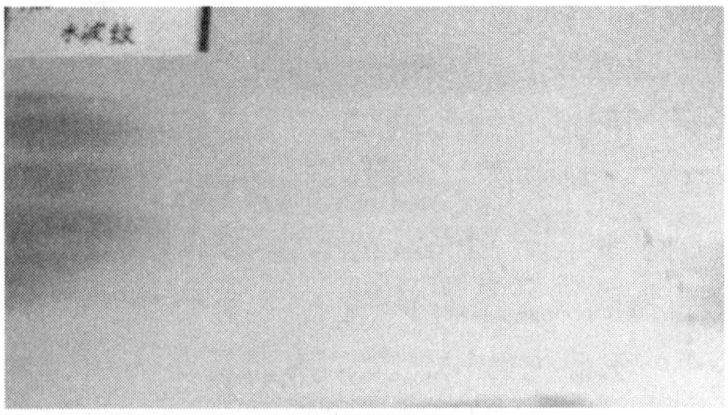

图 7-51 冷轧板面上出现的水波纹

图 7-52 冷轧板面上出现的网络纹

图 7-53 制成 PS 版表面的网络纹

从图 7-51 看，波纹与波纹之间的间隔大致相等，波形大致相似。可能磨辊时砂轮在轧辊表面以一定的频率发生跳动，引起磨削量的波动，在辊面沿轴线方向留下痕迹，这些痕迹反映到板面上，即在板面留下明暗的条纹缺陷。有时还可在板面上看到非常有规律的明暗条纹。条纹完全呈直线，与轧辊轴线相交成一定角度；条纹与条纹之间的距离完全相等；条纹色差较浅，在强光下不容易发现，但在弱光源下，当观察视角与板面成一定角度，借助光的反射，则看得非常清楚。其形成原因可能是磨床系统发生有规律的振动，磨床在磨辊时，其轧辊的旋转速度、砂轮的旋转速度、砂轮沿轧辊轴线的移动速度等都固定时，在某一特定情况下，使轧辊辊面即留下一条条直线形痕迹，反映到铝板上，即在板面留下直线形明暗条纹。

网络纹有两种情况：一种情况是由磨辊引起。磨床砂轮沿辊面轴线往复运动。上一道磨辊时产生条纹，下一道磨辊不能消除，同时又产生与上道反向并相对称的条纹，彼此交叉即形成网络状斑纹。另一种情况是压延时张力过大，可能使带材局部张应力大于其屈服强度，特别是压延特薄板和箔材时，易产生有规律的、小菱形状网络纹。

（5）振纹。与板带轧制方向垂直、沿横向出现的呈明暗色差的直线条纹为振纹。条纹的色差有轻有重，轻者需借助光的反射才能观察到。在一般情况下，随着板带厚度的减薄，振纹出现的几率增加。产生的原因有：

1）设备长期处于某一速度下轧制时，可能引起的振动频率与设备固有振动频率接近，发生共振，产生振纹。若与固有频率完全相同，则可能发生重大事故，这是绝不允许出现的。

2）设备制造精度和安装精度产生偏差，引起振动，产生振纹。有时由于振动发生的冲击，在轧辊辊颈和辊身表面留下明显的、有规律的条纹（见图 7-54），反映到板面上就呈明暗相间的直线形振纹。

3）轧制条件不合理引起振纹。支承辊粗糙度低，摩擦力小，支承辊与工作辊之间存在打滑现象；轧制润滑剂不合适，黏度低，或工作辊表面粗糙度低，摩擦系数过小等均可能产生振纹。

4）在带张力轧制时，特别是在使用抛光辊并有良好润滑条件下，有可能使中性点接近甚至重合于轧制的出口点，即前滑值大大减小，接近于 0，甚至出现负值。这样就会使轧机不能咬入轧件，而产生轧辊在轧件上“打滑”，甚至使轧机发生振动，产生振纹。为解决这个问题，应适当增大前张力和调整压下量，以保持一定的前滑值。

（6）粗糙度不均匀。对 PS 版基材料，要求粗糙度均匀度不大于 0.02μm。均匀度超标，会使制版后砂目不均，影响印刷质量。影响粗糙均匀度超标的原因：磨床振动，产生振纹；磨削时进刀量不均匀，产生条纹；磨削的砂轮粒度不均，大颗粒太大，小颗粒太小，致使磨削辊面的粗糙度波动过大。

（7）色差。沿轧制方向分布的、与板带基面颜色反差较大的条纹。这些条纹有的系与轧制方向平行的直线（见图 7-55）；有的则与轧制方向相交成一定角度，呈“西

图 7-54　轧辊表面因振动产生的直线条纹

图 7-55　冷轧带卷表面的色差条纹

瓜皮”纹或“八”字形纹；有的呈多条出现，有的呈单条出现。凡色差条纹，都有一定宽度，对高质量板带材一般都不允许存在，特别是装饰用带材要求更为严格，基本要求实现零色差。

形成原因：

1）轧制油过滤精度不够，含杂质较多，由于种种原因，在轧辊表面形成不同色差的油膜环（见图7-56）。暗色条纹处，油膜较厚，且夹杂含量较高，反映到板面上，板带表面粗糙度较大。

图7-56 工作辊表面上明暗油膜纹

2）带有ABB板形控制系统的轧机，板形辊由一个个圆环组成（见图7-57），圆环与圆环之间存在微小间隙。如果间隙处理不好，板带经过板形辊时，带材对板形辊施加压力，结果可能在带材表面留下有严格规律的明暗条纹，其条纹与条纹之间的间隔与板形辊圆环的长度相等。

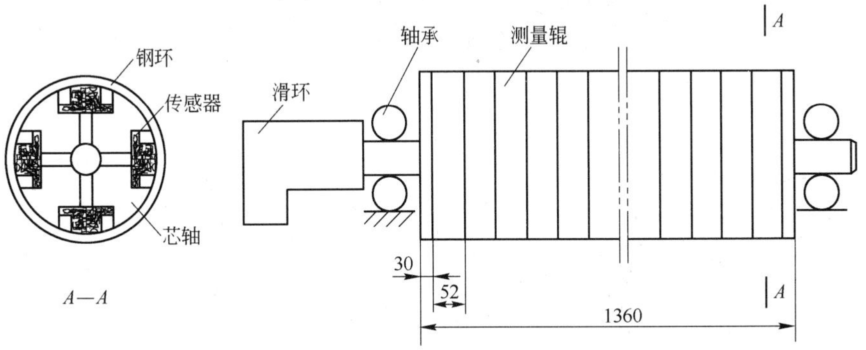

图7-57 ABB板形辊示意图

3）轧制过程中，为了控制带材板形加大或减小某些部位的工艺油喷射量，因为轧制油中含有铝氧化物等杂质，喷油多的地方油膜厚，杂质量多，板带表面呈暗色；相反，喷油少的地方呈亮色，构成色差条纹。条纹较宽，面积较大，交界不甚清晰，无严格的规律性，多呈西瓜皮斑纹状。

4）轧制起始穿带时，由于控制不当，板带起皱打折，在轧辊上留下印痕，反映到板面上形成色差，多在带材边部，中间出现的几率较少，呈八字形。一旦产生，不重新磨辊很难消除。

（8）擦划伤。板带材表面出现的条状、点状，片状且有一定深度的缺陷。缺陷经轧制后留下的痕迹称压过划痕（见图 7-58）。过程中发生松卷现象；开卷张力大于前一道次的卷取张力等都可能产生擦划伤。擦划伤对 PS 版基和装饰用带材都是不允许的。

图 7-58　板材表面的压过划痕

（9）油斑。产品退火后表面留下的黄褐色、黑色斑、白色斑（见图 7-59）。其原因是轧制油中含有难挥发的成分，如脂、酸、机械润滑油等。在退火温度下，轧制油的大部分得以挥发；难挥发的成分，有的与氧化合，生成某些氧化物留在板带表面，如脂、机械润滑油；有的则浓缩固化，结垢于板带表面，如混入轧制油中的酸。

图 7-59　带材表面的黄褐色油斑

（10）腐蚀。板带表面出现黄色、白色的大片斑块（见图 7-60）或斑点，严重的斑块和斑点处凹凸不平；料卷上、下层，板片上、下块之间对称发生，称为腐蚀。卷材卧式存放或包装运输的，斑块多出现在卷材的下半部分（见图 7-61）；卷材的上半部分基本上无腐蚀。

形成上述腐蚀的原因：

1）铝板带材所处环境的温度或湿度发生剧烈变化引起腐蚀。铝板带材若原处于温度较低的环境中，如将其转入到较高温度的环境，或环境骤然升温，空气的饱和湿度提高，绝对水汽含量增加，而铝材的温度由于其热容较大，升温较慢，仍在一定时间内维持其原有的低温，使靠近铝材表面空气中的水汽达到露点，从而在铝材表面结露，引起板带材缝隙腐蚀。

2）板带材在热状态下包装，其腐蚀原因与上述情况完全相同。铝材表面绝对湿度大，包装袋内的水汽较多，当铝材下降至室温时，过饱和水汽在板带材表面结露，产生腐蚀。若空气中含有酸根离子，在铝材表面不仅生成氧化铝，还会生成盐类，使

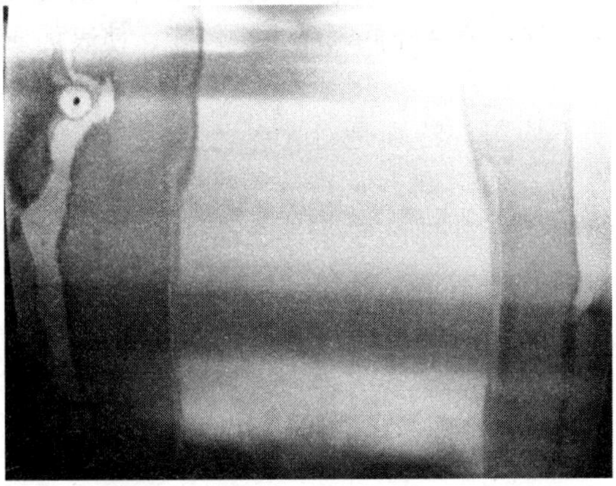

图 7-60　带材表面的腐蚀斑块

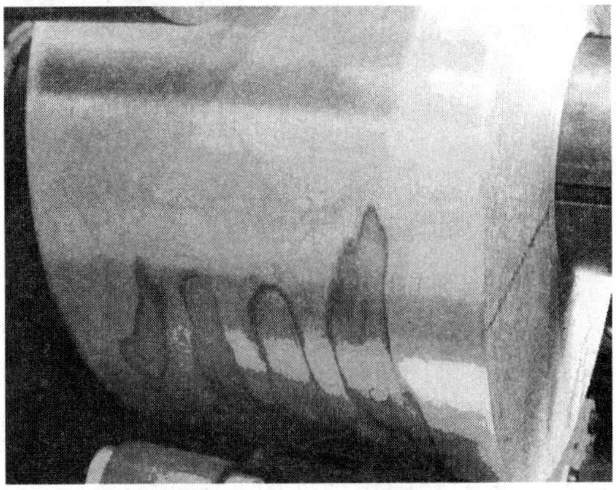

图 7-61　带材表面的斑块
（右端画线与地平面垂直，为卷材下半部，存在腐蚀，与画线相对称的上半部无腐蚀）

腐蚀加重。

3）带卷卷取张力太小，板片打包松弛，在运输过程中，会使层与层、片与片之间有可能产生振动摩擦，发生摩擦腐蚀。摩擦腐蚀的特点是：缺陷呈点状，有深度，颜色发黑，两摩擦面缺陷完全对应。

7.4.3　外形尺寸超差

外形尺寸超差包括：

（1）错层、塔型。带卷端面层与层间不规则窜动，造成端面不平整。卷材层与层间窜动的差值称为错层；卷材端面各层窜动之叠加称为塔形。错层和塔形均以 mm 表示。

（2）侧弯。带材经切边后，其两侧边应为一直线。但实际上可能是一弧线。从弧的两端引一条直线称为弦。由弧的顶端到弦的距离即为侧弯。侧弯以 mm/m 表示。

（3）厚度超差。在现代化生产中，对厚度的要求越来越严格。其厚度偏差一般要求不大于 1%。即使厚度为 0.5mm 以下的特薄板，其偏差需不大于 2%。对 PS 和 CTP 版基，则厚度不小于 0.2mm，要求偏差不大于 1%；厚度小于 0.2mm，偏差要求不大于 1.5%。

板带材厚度超差的主要原因：轧机厚度控制系统失常，轧制速度不稳；来料厚度波动大，超过允许范围；轧辊偏心，产生周期性波动。

7.4.4　组织力学性能超标

组织力学性能超标包括：

（1）退火产品过烧。加热温度过高，或炉内温度不平衡，局部温度远高于仪表指示温度，使产品出现过烧或局部过烧现象。应加强对温度的监测和对炉子的管理与控制，防止跑温现象发生。

（2）退火晶粒不均匀长大。温度高或者保温时间长，或者变形程度控制不当，致使发生所谓二次再结晶现象，导致晶粒不均匀长大。这种缺陷会降低制品力学性能，使表面质量恶化。

（3）力学性能不均匀。制品加热时，温度不均匀，特别是对大卷径带材，外部加热快，容易发生再结晶；而在卷材半径的中心处，加热慢；尤其是某些导热性差的合金，达到热平衡温度的时间很长。如果加热时间短，外部已完全再结晶，而内部则尚未达到再结晶温度，或再结晶未完全，造成材料软硬不均。所以，对于大卷径材料退火，温度不能太高，防止外部发生二次再结晶；保温时间不能太短，防止内部再结晶不完全。

（4）PS 版电解后砂目不均，影响印刷质量和使用寿命。其可能的原因：板带材组织不均，辊面磨削粗糙度均匀度超标。

箔 轧 篇

8 箔材生产基础

8.1 铝箔的特点和用途

在我国厚度小于或等于 0.2mm 的铝板、带、卷产品称为箔材，有软合金箔和硬合金箔之分。随着国民经济的发展和人民生活水平的提高，铝箔工业近年来取得了飞速进步，其产品的产量、质量和生产技术、装备都发展到了一个新的水平。用电解铝液铸轧生产箔材，特别是生产优质双零箔材，对发展箔材加工技术、节约资源、改善环境具有极其重要的现实意义。

8.1.1 铝箔的特点

铝箔的特点为：

（1）铝箔厚度薄，密度轻。极小的重量就能拥有很大的表面积。

（2）铝箔比强度高。铝合金有较高的抗拉强度，如硬合金 2A12T4 状态的抗拉强度为 410MPa 以上，普通低碳钢为 750MPa，但铝的密度只有钢的 1/3，因此铝合金的比强度比钢高得多。

（3）具有优良的银白色光泽。铝箔的银白色光泽相对于环境和时间的变迁几乎保持不变。铝箔经过衬纸、压花、着色、印刷加工后不仅不失去美丽的光泽，还可以涂上金色、红色、绿色等任意多彩的图案和花纹，能提高装饰效果。

（4）具有高热导率和高电导率。铝的热导率为 21.82W/(cm·℃)。电导率为 37.6 m/(Ω·mm^2)，仅低于银、金、铜，为铜的 60% 左右，而比（重）电导率比铜高很多。

（5）具有高防潮性能。无针孔铝箔透气性接近于零，随着针孔的增加透湿度增加。如将其表面涂上树脂，或衬以纸、塑料薄膜等，其透湿性很低。

（6）具有良好的抗腐蚀性能，在表面涂上耐蚀亲水膜或憎水膜，可抵抗各种介质的浸蚀。

（7）铝箔无味、无毒、保香性好。一般所用的铝箔大部分是软状态，即在 350℃ 左右长时间退火，使附着在铝箔表面上的污物和微生物在高温下挥发、杀没，提高了铝箔与其他材料的黏结性能。

(8) 铝箔遮光性、隔热性好。不透光、不透气，并能使 85% ~95% 辐射热发生反射。

(9) 铝箔对电磁具有屏蔽作用，可以阻止电磁波的穿透。

8.1.2 铝箔的用途

由于铝箔具有上述众多优点，在工业部门和人民的日常生活中得到了广泛应用：

(1) 密度小，表面积大，隔光性好，适用于做包装材料，广泛用作食品工业的糖果包装、香烟包装、蒸煮食品包装、各种高档包装盒以及一次性的餐盒和碟盘等。

(2) 防潮性好，防透气性好，在医药工业上用来包装药品。

(3) 比电导率高，电力工业用作电力电容器、电解电容器。

(4) 导热性好，耐蚀性强，家电工业、汽车工业用作散热器。

(5) 有金属光泽，能着各种彩色，建筑工业用作装饰材料。

(6) 比强度高，航空工业用作飞机翅膀的蜂窝状结构件。

(7) 可屏蔽电磁波，通讯工业用作电缆包装。

(8) 在日常生活中，铝箔也用作各种食品保鲜包装和食品烘烤包装等。

8.2 铝箔轧制理论与工艺

8.2.1 铝箔轧制特点

铝箔的厚度较薄，一般为 0.2 ~0.005mm。其主要用作包装材料，要求表面美观、光亮、不透气、不损伤表面、没有油斑污染等缺陷。为了能够稳定正常轧出极薄的表面质量好的铝箔，必须掌握铝箔生产的工艺特点。

8.2.1.1 无辊缝轧制

在板材轧制中，轧机空载运转时，轧辊之间没有预压力，轧件咬入后，轧件两边的轧辊仍不接触。

轧制铝箔时，为了轧出更薄的厚度，往往在铝箔轧制之前，先给轧机一定的预压力，消除轧机结构的间隙及部分轧辊弹性压扁和牌坊的部分变形（部分轧机弹跳），使轧辊完全压靠，以便于轧出更薄的铝箔。

在铝箔轧制前，上下轧辊空载运转时就已经相互压紧，其压紧所需的压力称为预压力。铝箔咬入后，轧件与轧辊接触部位的压力上升，不与轧件接触的两边部位的压力下降。在轧制过程中，轧件两边的轧辊可能脱离压靠（如 0.05mm 以上厚度），也可能保持部分或全部压靠（如 0.05mm 以下厚度）。当轧辊凸度偏大，轧制宽度较小的铝箔时，保持压靠的部位接近轧件的边缘。当采用轧辊凸度偏小，轧制中间道次时，压靠部位接近辊的边缘。当预压力较大而轧件厚度较小时，例如铝箔精轧第 5、6 道次时，轧辊两边全部压靠。

在上下轧辊空载运转已经压靠进行铝箔轧制时，铝箔咬入前后所测定的轧辊压力变化不大，即轧制压力和空载时的预压力相近。表 8-1 为 ϕ240mm ×600mm 轧机正常轧制时的实测记录。

表 8-1 箔材正常轧制时压力情况变化表

道 次	预压力 P_0/MN	咬入时/MN		稳定轧制一段时间后/MN	
		总压力 P	压力增量 ΔP	总压力 P	压力增量 ΔP
4	0.70	0.764	0.064	0.84	0.14
5	0.82	0.84	0.02	0.86	0.04
6	0.474	0.504	0.03	0.522	0.048

铝箔轧制除了具有一般铝合金板材制品生产工艺的一些通性外，随着厚度的减薄，轧制压力不再起重要作用。如上所述，0.5mm 厚的铝箔毛料轧到 0.05mm 后，再往薄轧制时，上下工作辊在空载运转时就已经互相压靠。铝箔咬入后，轧件两边的辊面仍处于部分或全部压靠状态，轧辊发生严重的弹性压扁。接触弧长度比一般计算的大，工作辊的曲率半径甚至比工作辊半径要大 1.5 ~6 倍。如工作辊径 230mm，箔材厚度由 0.027mm 轧到 0.0135mm 时，按计算接触弧长为 1.16mm；由于轧辊弹性压扁，其接触弧长在 1.945mm 左右。此情况下调整压上装置已不能有效地改变轧出铝箔厚度，而只能调整铝箔的平整度。箔材轧制主要靠轧制速度和张力来调节铝箔厚度，轧制速度的调节效果尤为明显。

8.2.1.2 叠轧

叠轧箔材是在无辊缝轧制条件下产生塑性变形的，此时轧机机架及轧辊发生弹性变形。当轧件接近或达到最小可轧厚度时再使轧件减薄很困难，通常采用两张铝箔双合在一起轧制。双合是在合卷机或铝箔轧机的双开卷机上进行。如 0.0106mm 的铝箔经双合后轧制，道次加工率为 50%，轧制后分切可得 0.0053mm 的铝箔。

一般来说，铝箔厚度小于 0.01mm 时就接近或超过了最小可轧厚度，需要将两张铝箔合在一起轧制，才能得到小于 0.01mm 厚的铝箔。叠轧铝箔轧辊与铝箔接触的面为光泽表面，而两张铝箔相互接触的面经过轧制后，其接触面为无光泽面。有时为了提高生产效率或者希望得到无光泽面的铝箔，对比较厚的铝箔也可以采用叠轧。叠轧的主要作用是：

（1）能够获得厚度小于 0.01mm 以下的箔材。

（2）可以得到使人感觉舒服的无光泽面，或者利用无光泽面与纸张、塑料薄膜等黏结，可以提高黏结强度。

（3）叠轧可以减少铝箔断带的几率、提高铝箔成品率。

（4）提高生产效率。在同样轧制速度下，叠轧是单张轧制的两倍。

铝箔叠轧前，铝箔必须切边，不然双合的两张箔材，由于边部不齐轧制时易断带或轧制后可能分不开而造成废品。两张双合的铝箔之间必须均匀涂上一层煤油，使层间存在一隔离层不致产生粘合。

8.2.1.3 速度效应

在铝箔轧制中，当压上位置不变，轧出铝箔的厚度随着轧制速度的增加而变薄，这种现象称为速度效应。

速度效应的机理可以这样理解：

（1）随着速度的增加，油楔效应加强，接触弧上的工艺润滑膜增厚，出现流体动压润滑的几率增加，使润滑状态改善，摩擦系数变小。

（2）变形区的铝箔温度随着轧制速度的增加而上升，使金属发生加工软化。根据格洛尔的计算，高速轧制中轧件温度可以上升到200℃以上。铝箔通过轧辊辊缝后，与冷却液和周围空气接触，温度又迅速下降。

应该指出，当轧制速度在给定的冷却条件下，超过一定极限值时，轧制区温度上升会使润滑油油膜强度降低，润滑条件变坏，严重时油膜发生破裂，会造成干摩擦，产生松树枝状花纹或表面擦伤。

8.2.2　铝箔轧制的弹塑性曲线

在箔材轧制生产中，一般采用弹塑性曲线来表示轧件和轧辊的相互作用。

在板带轧制基础中曾就这个问题介绍了解析——图表方法。由于该方法比较复杂，应用比较麻烦，同时箔材轧制有与板带轧制不尽相同的特点，故这里借助图形来表示轧件与轧辊间的相互作用。

8.2.2.1　轧件的塑性曲线

轧件的塑性曲线就是轧制力与轧件变形量的关系曲线，如图8-1所示。图中，不同的轧制力对应不同的轧件厚度；变形量分别为ΔH_1、ΔH_2，轧制力大，则变形量大，轧出厚度薄。

当轧制的金属变形抗力较大时，则曲线较陡。如图8-2所示，金属1的变形抗力小于金属2，同样的轧制力P作用下它们的变形分别为ΔH_1、ΔH_2，$\Delta H_1 > \Delta H_2$。轧制力相同时，变形抗力大的金属变形量小，轧出的厚度厚。

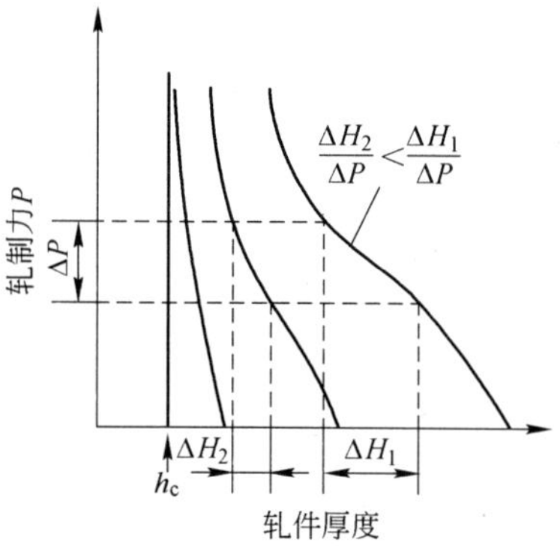

图8-1　轧件的塑性曲线

摩擦系数越大，在轧制力相同的情况下，轧出厚度越大，压下量越小。这是因为摩擦使金属变形抗力增大，金属流动阻力增大。如图8-3所示，$\mu_1 < \mu_2$，它们的变形分别为ΔH_1、ΔH_2，$\Delta H_1 > \Delta H_2$。

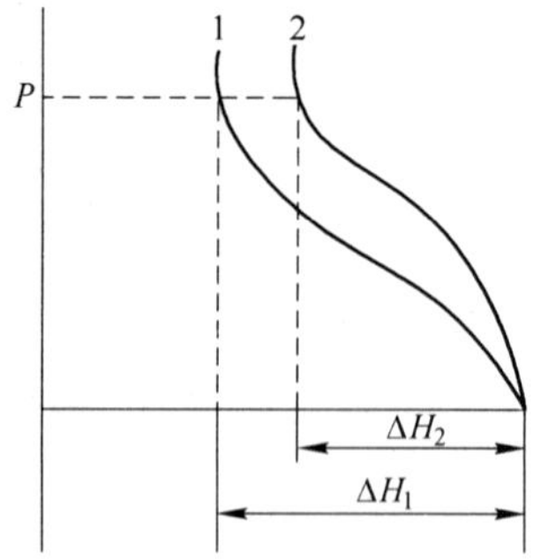

图8-2　变形抗力、轧制力与变形量的关系

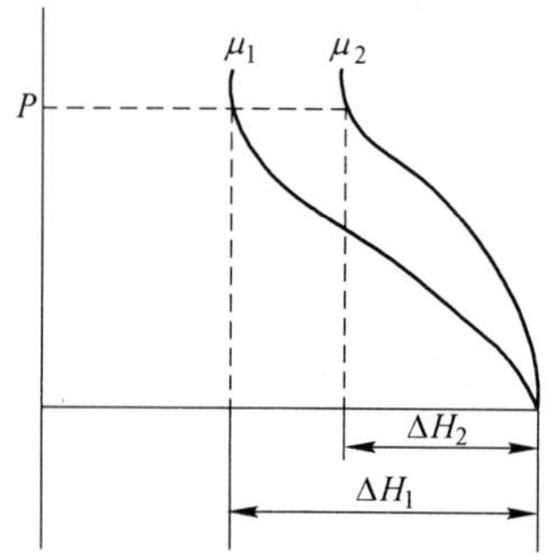

图8-3　摩擦系数、轧制力与变形量的关系

张力越大，轧出的厚度越薄。在张力的作用下，变形区的应力状态发生了变化，即增大了纵向的拉应力或者减小了其压应力，使金属的变形抗力减小。如图8-4所示，$\sigma_1 > \sigma_2$，$\Delta H_1 > \Delta H_2$。

同样负荷下，轧件越厚，轧件的绝对压下量越大。如图8-5所示，$h_1 > h_2 > h_3$，同样

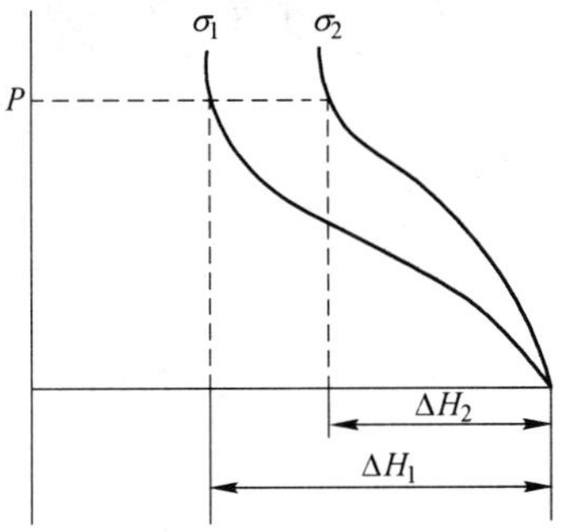

图 8-4　张应力、轧制力与变形量的关系

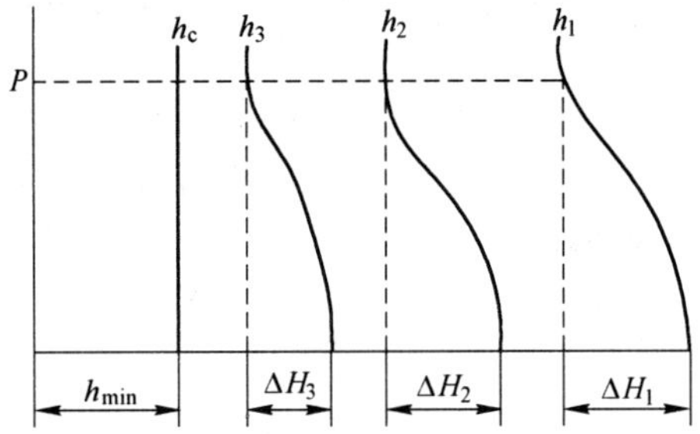

图 8-5　轧件厚度、轧制力与变形量的关系

轧制力 P 下的绝对压下量 $\Delta H_1 > \Delta H_2 > \Delta H_3$。

当轧件原始厚度薄到一定程度，曲线变得很陡，直到成为一条直线，如图 8-5 中的 h_c。说明在这台轧机上最薄只能轧到 h_{min}，这一厚度叫做这台轧机的最小可轧厚度。最小可轧厚度可用公式求得：

$$h_{min} = \frac{3.58\mu D(K - \sigma_{平均})}{E} \tag{8-1}$$

式中　μ——摩擦系数；

D——工作辊直径；

K——变形抗力，$K = 1.15\sigma_{0.2平均}$；

$\sigma_{平均}$——平均单位张力；

E——钢轧辊的弹性模量，$E = 220\text{GPa}$。

例如，在辊径 230mm 的二重轧机上轧制双合的铝箔，取 $\mu = 0.025$，$D = 230\text{mm}$，$\sigma_{0.2平均} = 150\text{MPa}$，前张力 $\sigma_1 = 65\text{MPa}$，后张力 $\sigma_0 = 55\text{MPa}$，$K = 1.15$，$\sigma_{0.2平均} = 173\text{MPa}$，代入公式得：

$$h_{min} = 3.58 \times 0.025 \times 230 \times \frac{173 - 60}{220 \times 10^3} = 0.0106\text{mm}$$

8.2.2.2　轧机的弹性曲线

在轧制压力作用下轧辊产生弹性压扁，轧辊轴承和机架也发生弹性变形，这些变形构成了轧机的总体变形。把轧制压力和轧机弹性变形绘制成曲线，叫做轧机的弹性曲线，如图 8-6 所示。此曲线由于装配表面的不平以及公差和各部分的间隙，使轧机的弹性曲线最初有一弯曲阶段，过后则可视为直线。

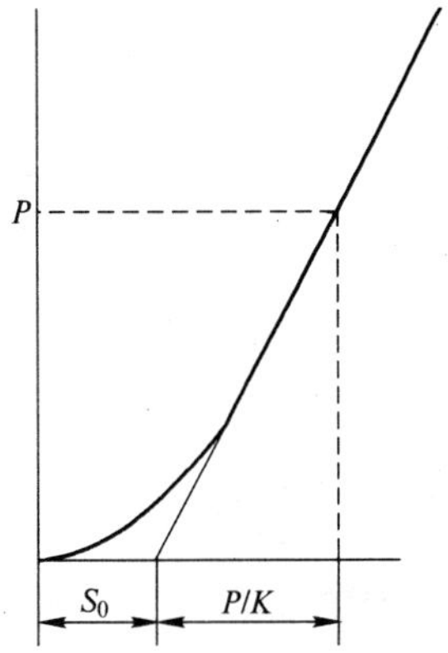

图 8-6　轧制力与轧机弹性变形的关系

虽然轧机机架断面很大，有足够的刚度，但由于机架立柱高，即使单位长度变形不大，立柱总的变形量也很大，完全不能忽略。一般来说，一台中型四辊轧机在 400 ~ 500t 负载作用下，机架变形为 1mm 左右。如果弹性变形小于此值，轧机就被认为是刚性良好的轧机。

曲线直线部分的斜率对于已知轧机为常数，这个斜率称为轧机的刚度系数，通常以 K 来表示。刚度系数的物理意义是：使轧机产生单位弹性变形所施加的负载量，单位是 t/mm。

由于曲线下部有一部分弯曲段，那么所给的直线已不相交于坐标原点，而在横坐标轴上相交于 S_0 处，此时有：

$$\text{轧机变形} = S_0 + \frac{P}{K} \tag{8-2}$$

上式计算所得的结果称为轧机的弹跳值。

如果把轧机的辊缝也考虑进去，那么曲线不由零开始。如果给定辊缝为 S（见图8-7），此时轧件轧出厚度为：

$$h = S + S_0 + \frac{P}{K} \tag{8-3}$$

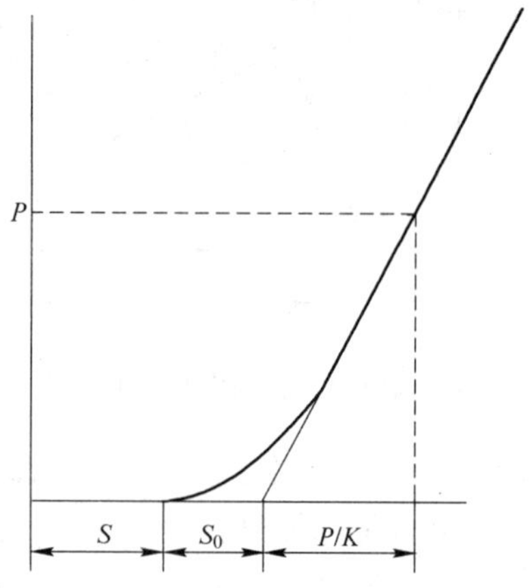

图 8-7　有轧辊辊缝时轧制力与轧机弹性变形的关系

8.2.2.3　轧制时的弹塑性曲线

把塑性曲线与弹性曲线画在同一个图上，这样的曲线图称为轧制时的弹塑性曲线。

图 8-8 为有辊缝轧制时的弹塑性曲线。此时的轧件轧出厚度为：

$$h = H - \Delta H = S + S_0 + \frac{P}{K} \tag{8-4}$$

图 8-9 为无辊缝轧制时的弹塑性曲线。此时已经消除了轧机的部分弹跳影响，轧件轧出厚度为：

$$h = H - \Delta H = \frac{P - P_0}{K} \tag{8-5}$$

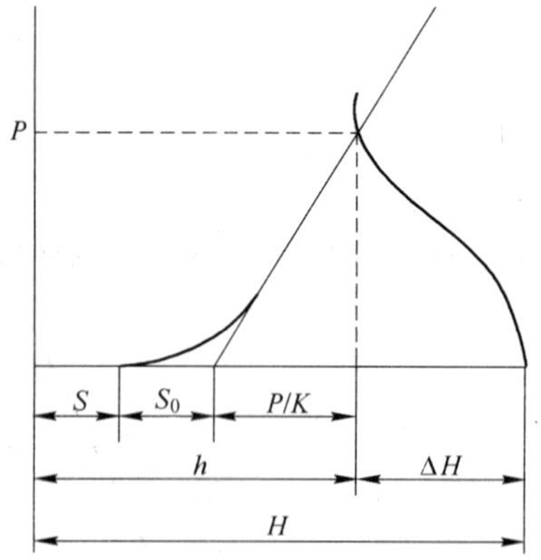

图 8-8　有辊缝轧制时轧制力、轧机刚度与轧出厚度的关系

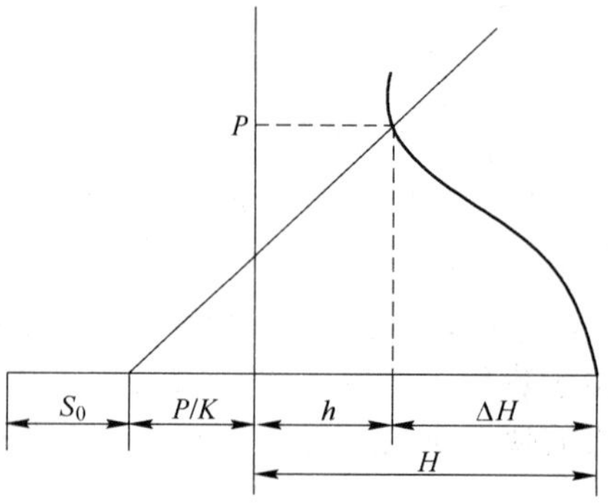

图 8-9　无辊缝轧制时轧制力、轧机刚度与轧出厚度的关系

8.2.3　制定铝箔轧制制度的原则

制定铝箔轧制制度和制定冷轧轧制制度一样，主要是确定箔材轧制的总加工率、轧制道次和道次加工率。轧制制度是箔轧过程的主要参数。它与所用轧制设备的能力、轧件性质及生产方法密切相关，它直接影响轧机的生产效率和产品最终质量。所以，在制定生产

工艺和实际操作时，都必须掌握箔材轧制制度的确定原则和具体数据。

8.2.3.1 箔材轧制总加工率和轧制道次的确定

总加工率是指再结晶退火后总的变形程度。总加工率不是一个确定的数值，同一种合金、同一种规格，用不同的生产方式和设备进行生产时，是有差别的。纯铝箔的总加工率一般可达到99%，铝合金箔材则在90%以内。

由于产品厚度不同，箔材轧制一般取2～6个道次。轧制道次要根据发挥轧机效率、箔材产品的规格和组织性能的要求，前后工序生产能力的平衡加以确定。

8.2.3.2 箔材轧制道次加工率的确定

在设备能力允许、具有较好的工艺润滑和冷却并能获得良好的表面质量和平直度的条件下，应充分发挥轧制金属的塑性，尽量采用大的道次加工率，以减少轧制道次，提高轧机的生产效率。

纯铝和铝锰合金的塑性较好，轧制时允许最大道次加工率可达65%，但当润滑冷却条件不好，轧辊温度过高时，容易产生波浪、松树枝状花纹、粘铝等表面缺陷。毛料退火后的第一个道次，由于抗拉强度低、塑性好，一般最大加工率取50%～60%，以下各道次在50%左右。硬合金的塑性较低，退火后头、二道次加工率在50%左右，其他道次加工率则根据其硬化程度的大小在20%～40%的范围内。道次加工率过大时，轧制力很大，有可能超过设备的允许负载。一般应控制在设备允许负荷的90%范围内，以保证设备安全。

为了得到厚度均匀、平整度好的产品，各道次的轧制力应接近恒压力轧制，波动范围要小，尤其头几道轧制的厚度和平整度好，才能为以后的道次创造良好条件，以保证最终制品的厚度、平整度和表面质量。

道次加工率的分配要与轧机性能、工艺润滑和冷却条件、张力、原始辊型、轧制速度和表面质量等多种因素相协调和配合，不应盲目追求大的道次加工率。对于厚度偏差要求严格、表面质量要求高的产品，应选用较小的道次加工率。在编制与选择道次加工率时，必须从实际出发，通过现场试验来确定。

箔材轧制最好避开0.05mm的厚度，因为这个厚度为有辊缝轧制与无辊缝轧制的临界值。在临界值轧制稳定性较差，产生波动的可能性大。

对纯铝、毛料厚度0.5mm，其不同成品厚度、各道次分配列于表8-2（参考值）。但有一点必须说明，表8-2所列道次分配不是唯一的。不同厂家根据本单位的设备和其他生产条件，有着不同的道次安排。即使同一厂家，某些工艺参数不完全相同，其道次分配和道次加工率不相同都是正常的。

表8-2 纯铝0.5mm厚毛料轧制道次分配表（参考）

成品厚度/mm	道次加工后厚度/mm					
	1	2	3	4	5	6
0.006	0.24	0.12	0.06	0.029	0.014	2×0.006
0.007	0.24	0.125	0.063	0.031	0.015	2×0.007
0.008	0.25	0.13	0.065	0.033	0.016	2×0.008
0.009	0.26	0.135	0.07	0.036	0.018	2×0.009
0.01	0.27	0.15	0.084	0.042	0.021	2×0.10
0.016	0.25	0.125	0.064	0.032	2×0.016	
0.02	0.27	0.145	0.076	0.039	2×0.02	

8.2.3.3　轧制速度的确定

提高轧制速度，对铝箔轧制，尤其卷径大的箔卷是很有意义的。

每台轧机都有其临界速度，如果超过临界轧制速度，轧机就会失去平衡；如果轧制速度低，又不能发挥出设备的能力。

采用高速轧制，除了轧机本身一些问题需要解决外，必须相应解决工艺冷却润滑油、板形控制、毛料质量等问题。一般来说，随着箔材厚度的减薄，辊型变化相对地减小，比较容易控制，轧制速度也可以相应地增加，这样可以提高生产效率。对生产双零铝箔，4、5 道次应适当地增大压下量，降低后张力，控制好油温，提高轧制速度。这样有利于加大轧制弧长度，保持热平衡的稳定，改善板形；提高形变温度，以获得动态回复组织。但是生产实践表明，为了获得好的铝箔表面光洁度，最后一道次轧制速度不宜超过 600m/min。其原因是降低油楔效应，防止或减少出现流体动压润滑的可能性，尽可能保持边界润滑，保证轧辊表面对铝箔表面的熨平作用。

9　铝箔轧制过程及控制

9.1　铝箔轧制工艺

铝及铝合金的塑性好，在轧制过程中总加工率大，尤其是纯铝箔材轧制的总加工率可达99%，所以在铝及铝合金箔材轧制中一般采用二辊或四辊单机架不可逆式轧机。

铝箔轧制时，对辊型的要求非常严格。轧制不同合金、不同厚度的产品，需要采用不同的辊型，否则会产生各种不同的缺陷，甚至使箔带拉断。最佳的方法是每台轧机上轧制一个道次，只有粗轧时，才采用在一台轧机上进行多个道次轧制。当然，也有粗、中、精轧道次集中在一台轧机上完成的，即所谓万能铝箔轧机，控制得好，也能轧出一流质量的双零铝箔。其所有道次虽然采用合理分组的不同辊型，但如果共用一个油箱，就会加大轧制技术和生产管理的难度，同时妨碍轧机能力的充分发挥，提高营运成本。

现代化的四辊箔材轧机（见图9-1）的工作机架结构刚性好，制造精度高，轧辊安装在滚柱轴承或液体摩擦轴承中。轧制过程中轧制速度平稳、快速调整，咬入后在10～20s内就能达到给定的速度。采用微处理系统附加电液伺服阀控制的液压压上装置以控制箔材厚度；有液压弯辊装置，轧制油喷射系统以控制板形等。

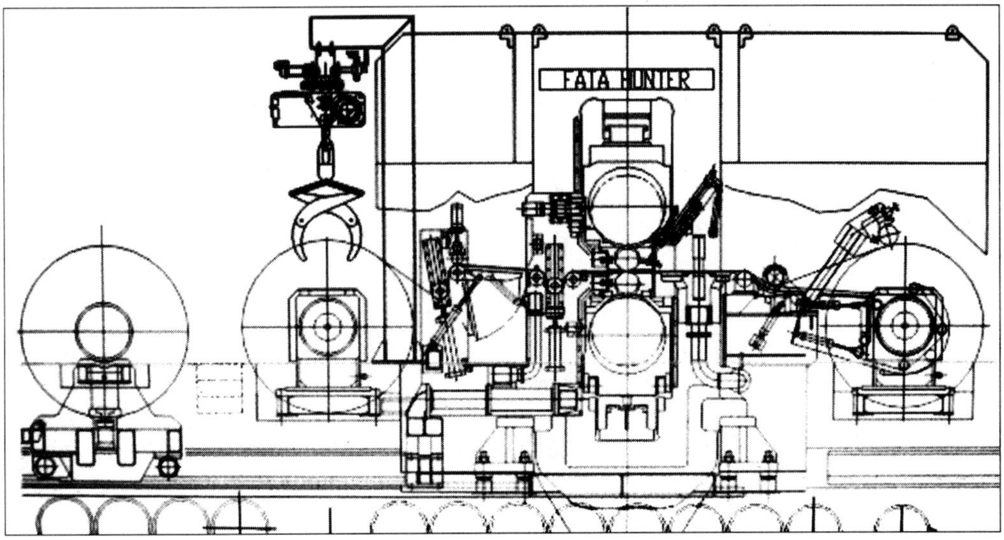

图9-1　四重铝箔不可逆轧机

9.1.1　箔材轧制工艺举例

0.007mm×980mm 纯铝箔材轧制工艺见表9-1。

表 9-1　纯铝 0.6mm 厚毛料生产 0.007mm 箔材轧制工艺（参考）

参数＼道次	1	2	3	4	5	6
轧制前厚度/mm	0.6	0.3	0.14	0.062	0.029	0.0135×2
轧制后厚度/mm	0.3	0.14	0.062	0.029	0.0135	0.007×2
轧制速度/m·min⁻¹	300～350	300～350	400～450	500～550	600～650	300～350
前张力/kg	680～730	480～530	300～350	160～200	80～110	70～100
后张力/kg	700～750	650～700	430～480	260～300	120～150	100～130
轧制压力/t	90～110	100～120	100～120	110～130	120～140	120～140

注：轧制速度随箔轧机的设计最高速度不同而不同。

9.1.2　轧制各道次应注意的问题

轧制各道次应注意的问题如下：

（1）经退火后 0.6mm 箔材毛料，在粗轧机轧到 0.3mm，这是轧制中的关键道次，绝对变形量大，金属释放的变形热大，在轧辊间有缝隙条件下进行，轧制中辊型容易变化。尤其是用凉轧辊开始轧制时，必须正确地调整压下量和轧制油喷嘴的流量。压下和喷油量调节不适当，就会在边部或中部造成波浪。辊型控制不好，轧出箔材的厚度不均，板形平整度差，在以后各道次轧制中很难纠正。

（2）第二、三道次轧制，如果接上一道次的热料进行，在轧制油冷却跟不上时，容易产生中间波浪和松树枝状花纹，边部太紧，稍有缺陷就会引起断带。第三道次轧制中，往往使轧出的箔材边部稍松些，带些小花边。这样轧出的箔材表面平整又不会断带，并有利于下一道次轧制。

（3）第四、五道次轧制，已属于无辊缝轧制，这时轧制力对调整箔材厚度已经基本上不起作用，只能起调整平整度的作用。厚度调节主要依靠速度和张力，或者调节轧制油中添加剂的浓度。

（4）第六道次轧制：第五道次后，要使厚度继续减薄就需要进行叠轧。由于箔材经过多道次轧制后，边部产生许多细小裂口，在第六道次轧制前必须进行双合并切边，切去裂口并切齐。双合轧制的铝箔与轧辊接触的表面是光亮的，而内表面是无光泽的。此道次轧制时前后张力不宜太大，否则铝箔容易产生较多的针孔。

9.1.3　四重高速铝箔轧机的箔材轧制特点

高速与低速是相对而言的，按照目前国内情况，以轧制速度在 300m/min 以上为高速。

高速铝箔轧机除了遵循一般铝箔轧制的基本原理外，也有着其本身的特点：

（1）为了能在轧制过程中有效地控制铝箔的厚度，高速铝箔轧机都设置有自动厚度控制系统。它有三个独立的分系统，即压力系统、张力系统和速度系统，自动进行厚度控制。在压力、张力和速度三个参数中，当轧制较厚的箔材时，即在有辊缝轧制时，轧制压力起主要作用，张力次之，而速度对厚度变薄的作用较小。随着轧制厚度的变薄，0.05mm 左右再往薄轧制时，将出现无辊缝轧制，此时轧制压力对厚度的变薄所起的作用很小，由张力和速度来调节厚度，尤其是轧制速度随着箔材厚度的减薄起着主要的厚调作用。

（2）高速轧机采用的低黏度窄馏分火油中，加入少量油性添加剂作为轧制润滑油。其润滑性、冷却性、洗涤性和流动性都比较好。轧制油又经过板式过滤器过滤，油液净度高，轧出的铝箔表面洁净，所以铝箔在双合轧制前可以不进行清洗，成品退火后的铝箔不发生污染。

（3）合卷时在两张铝箔之间必须涂上轧制润滑油，一方面它有润滑作用，防止轧制后两张铝箔粘合，另一方面它使两张铝箔贴合在一起，平整地进入轧机轧制。现在有的铝箔精轧机带有双开卷机，可以将合卷、切边和双合轧制在该机上一次完成。

（4）随着铝箔的轧薄，铝箔会发生加工硬化。但是现代化高速轧机的轧速高，在双合轧制前的一、二个道次，轧制速度往往更高一些。一方面可以提高生产效率，另一方面由于形变速度快，产生的形变热很难在瞬间导走，其变形区的金属温度可达200℃左右，很容易产生动态回复，提高塑性伸长率。所以，高速轧机轧制纯铝箔材时不采用中间退火，可以从毛料厚度直接轧到成品厚度。

（5）高速轧机均设有液压弯辊装置，这对于迅速调整辊型、使轧出的箔材表面平整、防止断带是有效的。

（6）轧制的油量和油温是可以调节的。粗轧的变形量大，产生的变形热大，所以可以采用大油量和低温度的轧制油。精轧变形量小，产生的热量少。为了控制好辊型，往往轧制油温要高一些，油量要少一些。

轧制油油温及油压控制参考值如表9-2所示。

表9-2　轧制油油温及油压控制参考值

道　次	1	2	3	4	5	6
油温/℃	20～30	25～35	30～40	35～45	40～50	50～60
油压/MPa	0.5～0.6	0.4～0.5	0.35～0.45	0.3～0.4	0.25～0.35	0.2～0.3

9.2　铝箔的厚度及板形控制

铝箔的厚度控制，是指铝箔轧制方向上的厚度偏差和沿宽度方向上的厚度偏差的控制，即通常所说的纵向厚差与横向厚差。它是铝箔重要的质量指标之一。

近代高速铝箔轧机由于配置了完善的厚度调节系统和辊型控制系统，0.007mm的成品铝箔的最佳厚度偏差理论上可以控制在±0.2μm范围之内。微小偏差与负差铝箔成品对于相同重量的铝箔可以提高铝箔商品使用面积，以获得最佳的经济效益。

同时最大限度降低铝箔厚差，是铝箔生产厂家得以高速轧制并获得高质量箔材的自身要求。正如经常见到的，铝箔生产厂家的铝箔实际厚度偏差往往低于其相应国家标准，即厚度偏差远小于制品厚度±5%～10%的规定值。

铝箔厚度偏差大小，可以直接反映出铝箔厂家的轧制技术水平、轧机装备和控制水平。

9.2.1　纵向厚度控制方法

铝箔的粗轧道次中，轧辊不发生压靠接触而存在辊缝，因此改变轧制压力大小可以改变被轧制铝箔的厚度。

当轧制出口厚度小于0.05mm铝箔时，轧辊边部已压靠，改变轧制压力，厚度却变化很小。在此状态下轧制铝箔，整个轧制过程轧制压力均保持恒定。铝箔纵向厚度靠调节后张力和轧制速度来加以控制。

由此可见，铝箔轧制时，通过改变轧制压力、轧制速度和后张力大小，可以控制被轧制铝箔的厚度。

轧制不同厚度的箔材时，轧制工艺参数的变化对其厚度的影响是不同的，当箔材厚度减薄时，轧制速度对厚度的影响效力增加，而张力和轧制力影响的效力降低。轧机厚度调节设计要认真考虑上述影响趋势，进行最佳设计。

9.2.1.1　张力调厚

铝箔轧制改变前张力与后张力值对调厚的作用差异很大，等值的前后张力对改变箔材厚度的影响，前张力要比后张力小很多。但前张力对被轧制箔材的平直度却有很大影响，为了保证精整工序的加工质量，优秀的操作者总是希望给定最小的前张力，因此实际上前张力是不作为调厚参数使用的，前张力的动态精度常控制在±3%范围之内。

与其相反，后张力在箔材轧制中调厚作用则十分明显而且重要，与速度调厚相比较，张力调厚具有快速、灵敏的特点。值得指出的是，用改变后张力调节箔材厚度，其张力调节量受到稳定轧制过程流动条件的限制，过大的张力容易造成铝箔的断头。中轧道次，为了提高生产效率一般都用接近轧机设计的最高速度轧制。目前在该道次已经可以使用高达2500m/min速度正常轧制。此时只能用张力微调的办法来精调厚度。因此，在轧机厚度调节系统设计时，必须提高电控系统的张力调节精度。而且要设置高精度的张力测量辊，用来直接测量张力。

张力调厚环节在铝箔轧制生产的所有道次中，实际上都可以参与厚差的调节。张力的设计调节范围控制在道次给定张力的±30%之内，可以充裕地满足调厚的要求。

生产0.006~0.007mm铝箔张力控制参考值如表9-3所示。

表9-3　张力控制参考值　(N/mm^2)

道　次	1	2	3	4	5	6
开　卷	10~20	15~22	20~32	25~38	30~45	(30~35)×2
卷　取	40	50	60	80	100	80×2

9.2.1.2　速度调厚

在其他条件不变的情况下，提高轧制速度可以使铝箔厚度减薄，反之亦然。这种影响称为速度效应。这是铝箔轧机与板材轧机在工艺操作上很突出的不同之处。速度效应在厚度调节中的运用，已是人所共知的事实。在轧机动态运行过程中的升速、降速，速度效应的补偿是不容忽视的。

速度调厚的最大优点是，与张力调厚相比较可以减少轧制过程中的断头几率，便于采用高速生产。在装设微处理机自动厚度调节系统的轧机上，可配备当轧制过程正常稳定后自动减少张力而增加速度的自动转换功能。

中精轧道次只用改变速度的方法实现对箔材厚度的调节已是一种传统的调厚方法。控制技术的进步，使中、精轧道次张力参与调厚，冲破了单一速度调厚的传统调厚方法。高速时变换速度，由于运转中的轧机传动装置的转动惯量会造成不稳定的超调，因此使厚度的调节控制精度低于张力调厚的精度。所以，也称速度调厚为非精确调厚或粗调。

速度效应的影响与速度参与调厚贯穿铝箔装置生产的全过程。速度调节范围同样要限制在适当范围之内。例如，当轧机的设计最大名义速度为300m/min时，速度调厚的道次速度变化范围均可定为 $\Delta v = \pm 100$m/min；高速轧制最大名义速度为1000～2500m/min时，$\Delta v = \pm 200$m/min。

9.2.1.3　压力调厚

用轧制压力调节铝箔的厚度，只能在粗轧道次采用。

铝箔轧制各国采用的坯料原始厚度差别悬殊。最大厚度为1mm，最小厚度为0.20mm左右。其结果使板材轧机与铝箔轧机在厚度界限上无法区分。一般只能按最终的产品用途，视轧机在生产线上配置的位置来加以区别。很多国家把板材与铝箔粗轧机合二为一，为此，在铝箔粗轧机上便出现了两种功能不同的轧制调厚方法：一种是同时具有恒辊缝控制和恒压力控制的双功能调厚环节；另一种只具有恒压力控制的调厚环节。

压力调节控制范围在10%之内即能满足调厚的需要。为了更好地发挥轧制压力对厚度的调节效果，在轧机入口侧增设预控测厚装置，对轧制前的板材厚度进行预先测量，并将厚度误差信号送入调节系统，这样调厚参数中反应最为迅速的压力调厚环节可以取得更好的效果。

高速铝箔轧制过程中的纵向厚度控制，所用的三种调厚方法，各具特色但都是必不可少的环节。

不同的轧制道次，应选择确定参与调节的主导环节，才能取得最好的调厚效果。调节参数的最佳范围，应该在高速轧机生产的实践中，积累具有实际效力的定量数据，设计出最完善的组合调节方案。厚差应力争在前面道次得到最大限度的纠正，这样在后部道次实际上可以不加以调节，即能轧制出高精度的箔材。

设计有压力调厚环节的轧机，当采用高精度的薄板作为粗轧机毛料时，单一的压力控制制度，可以满足生产的需要。

9.2.2　板形与横向厚度的控制

9.2.2.1　横向厚差和板形的关系

铝箔的几何精度除纵向厚差外，还有横向厚差和板形（平直度）。板形是指箔材横向各部位是否产生局部的波浪和翘曲。为了便于讨论问题，只讨论断面形状是对称凸形的铝箔，如图9-2所示。来料和轧后的横向厚差分别为：

$$\Delta H_b = H_z - H_b \qquad \Delta h_b = h_z - h_b \tag{9-1}$$

式中　H_z，H_b——来料的中部厚度和边部厚度；

h_z，h_b——轧后产品的中部厚度和边部厚度。

来料平均厚度 H 和轧后平均厚度 h 分别为：

$$H = (H_z + H_b)/2$$

$$h = (h_z + h_b)/2$$

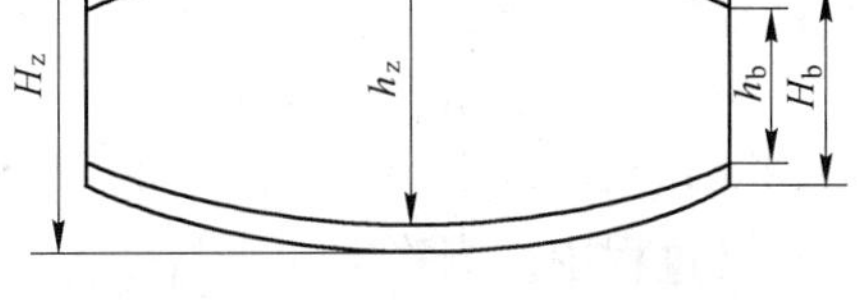

图9-2　铝箔断面形状示意图

板形与横向厚差是两个不同的概念，但相互又是有联系的。当来料的板形良好，为了使轧后的铝箔是平直的，即板形是良好的，它们之间应满足以下关系：

$$\frac{\Delta h_b}{h} = \frac{\Delta H_b}{H} \tag{9-2}$$

由上式可以得出两个结论：

（1）板形良好，横向厚差 Δh_b 不一定很好，它决定于来料横向厚差 ΔH_b 的大小。只要保证板形良好，横向厚差 Δh_b 总比来料的 ΔH_b 小，原因是 $H > h$。轧制过程中横向厚差不易检测，而板形却可以容易观察和检测。因此，只要对来料横向厚差提出一定的要求，按板形控制就可以缩小横向厚差，保证两方面都合乎要求。

（2）控制板形实际上就是控制出口的横向厚差 Δh_b，使它满足箔材平直的条件。横向厚差 Δh 决定于轧制时负载辊缝的形状，即辊型。影响辊型的诸因素及其控制在辊型控制一节作介绍。本节仅仅讨论轧机结构组成上配置的两种控制手段：1）辊型快速调整——液压弯辊装置；2）辊型精细调整——轧制油喷射控制系统。

9.2.2.2　液压弯辊装置

液压弯辊就是利用液压缸的压力使工作辊或支撑辊产生附加弯曲，以改变辊缝形状。弯曲工作辊的方法有正弯和负弯两种，见图 9-3、图 9-4。

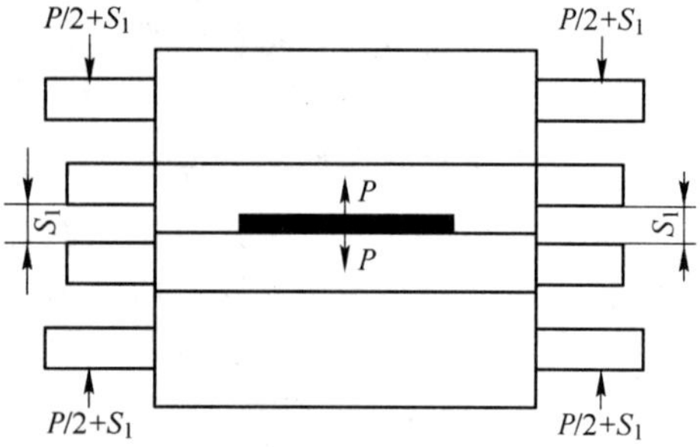

图 9-3　正弯

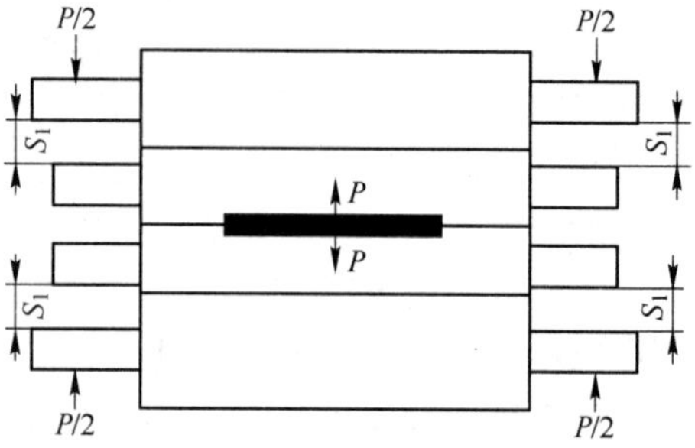

图 9-4　负弯

正弯辊是在上下工作辊轴承座上作用一个与轧制力方向相同，使工作辊在轧制时挠度变小的弯辊力 S_1，此力规定为正值，故称正弯辊。

负弯辊是在上下工作辊和支撑辊轴承座之间作用一个与轧制力方向相反，使工作辊在轧制时挠度变大的弯辊力 S_1，此力规定为负值，故称负弯辊。

弯曲支撑辊的方法在铝箔轧机上很少采用，不作介绍。

铝箔轧制过程中双边及中间波浪或翘曲，可以用增减轧制力的方法调整辊型来加以消除。值得指出的是，为箔材轧机提供毛料的所有现代薄板轧机均设有弯辊装置，该装置在轧制过程中用来控制板形，操作者经常无意识地使板材两边部形成波浪，这种微小的缺陷操作者肉眼是察觉不到的，然而它会给箔材轧制造成麻烦。为了顺利地进行箔材轧制，所有高速铝箔轧机也同样设置了能快速调整辊型的液压弯辊装置。

弯辊装置在粗轧道次使用效果较好，在精轧道次使用实际意义不大。弯辊装置可以用来消除轧制过程中的对称波浪即中间波浪和双边波浪。对于不连续作业的轧机在开车的初始运转过程中，当稳定的热凸度辊型未形成之前，弯辊装置作为轧辊的原始凸度补偿调节手段能收到较好的效果。

轧制过程中，当出口料出现中间波浪时，使工作辊负弯；当出口料出现两边波浪时，使工作辊正弯。工作辊正弯或负弯均能消除所产生的波浪。

铝箔轧制过程中，弯辊装置应尽量少用，频繁地使用弯辊手段会加快工作辊轴承的损坏。

9.2.2.3 辊型精细调整

铝箔边部或中部出现波浪，可以用调整压上或弯辊的办法进行消除。但横向不对称波浪或二肋波浪的出现，只能用调节局部辊温的方法加以消除，即辊型热矫正，也可称之为辊型精细调整。

轧制油喷射控制系统就是专门为辊型精细调整设置的手段。在旧式低速轧机上，当铝箔出现波浪时，可在相应部分用人工浇油的办法消除波浪。在高速轧机上，则采用油量可控制的特种油喷嘴喷油来消除波浪缺陷[19]。

对轧制油喷射系统的主要要求是，沿轧辊的长度方向上喷射的轧制油应该是连续均匀的。必要时又可以分段局部调节。因此，轧制油系统均设置了高度密集布置的可控喷嘴群（图 9-5、图 9-6）。为了强化调节铝箔轧制中波浪能力，有的轧机入口侧又增设若干附加游动喷嘴。

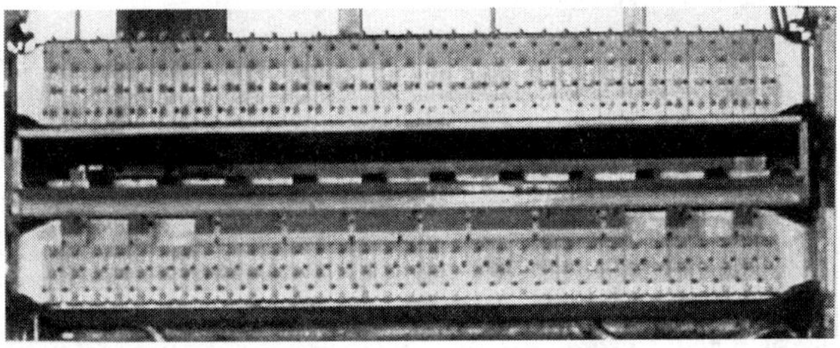

图 9-5 箔轧机喷射梁装置

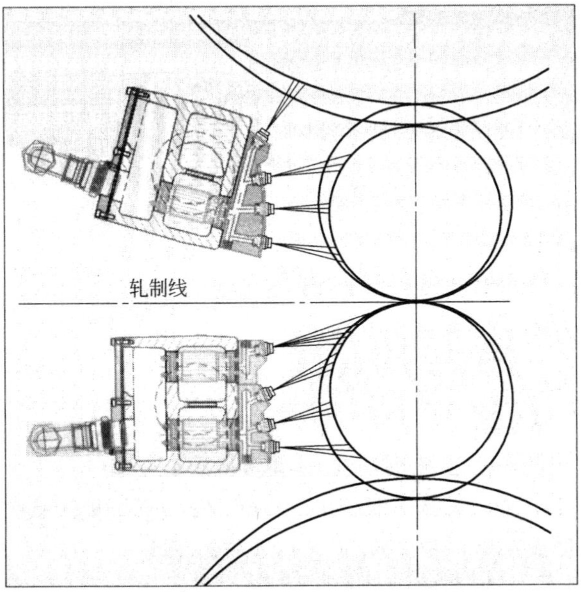

图 9-6 轧制油喷射冷却轧辊示意图

粗、中、精不同轧制道次，由于采用不同的轧制规范，各道次需要的轧制油喷射量是不相同的。工作辊与支撑辊由于热平衡条件的差异，可以用增减喷嘴布置对数来加以调节。相邻喷嘴的安装节距一般都控制在50mm左右。

铝箔轧制时向轧辊喷射的轧制油其流量、压力、温度必须是可以调节的，以满足工艺操作上的需要，达到调节冷却强度控制板形的目的。

1350mm轧机最大供油量 $Q_{最大}=1600L/min$，供油压力 $p=0.8MPa$，油温为25～70℃。三者之中流量的调节最为关键。

1350mm轧机上、下支撑辊各设一列喷嘴，上、下工作辊各设两列喷嘴，上工作辊和上支撑辊之间传动侧和操作侧各设8个喷嘴，喷嘴由常开式气动开闭阀来分段控制。开闭喷嘴来油通道即改变了轧辊相应各部位轧制油喷射量，达到控制局部波浪的目的。

目前单个喷嘴流量可调的更高级的喷射装置已经开始采用。轧制过程中板形的控制是以肉眼观察铝箔在张力作用下，卷取前的直观质量而加以调节的。为此，在操作台上安设了85个执行按键。准确目测和判定板形缺陷部位的目标位置，人工手动启闭按键控制辊型，达到改善轧出材料板形的目的。

由上述可见，手动操作控制板形的方法，无论从反应速度和控制精度上都不十分理想。现在在粗轧机上增设板形测定仪与轧制油量自动控制装置，在国际上已经被认定为提高铝箔轧制速度，改变箔材平直度的发展方向。

9.3 铝箔生产中的轧辊及润滑油

9.3.1 铝箔生产对轧辊的要求

轧辊是箔材轧机的主要组成部分。箔材轧制的表面质量和平整度，主要取决于轧辊的原始辊型和工作条件。因此，对轧制铝箔用的轧辊必须对其材质、辊型、表面精度、硬度等严格要求。

9.3.1.1 轧辊的辊型

轧制时，轧辊在受力条件下发生弹性变形，使轧辊产生挠度。为了补偿此挠度，把轧辊磨成具有一定凸度的以轧辊中心为顶点向两端均匀分布的抛物线或正弦曲线。根据轧辊的尺寸、不同的轧制厚度、轧件宽度、合金状态和轧制速度应有相应的辊型，才能获得所要求的压下量和良好的平整度。

箔材轧制时工作辊全部采用凸形，而支承辊一般为圆柱形。但在精轧时，支承辊也有磨成凸形的，以补偿由于轧制时产生的弹性变形。辊型设计或磨削不正确时，会使箔带产生波浪、开缝、断带等缺陷，甚至使轧制不能进行。

影响轧辊辊型的因素包括：

（1）轧制时的压下量。一般纯铝箔材的道次压下量为50%左右，压下量越大，金属产生的变形热和轧件与轧辊的摩擦热就越大，从而使轧辊热凸度增加。

（2）轧制箔材的屈服强度越高，则轧辊凸度应该增大。

（3）轧辊辊身越长，轧辊凸度应增大。

（4）轧制速度越高，轧辊凸度应减小。

（5）冷却与润滑条件不同也影响轧辊的凸度。

根据理论计算和生产实践，许多工厂都有一套经验辊型，现将某些轧机使用的辊型参考值列于表9-4。

表9-4　轧辊辊型参考值

轧机类型/mm	轧制范围/mm	轧制速度/m · min^{-1}	轧制宽度/mm	工作辊凸度/mm
230/550×1200	0.7～0.02	300～500	1050	0.025～0.045
200/550×1200	(0.03～0.005)×2	300～600	1050	0.045～0.065
254/660×1625	0.25～0.06	300～650	1100	0.08～0.12
254/660×1625	(0.03～0.006)×2	300～650	1100	0.10～0.14
350×800	0.3～0.03	80～120	620	0.015～0.03
230×600	(0.08～0.005)×2	100～150	480	0.09～0.12
300×800	1.0～0.08	70～80	550	0.015～0.025

9.3.1.2　轧辊的静态精度

A　轧辊的表面粗糙度

轧出箔材的光洁度与轧辊的表面粗糙度、轧制过程中的摩擦系数、单位压力的大小等有直接关系。双零铝箔轧辊表面粗糙度参考值如表9-5所示。

表9-5　双零铝箔轧辊表面粗糙度参考值

轧制道次	1、2、3	4、5	6
辊面粗糙度 R_a/μm	0.2～0.24	0.08～0.09	0.03～0.035

常用的粗磨、精磨和抛光轧辊用的砂轮代号及性能见表9-6。

表9-6　砂轮特性

工　序	砂轮代号	砂轮材料			
		磨粒材料	粒　度	硬　度	结合剂
粗　磨	G80ZRIA	普通刚玉 G	磨粒 80 号	中软 $1ZR_1$	陶瓷结合剂 A
精　磨	GB220ZR2A	白刚玉 GB	磨粒 220 号	中软 $2ZR_1$	陶瓷结合剂 A
抛　光	GBM14CRS	白刚玉 GB	微粉 M14	超软 CR	树脂结合剂 S

砂轮的标志方法如下：

GB	220	ZR2	A	P	400×50×203
磨粒材料	粒度	硬度	结合剂	形状	外径×厚度×内径

B　轧辊的几何精度

轧机对工作轧辊的几何尺寸参考值如表9-7所示。

表9-7　箔轧辊磨削精度参考值　(mm)

项　目	辊　身			辊颈圆度	配对辊径差	辊凸度偏差
	圆　度	同轴度	两端直径差			
标准（≤）	0.01	0.005	0.01	0.01	0.02	0.005

9.3.1.3　轧辊的材料和表面硬度

箔材轧机的轧辊多采用含铬的合金工具钢9Cr2，工作轧辊的表面应无缺陷、光亮、坚硬，中心要有足够的韧性，以防止脆断。工作辊必须进行表面淬火，辊身硬度要求在HS95～100以上，在整个辊面上要均匀一致。支承辊不应损伤工作辊表面，因此它的硬度较工作辊低，一般支撑辊辊身的硬度为HS75～80，辊颈的硬度要求在HS45～50左右。

为了延长轧辊的使用寿命，使其多次研磨重复使用，表面淬火层深度不应小于辊身半径的3%，并大于10mm。有的轧机为了从内部冷却轧辊，将轧辊做成空心，其孔径直径约为轧辊外径的1/3。

9.3.2　辊型设计及控制

为了轧制得到厚度均匀、表面平整的箔材，必须合理设计轧辊的辊型，并在轧制过程中通过润滑剂流量分配与调节或采用液压弯辊等方法对辊型加以调整。

9.3.2.1　轧辊辊型挠度计算

轧辊挠度是指轧辊中央至轧件边缘处的挠度差。计算出轧辊挠度，结合轧制时轧辊产生的热凸度，以确定磨辊的原始辊型，使轧出的轧件平整和厚度均匀。

对于铝箔轧制，其第一、二道次，为有辊缝轧制，轧件两侧辊面不发生接触，与板带材轧制相同；但从第三道次开始，整个辊面几乎都处于压靠状态，就是说作用在辊面上的压力分布与板带材轧制不同。箔材轧制没有轧件的富余辊面，整个辊面与预压阶段（即轧件未咬入前）一样存在着压力，只是作用在轧件两侧辊面的压力有所减小，但是为了便于分析和计算，这里假定轧制压力仍均布于整个辊面，因而从辊面压力分布的角度看，铝箔轧制可以近似地看作铝箔作用在整个辊面（即$B=W$），这时轧辊挠度值，则为轧辊中央至辊身边缘的挠度差。图9-7为轧制时轧辊上的压力分布示意图。

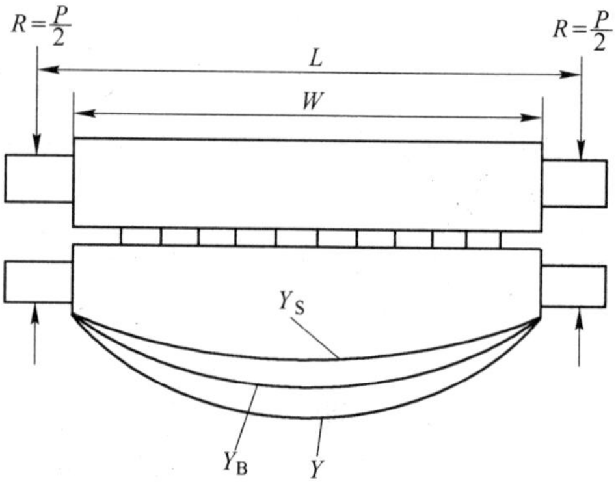

图9-7　轧辊压力分布示意图

轧辊挠度计算方法认为，轧辊挠度是由弯曲力矩和剪切力所产生的挠度之和。把它代入到简支梁的挠度公式的简化式：

$$Y_B=\frac{P}{6\pi ED^4}\times(12LW^2-7W^3) \tag{9-3}$$

$$Y_S=\frac{PW}{2\pi GD^2} \tag{9-4}$$

$$Y=Y_B+Y_S \tag{9-5}$$

式中　Y_B——轧制时由弯曲力矩所产生的挠度，mm；

Y_S——轧制时由剪切力所产生的挠度，mm；

P——轧制力，kg；

E——轧辊材料的弹性模量，$E=22\times10^4\text{kg/mm}^2$；

G——轧辊材料的剪切模量，$G=\frac{2E}{5}$；

D——轧辊直径（对四辊轧机来说指支承辊直径），mm；

W——辊身长度，mm；

L——压下螺丝中心距离，mm。

由于剪切力引起的 Y_S 远小于 Y_B，可以忽略，因而 $Y \approx Y_B$。

以230/550mm×1200mm铝箔轧机为例，计算如下：$L=1740$mm；$W=1200$mm；$D=550$mm；$P_{1-2}=1.0\times10^5$kg；$P_{3-4}=1.2\times10^5$kg；$P_{5-6}=1.4\times10^5$kg；则：

$Y=P\times1200^2/(6\pi\times22\times10^4\times550^4)\times(12\times1740-7\times1200)$

$P_{1-2}=1.0\times10^5$kg　　$Y_{1-2}=0.0474$mm

$P_{3-4}=1.2\times10^5$kg　　$Y_{3-4}=0.0568$mm

$P_{5-6}=1.4\times10^5$kg　　$Y_{5-6}=0.0663$mm

9.3.2.2　轧辊辊型设计

轧辊辊型一般认为轧辊原始磨削凸度 f 是轧辊计算的挠度 Y、轧辊轧制过程中产生的热凸度 Δt 和轧辊磨损凹度 Δm 等各项的代数和。即：

$$f = Y - \Delta t + \Delta m$$

铝箔的轧制温度低，铝本身比钢软得多，所以 Δm 可以不予考虑。

轧辊热凸度按下式计算：

$$\Delta t = mD\rho(t_c - t_s) \tag{9-6}$$

式中　m——考虑轧辊辊芯部与表面温度不均匀系数，取 $m=0.9$；

D——工作辊直径，mm；

ρ——轧辊热膨胀系数，$\rho=11.76\times10^{-6}℃^{-1}$；

t_c——轧辊辊身中部表面温度，℃；

t_s——轧辊辊身边部表面温度，℃。

经辊温测定，传动侧轧辊的表面温度为75℃，操纵侧轧辊的表面温度为74℃，轧辊中心部位的表面温度为80℃，则：

$$t_c - t_s = 80 - \frac{75+74}{2} = 5.5℃$$

$$\Delta t = 0.9\times230\times5.5\times11.76\times10^{-6} = 0.0134\text{mm}$$

根据以上对230/550mm×1200mm轧机举例计算，轧辊的原始磨削凸度：

$f_{1-2}=0.0474-0.0134=0.034$mm

$f_{3-4}=0.0568-0.0134=0.0434$mm

$f_{5-6}=0.0663-0.0134=0.0529$mm

以上只是粗略的辊型设计计算，根据所得结果，磨削的原始轧辊凸度还需要到生产实践中去检验和修正。

9.3.2.3　轧辊的辊型控制

轧辊的凸度对轧出的铝箔的平整度、厚度均匀性以及所需施加于轧辊的压力有决定性影响。如果轧辊凸度偏大，则轧出的铝箔两边紧中间松，必须增加轧辊压力，才能轧出平整的铝箔，但是轧辊中部辊温又会上升，又需要调整油嘴的油量，增加中部油量，减小或关闭边部喷油量，使之保持热平衡。如果轧辊凸度偏小，则轧出的铝箔两边松中间紧，必须减小轧辊压力，才能轧出平整的铝箔，但是由此会使轧辊中部温度降低，铝箔边部又可能松弛，需要调整喷油量，关闭中部喷油嘴，增大边部喷油量使之保持热平衡。轧制中施加于轧辊的压力过大，会发生断辊事故或者造成设备损坏。如果施加于轧辊的压力过小，则又达不到所需的压下量。因此，为了使轧出的铝箔平整度好，又保证设备安全和获得所需要的压下量，轧辊必须有正确的凸度和辊型曲线。根据所轧铝箔的强度、厚度、宽度和压下量不同，对轧辊的凸度要求也不同。

有了合理的辊型曲线以后，在生产操作中还必须控制好辊型，因为在轧制过程中轧件会产生大量的变形热传递给轧辊，使轧辊温度不断地增高，热量沿着箔材与轧辊的接触面向轧辊内部传导，由于轧辊中部热量比较集中，向外扩散缓慢，轧辊两边的热量向外散热快，因此轧辊的全长上出现了温度差，导致中间凸度增大，形成了轧辊热凸度。如果对轧辊温度控制不好，必将导致辊型因热膨胀使凸度过大，原有辊型被破坏，致使箔材变形不均，产生厚度差异，出现波浪，给箔材轧制造成困难，甚至使箔材轧制不能继续进行。

目前影响箔材轧机轧制速度提高的原因之一，是轧辊工作区的辊温不易保持稳定。这是因为辊身温度即使有很小的不均匀，也会引起辊型的紊乱，破坏正常轧制的进行。

影响轧辊热凸度的因素有：

（1）道次加工率大，轧辊温度上升快，轧辊的热凸度大。

（2）轧制速度快，轧辊的热凸度大。

（3）张力增大，特别是后张力增大，会使轧辊的凸度增大。

辊型控制的方法很多，通常采用的有：

（1）调整轧制工艺参数。在轧制过程中，当箔材出现波浪时应根据当时的轧制条件，适当地调节轧制工艺参数，以消除波浪，其主要的措施见表 9-8。

表 9-8　消除波浪的一般方法

调整因素	波浪出现的部位	
	边　部	中　部
压下量	适当增大压下量	适当减小压下量
张　力	适当增加张力	适当减小张力
轧制速度	适当提高轧制速度	适当减小轧制速度
轧制油量	加大边部或减小中部的喷油量	加大中部或减小边部的喷油量

（2）冷却或加热轧辊。高速轧机全部采用外冷却法，就是在轧辊进料端安装几排喷油嘴，喷出轧制油以冷却工作辊和支承辊。各喷嘴的油量可以单独调节其大小，有的轧机还安装有两个可移动位置的喷油嘴，加强辊面上局部地区的冷却，使辊型处于良好状态，此外冷却剂还起着润滑作用。轧机刚开始工作，轧辊处于比较凉的状态时，也可以用较高温度的轧制油预热轧辊，使其先形成一定的热凸度。在一般条件下，轧辊的温度范围如表 9-9所示。

表 9-9 轧辊温度经验值

轧机型号		轧制厚度范围/mm	轧辊温度/℃
类 别	轧辊规格/mm		
二辊粗轧机	350×800	0.8~0.1	90
二辊粗轧机	350×800	0.2~0.04	120
二辊精轧机	230×600	0.08~0.02	140
二辊精轧机	230×600	0.04~0.01	110
二辊精轧机	230×600	0.016×2~0.005×2	100

(3) 利用弯辊装置。轧制箔材出现波浪时，无论是在箔材边部或是在中部，都不利于箔材的继续轧制，虽然可用调节工艺润滑油和压下量等方法来调整辊型，但是调整速度比较慢。近年来在支承辊和工作辊的轴承箱上增加液压装置，迫使工作辊发生弯曲以达到调节控制辊型的目的，轧制中出现波浪时能迅速给予消除，可以大大地改善箔材产品的横向平整度。

液压弯辊装置的优点为：

1) 在轧制过程中可以迅速改变辊型来调整箔材的平整度。

2) 在改变轧制合金种类、箔材宽度和压下量等条件时，可以迅速调整辊型、减少调整辊型的时间和重新换辊。

(4) 辊型自动控制。现代轧机采用了板形检测仪、微处理机等方面的成果，实现了辊型的自动控制。用板形检测仪沿辊身长度的若干区域内进行测量各区的箔材张力。各区对应的支承辊和工作辊上的区段都装上一组或两组喷油嘴。只要把板形检测仪的各区域对应的箔材张力调平衡，即可获得好的板形。在板形出现不好时，张力发生变化，信号通过微处理机，可以自动开启所需区段的喷嘴，得到所希望的工作轧制油的流量来冷却所需冷却的轧辊区域，这样就自动地调节了轧辊的热凸度。

9.3.3 轧制工艺润滑油

同板带轧制的摩擦与润滑一样，铝箔轧制时轧件与轧辊之间的摩擦条件对轧件塑性变形的均匀性和表面质量、电机的能量消耗、轧辊的磨损和轧机的生产效率等都有直接的影响，其原理与机制基本上是相同的。但箔材轧制与板带比较，又有其自己的特点，主要是箔轧时绝对变形量小，0.05mm 以下为无辊缝轧制，箔材表面要求粗糙度低，带油量小，退火后不残留油迹等，这就确定箔材轧制对工艺润滑剂的要求与板带润滑剂比较有不尽相同的技术指标。

9.3.3.1 轧制油的性能和添加剂

箔材轧制润滑剂同样以轻质矿物油为基础，加入一定比例的添加剂组成。

A 箔材轧制用基础油的选择

箔轧对基础油的要求是：在保证安全防火的条件下，闪点低、馏程窄，最好馏程范围不超过 40℃；退火后不产生污染；黏温特性好，对润滑剂的减缩能力影响小；流动性和导热性好。

表 9-10 为几种矿物油和植物油的压下能力和污染能力试验结果。试验条件为：轧机 ϕ230mm×600mm，轧辊凸度 0.11mm，轧制速度 1.23m/s。

表 9-10　各种油类的压下能力试验

序号	单油种	运动黏度（50℃）/$mm^2 \cdot s^{-1}$	闪点/℃	轧制前厚度/mm	轧制后厚度/mm	加工率/%	450℃加热 8h 保持 2h 退火后污染情况
1	煤　油	1.20	60	0.050	0.039	22	无污染
2	5 号高速机油	4.7	108	0.052	0.037	23.9	微
3	缝纫机油	5.5	135	0.050	0.031	38	轻微
4	白　油	8.1	150	0.053	0.031	42.4	轻微
5	20 号机油	19.8	170	0.049	0.022	55.1	轻
6	40 号机油	42.7	195	0.048	0.020	58.3	一般
7	22 号透平油	21.3	164	0.051	0.023	55.4	轻
8	豆　油	21.5	310	0.053	0.015	71.7	重
9	花生油	26.7	253	0.055	0.013	76.4	重

从试验结果可以看出，矿物油中黏度小、闪点低的油，其减缩能力低，退火后不易产生污染。植物油的黏度虽然不如 40 号机油大，但是它是由不饱和脂肪酸和饱和脂肪酸所组成的混合甘油酯，含有极性基，它的减缩能力大，但退火后的污染严重。因此，可以根据轧机性能、轧制工艺要求选用石油产品中某种牌号的液体燃料油或润滑油作为轧制用的基础油，也可向石化炼油厂提出技术指标进行专业生产。

B　轧制油的添加剂

为了获得轧制工艺润滑剂的各种功能，轧出优质铝箔，需在以轻质矿物油为基础的油中加入各种添加剂，常用的添加剂有：

（1）油性添加剂。油性添加剂是带有极性分子的活性物质，能在金属表面形成牢固的吸附膜，加强润滑剂的润滑性，增强减缩能力，使铝箔在轧制过程中获得大的道次加工率。

（2）抗氧化剂。轧制油在储运和使用过程中和空气中的氧长期接触而发生氧化变质，生成酸、胶质、沥青质等化合物。这些物质使油品颜色变坏，黏度和酸值增高，产生沉淀物，使油品导热性降低和腐蚀金属。因此，必须加入抗氧化剂以提高轧制油的抗氧化稳定性。

多数抗氧化剂为酚类和胺类。这些化合物都有一个或几个活泼的氢原子，在氧化作用下较易被氧化。

抗氧化剂的作用在于能连接自由基，因而截断氧化反应的链，或者使过氧化物分解成稳定的化合物，使油品延长使用寿命。

（3）其他还有抗静电剂、黏度添加剂、清净分散剂等。对铝箔轧制来说，最重要的是要求轧制油有较大的减缩能力，退火后不发生污染，以及在使用过程中不易发生氧化变质。

9.3.3.2　对轧制油的技术要求

前面说过，铝箔轧制与板材轧制不同，它属于无辊缝轧制，轧制速度高、厚度薄，轧制过程中对轧制油的敏感性强。所以，对箔材的轧制油有特殊的技术要求：

（1）良好的油性、润滑性、润湿性。轧制油在轧件与轧辊表面形成一层连续的均匀分布的坚韧油膜，能承受大的轧制压力而不破裂，使轧件各部分延伸均匀。摩擦系数小，减缩能力大，轧出箔材的表面光亮。

(2) 良好的流动性、导热性和大热容量。一般要求油的黏度小、流动性好，轧制油容易均匀分布在铝箔表面上，导出大量的变形热和冷却轧辊，调整控制好辊型，轧出铝箔平整。同时对轧辊有冲洗作用，使轧辊保持清洁，降低摩擦系数，增大减缩能力。

(3) 具有适当的闪点。闪点高的油在退火时不易挥发、烧净，往往使箔材表面产生油斑和油粘等废品。但闪点又不能太低，不然在生产时润滑油容易挥发，油烟大，污染操作环境，并且有着火的危险。

(4) 黏度适当，黏温特性好。黏度大的油一般承受压力也较大，但轧出的铝箔表面不光亮，退火后容易产生油斑。箔轧润滑油的黏度随温度的变化要小，否则产品会厚薄不均。

(5) 抗氧化稳定性好，不易氧化变质，有较长的使用寿命。

(6) 不应有水分和水溶性酸碱，以防铝箔腐蚀。

以上各项要求有些是互相矛盾的。在实际使用中应根据生产的具体情况，选择基础油和加入适当的添加剂。

9.3.3.3 轧制油的应用

轧制速度高的四辊不可逆铝箔轧机适合采用低黏度的轧制油。(40℃运动黏度为1.60～1.78mm²/s)。如果轧制油黏度大，流动性和润滑性不好，则产品表面不好，容易断带。导热性差对控制辊型也不利，容易产生废品。另外，黏度大，油中高馏分的油分子相对较多，退火后也容易产生污染。

高速铝箔轧机的轧制油中的基础油一般采用窄馏分火油，其主要理化性能见表9-11。

表9-11 窄馏分煤油主要理化性能（参考）

项目		质量指标
密度（20℃）		实测（一般为808kg/m³左右）
馏程	初馏点/℃	≥203
	终馏点/℃	≤248
闪点(闭口)/℃		≥80
40℃运动黏度/mm²·s⁻¹		1.60～1.78
芳烃含量/%		≤0.50
硫含量/%		≤0.0002
铜片腐蚀（100℃，2h）		不大于1级
水分及机械杂质		无

火油的馏程窄，对箔材生产质量有利，但油的馏出量少、价格贵。馏程宽则馏出量多，但对箔材质量有影响。另外，初馏点低，不利于安全防火，干点高了退火后易出现油斑。

高速轧机轧制油的添加剂采用硬脂酸丁酯、椰油酸甲酯等，添加量约3%～5%。它们是表面活性物质，90%以上是饱和脂肪酸成分，所以减缩能力好，退火后不产生污染。

轧制油中往往加入少量的抗氧化剂，以延长轧制油的使用寿命，通常采用246抗氧化剂。

轧制油通过以硅藻土和漂白粉为过滤介质的板式过滤器过滤后循环使用，其过滤精度随过滤介质颗粒大小的分布不同而不同。粒度大则过滤精度差，粒度小则过滤介质使用周期短，所以过滤介质大小颗粒分布要合适，才能对轧制油起到好的过滤效果。

10　铝箔加工工艺与质量控制

10.1　铝箔的合卷

由于轧制时轧机机架发生弹性变形，轧辊发生弹性压扁，当轧件厚度轧到接近极限厚度时，再使轧件变薄是很困难的。一般采用叠轧的方法使之继续变薄，这样可以减少轧辊的单位压力，提高产量和质量。这就得将两张箔叠合一起进行轧制。

10.1.1　合卷机的种类

目前双合轧制的生产工艺有两种：一种是在专用的合卷机上进行双合和切边，然后在精轧机上轧制；另一种是直接在精轧机上进行双合切边轧制。这两种生产工艺各有特点。由于近代铝箔轧制技术的进步，生产出来的箔材厚度偏差小，一般在 ±4% 以下，而且表面平整，轧制过程中断带次数少，因此近代铝箔的双合轧制，趋向于在铝箔精轧机上直接进行双合切边轧制。其优点是：

(1) 省去了一道工序，提高了生产效率和成品率。

(2) 不设合卷工序，节约了合卷设备的投资和占地面积。

(3) 提高产品质量，在双开卷的精轧机上可以根据轧制情况及时进行调整，避免双合工序造成的一些缺陷。

其缺点是双开卷的箔卷断头或双合轧制中开卷侧产生断带时穿料不方便。

合卷机配备有圆盘剪刀进行切边。因为箔材经 4 ~ 5 道次轧制后，边部有了大小程度不等的裂口，如不在轧制前切去，继续轧制时容易引起断带，合卷时切边能保证两张叠轧的铝箔一样宽一样齐，不致于在叠轧时裂边。合卷机上的导辊是为了增加张力，调整两边的松紧度和使铝箔展平使用的。

10.1.2　铝箔合卷工艺

对合卷的质量要求为：

(1) 合卷的两张铝箔厚度应尽量均匀，其厚度相差应小于 0.001mm。

(2) 双合时，两张铝箔的张力要求接近，如果一张紧一张松，在双合轧制时受力不均，容易引起断带。

(3) 双合后的铝箔卷要求缠紧缠齐、无夹边、无毛刺、无横波。

(4) 两个要合卷的铝箔其原始状态力求相近。否则，双合轧制时，由于原始状态不同，轧制变形不均匀，容易引起断带。

合卷机的剪切工艺参数见表 10-1。

除了生产很薄的铝箔需要在合卷机双合以外，有时为了获取无光泽面的铝箔，对 0.05mm 以下的铝箔也可以双合轧制。

表 10-1　合卷机剪切工艺参数　（mm）

剪切分类	剪切厚度	剪刃重叠	剪刃间隙	双合箔箔厚差	切边量
成品剪切	0.02～0.20	0.8～1.2	0.01～0.05		10±3
双合切边	每张厚≤0.03	0.8～1.2	0.01～0.05	≤0.001	10±3

合卷时产生的主要缺陷是横波和松卷。横波在端面上的反映是箭头，其主要原因是张力控制不当。开始张力小，后来张力大，或者卷得松，设备有振动，也易产生横波。

10.2　箔材的剪切

铝箔的剪切，按其供应状态分为硬状态（退火前）剪切和软状态（退火后）剪切两种。

10.2.1　剪切机的种类

根据剪切的厚度不同，可分为薄箔剪切机（0.005～0.03mm）和厚箔剪切机（0.03～0.2mm）两种。

根据卷取轴不同，可分为双轴剪切机和单轴剪切机。双轴剪切机把切开的铝箔按1、3、5、…和2、4、6、…的顺序缠在两根轴上。单轴剪切机是把若干条切开的铝箔缠在一根轴上，待切完后再把它们分开。

现在铝箔生产厂一般使用分剪机，在此设备上分卷和剪切可一次完成。

铝箔断头时可用接头器在接头板上来回滚动，使两张铝箔机械咬合，达到接头的目的。现在多数工厂采用超声波焊接仪进行铝箔接头，超声波功率为200W，频率为22000Hz以上，焊接速度为5.6～560mm/min。

10.2.2　铝箔剪切工艺

铝箔剪切速度一般为40～300m/min。当剪切薄的铝箔和多条成品时，剪切速度应该慢些；不经退火的箔材剪切的速度可快些。

剪切过的铝箔缠在管芯上，其长度应正好符合剪切后的箔材宽度，内径应符合卷取轴的直径。剪切出厂的箔材常使用金属、塑料和纸管芯。管芯壁厚一般1～4mm。

成品剪切宽度的允许偏差，按相应的技术标准要求执行。

剪切的注意事项为：

（1）剪切前，先将上下刀用汽油擦洗干净，垫片和刀轴套的尺寸要与轴的尺寸相适应，以防发生窜动。

（2）剪切刀片表面必须平整，无裂缝、裂口、刀锋要锐利。上刀斜度为15°～30°，上下刀的圆度不大于0.01mm，刀片的厚度公差不大于0.01mm，上下刀有问题时要及时更换。

（3）穿料时必须对正中心。

（4）切下的边必须送入风道，防止卷入铝卷内造成夹边、印痕等缺陷。

（5）注意调刀，调刀工艺参数见表10-2。

表 10-2　剪切调刀参数　　　　(mm)

剪切厚度	剪刃重叠量	剪刃间隙	每边切边量
0.20～0.031	0.8～1.2	0.01～0.05	10±1
0.03～0.005	0.5～1.0	0.01～0.02	10±1

(6) 注意随时调整卷取轴的风压，以用手轻轻往上搬动卷取轴时能轻微抬起为上限，剪切铝箔时，应随卷径逐步增大，适当增加风压。

(7) 控制好前后张力，后张力以拉平为准，卷取张力要保证拉平、卷紧、缠齐。

(8) 开始开车时速度要慢，缠头要紧，接头要接齐、接牢、拉平。剪切速度要稳定，避免快慢波动，防止产生横波及断头。

(9) 上卷、卸卷要严防磕碰伤。

10.3　箔材成品退火

铝箔经加工变形后的组织和性能状态、铝箔在退火过程中的组织和性能的变化及退火过程中的回复与再结晶机制，与板带材是基本相同的，不再进行讨论。这里只就箔材退火与板带不尽相同的工艺参数和注意事项作简要介绍。

10.3.1　退火主要工艺参数的选择

工业用铝及铝合金主要依靠冷变形和再结晶退火来控制产品的晶粒度和性能。

10.3.1.1　退火温度和保温时间的选择

退火温度的高低，主要由材料的性质和退火目的来决定。纯铝和单相合金，可以根据性能要求和再结晶温度的高低来确定。多相合金，特别是有溶解度变化的合金，除了考虑再结晶温度外，还要考虑第二相的溶解和析出过程对退火产品质量的要求。对铝及铝合金箔来说，还要考虑去除轧制油的问题，所以退火时间比板材要长一些。

在不同温度区域内退火，力学性能的变化程序是不同的。生产半硬制品，在高于再结晶开始温度，低于再结晶完成温度下退火，能够得到强度和塑性的良好配合。生产软制品或为了完全消除加工硬化效应，就必须在高于再结晶完成的温度下退火。但应防止过高引起的过热和过烧现象。

金属升温到退火温度后的保温时间长短，主要根据装炉量、箔卷直径、宽度大小和加热炉温度的控制精度等来决定。保温的目的是使每个铝卷表里均能达到退火温度均匀，以保证得到力学性能均匀的软制品和去净其轧制工艺油。

10.3.1.2　加热速度

快速加热可以节能，还能使退火后的晶粒细化。快速加热时，在再结晶开始前受回复过程的影响较小，成核的数目多，所以再结晶退火后的晶粒细，但加热速度过快，卷内外温度梯度大。前已述及，再结晶温度不是一个固定的、确定的概念，它是随冷加工量、加热升温中的回复程度、在再结晶温度下的保温时间的不同而不同。快速加热，伴随着的是在高温下升温，卷外层开始再结晶，卷内层尚未达到再结晶开始温度。待卷内层达到再结晶温度时，卷外层晶粒在高温下已经长大了，容易造成箔卷晶粒组织和性能不均匀，同时还会引起箔材板形不良。在较低温度下缓慢加热，虽然变形金属会发生回复过程，发生第二相质点的溶解，减少成核质点数目，使晶粒粗化；但温度较低，刚过再结晶的起始温度，不致发生晶粒的二次长大，可避免或减小卷内外组织和性能的不均匀性。所以，在很多情况下，铝箔都采用低温长时间退火。

10.3.1.3 冷却速度

纯铝和5A02、3A21等不可热处理强化合金，可以出炉在空气中冷却。但对箔材板形要求严格的产品，在冷却速度快时，卷外层冷，内层热，外层材料开始收缩，内层却阻碍其收缩，会产生温差应力，损害板形。所以，在某些情况下，需要随炉冷却至一定温度时再出炉，以降低其冷却速度。

10.3.2 消除退火铝箔表面污染的方法

经试验研究认为，油斑、油粘的产生，与轧制润滑油的组分、热处理工艺、铝箔轧制的平整度和缠卷松紧程度等有关。消除退火铝箔表面污染的方法即从这些方面入手：

（1）选择合适的轧制工艺油。轧制油基础油和添加剂的选择在轧制油章节中已经说明。这是产生表面污染的原因。液压油、机械润滑油黏度大，馏程高，若发生泄漏，混合到工艺润滑油中，将使轧制油受到严重污染。当其含量达到一定程度之后，材料的退火油斑就很难根除。为解决这一问题，需在线增加轧制油再生装置，将混入的液压油、润滑油随时去除干净。

（2）采用合适的热处理工艺。退火温度低，此时易挥发的组分挥发了，而难挥发的组分留在卷内，形成一薄层黏度较大的油膜，称为油粘。当铝箔较厚、其开卷拉力大于油膜分子内聚力很多时，铝箔可以展开，但会产生沙沙声响。而铝箔较薄时，则可能因打不开而报废。退火温度高，加热时间不足，箔卷中轧制油未充分挥发和燃烧，容易产生油斑和油粘；也会发生聚集再结晶而使力学性能降低。因此，铝箔退火应根据合金、再结晶温度、轧制油的成分、箔材厚度、宽度、卷径、装料量等来确定加热温度和加热时间。概括地说，对厚箔采用退火温度稍高，加热时间稍短；对薄箔则采用退火温度稍低，加热时间较长为宜。

（3）采用合适的轧制工艺。选择合理的原始辊型，根据轧件的性能、宽度、轧制油性能和成品规格，合理分配加工率、控制好辊型，使轧出的箔材平整，箔卷缠紧。

箔材越厚，或者轧件的屈服强度越大，则层与层之间的紧贴程度及轧制后的平整度都要差一些。层与层之间的不平处就有一层空隙。空隙内充满空气，容易产生残炭而形成油斑。缠得紧的箔卷中，箔面平整，层与层之间紧贴，基本上无氧气存在，退火加热时，轧制油只能挥发而不发生燃烧；在箔卷边部处，即端面处，也因为空气流动良好，富氧而燃烧完全，因此不产生油斑。褐色油斑往往都产生在不平整处和邻近边部处。这些地区缺氧，卷内油分子因受热而向边部扩散，在缺氧而燃烧不完全时就产生油斑。铝箔卷接头处容易产生油斑也是这个道理。这说明轧制铝箔卷时一定要注意铝箔的平整度和箔卷缠紧的程度。

（4）采用保护气体退火或真空退火。在高于铝箔再结晶温度加热，采用保护气体退火，由于无氧气，轧制油只能蒸发而无氧化燃烧，所以不会出现油斑和油粘。退火后铝箔表面光亮，但是要完全去除铝箔表面的轧制油，则需采用真空退火处理。作电解电容器用的铝箔，严格要求表面无油，所以通常采用真空退火。

10.3.3 铝箔成品退火制度（举例）

铝箔软制器皿退火工艺制度见表10-3。

表10-3 软状态制品退火制度（参考）

合金牌号	成品厚度/mm	退火温度/℃	保持时间/h	冷却方式
1A93～1A99	0.05～0.12	280～320	6	出炉空冷
1070A～1050	0.007～0.016	340～380	6	出炉空冷
	0.007～0.20	400～440	6	
3A21	0.03～0.20	400～440	6	出炉空冷
5A02	0.03～0.20	340～380	6	出炉空冷

10.4 铝箔的质量检测与分析

生产铝箔要达到先进标准的要求，难度是很大的。主要是厚度偏差、针孔和板形，是双零箔生产的技术关键。它无论是在设备方面，还是在生产工艺和产品质量控制方面，都有大量的技术工作要做，特别是采用电解铝液铸轧坯料生产双零箔材，尚处于研发阶段，有许多问题需要解决。广大铝加工科技工作者应予高度重视，协同攻关，在生产技术上取得突破。

10.4.1 铝箔质量

衡量箔材质量好坏的主要指标有几何尺寸、表面质量、力学性能、内部组织和理化性能等：

（1）几何尺寸。几何尺寸主要指厚度的纵向和横向偏差、宽度偏差以及剪切后箔卷的错层和端面的整齐程度。

铝箔因为厚度薄，特别是双零箔，与板带材相比，在使用时对其产品质量有着不一样的要求。产品厚度偏差：板带材要求厚度偏差一般可达1%，0.5mm以下厚度可达1.5%；但箔材用此标准衡量是很难做到的，0.01mm以上实际可做到2%～3%，双零铝箔要做到3%就比较困难了。当然，随着科学技术的发展，高精度箔材轧机的出现，轧制的箔材厚度精度越来越高，厚度偏差越来越小，将其厚度偏差控制在3%范围内也将逐渐成为现实。

（2）表面质量。表面质量是铝材质量的一个重要指标，对于铝箔尤其重要。产品的表面质量和内在质量是互相联系和互相影响的。铝箔表面质量的好坏不仅关系到产品的外观，而且是产品内在质量的重要标志。如果铝箔表面产生针孔、擦伤、腐蚀、皱纹等缺陷，会使铝箔在轧制和精整过程中产生断带。可以这样说，表面质量好的铝箔，其内部质量也大多是好的，而表面质量不好的铝箔，其抗拉强度、伸长率等质量也大多是不会好的。

铝箔表面质量主要是指表面是否光亮、平整，有无擦伤、划伤、油斑、皱纹、印痕、腐蚀斑痕、金属和非金属压入物。切成的铝箔端面是否有毛刺和毛边，箔卷是否卷紧，对厚度较薄的铝箔还需要检查针孔的多少以及密集程度。薄的铝箔产生针孔是必然的，它对铝箔的防潮、保香、强度、伸长率等都有影响，因此针孔多少是衡量铝箔质量的一个重要指标。

铸锭中的夹杂、气孔、氧化膜是铝箔产生针孔的重要原因。铝箔生产的轧制工艺、润滑油的质量、轧制设备状况、工艺操作技术和生产现场环境是造成铝箔针孔的外因。为获得针孔少的优质箔材，采取对熔体过滤和除气，选择合适的轧制油并进行过滤，采用合适的工艺参数，良好的操作技术和洁净的生产环境是生产出针孔少的优质铝箔的必要条件。铝箔厚度与针孔产生数量是密切相关的，其发生率见表10-4。

表10-4　铝箔的针孔发生率

铝箔厚度/mm	针孔发生率/%	铝箔厚度/mm	针孔发生率/%
0.008	100	0.016	20
0.009	70	0.025	10
0.0010	30	0.030	0

当前铝箔针孔的世界先进水平为0.01mm以上箔材不大于1个/m^2；双零铝箔不大于70个/m^2。我国国家标准规定的针孔数如表10-5所示。

表10-5　铝箔针孔

公称厚度/mm	针孔数/个·m^{-2}(≤)			公称厚度/mm	针孔数/个·m^{-2}(≤)		
	优	良	合格		优	良	合格
0.0060～0.0080	300	600	1200	0.021～0.05	10	20	30
0.0081～0.010	50	100	200	>0.05	0	0	0
0.011～0.020	20	40	60				

（3）力学性能和内部组织。箔材力学性能主要是指抗拉强度和伸长率。对包装用和某些航空工业用的铝箔有的还需要做弯曲试验；还有一些铝箔有特殊工艺性能要求，如测定破裂强度、黏结强度等；箔材的内部组织一般不用检定，但实际上某些品种的箔材，如高纯铝、3A21箔等容易出现粗大晶粒，在生产中要选取合适的工艺，控制成品箔材的晶粒度。总体要求是，力学性能柔韧性好，箔材的各项力学性能指标满足标准要求。

（4）理化性能。根据不同的技术条件，需要测定直流电阻、透湿度、反射率、腐蚀速度等。

10.4.2　铝箔质量检查方法

为了确保产品质量满足各种技术标准或协议的要求，必须对成品箔材的某些主要质量特性值进行检验：

（1）几何尺寸：

1）宽度。采用钢板尺或卷尺进行检测。

2）厚度：

①厚度在0.05mm以上的铝箔用千分尺（测微计）检测。它是利用螺旋的作用，使测量螺杆沿轴向移动来测量箔材的厚度。其精度为0.001mm或0.002mm。

②厚度在 0.006～0.05mm 的铝箔常用精度为 0.1～0.5μm 带球形头的光学测厚仪检测。测厚仪的测量压力应不超过 250g，球形测量头的半径范围为 16～20mm。

测量前，先调节手轮，查看标尺是否对准零位。测量时，用提升器将带测量头的测杆提起，再将铝箔放置在平台与测量头之间测量。测量后，取出铝箔再查看标尺是否对准零位，否则需要重新对零后再检测。

（2）表面质量。除了用肉眼检验铝箔表面质量外，箔材针孔的检查采用下述方法：

1）将铝箔展平，覆盖在测量面积为 $0.1m^2$ 的日光灯针孔检测器上，以观察针孔的分布和数量。

2）将铝箔展平，放在放大倍数为 20 倍的投影放大仪的玻璃载物台上，可以定量地测量出个别大针孔的尺寸。

3）表面残油检测。采用试验液体对铝箔表面进行润湿性试验。液体对表面的润湿性越好，残油越低。

试验液：用蒸馏水和酒精按一定体积比例混合，配制比例应符合表 10-6 的规定。

表 10-6　试验液配制比例表

级　别	蒸馏水/%	酒精/%	级　别	蒸馏水/%	酒精/%
A	100	0	D	70	30
B	90	10	E	60	40
C	80	20			

试验方法：从铝箔卷表面撕去厚度约为 1mm 厚的铝箔后，立即用毛刷或棉球蘸取备好的试液刷拭适当面积的铝箔表面，将铝箔倾斜 30°～45°（与垂直方向），试液在铝箔表面呈连续流线状，且润湿面积不收缩时，则表明被检铝箔表面润湿性达到该试液对应级别。

试验条件：在常温下进行试验。对于双合铝箔，应选择无光泽面进行检查。

（3）力学性能。箔材的抗拉强度和伸长率按 GB 228《金属拉力试验法》的规定进行检测。

10.4.3　箔材主要质量缺陷及分析

铝箔生产流程长、工序多，会产生各种各样的缺陷。这些缺陷是怎样产生的，容易在哪些工序产生，下面将讨论这些问题：

（1）针孔。针孔是穿透箔材的无规律的孔眼。随着箔材厚度减薄针孔数量增多，迎光可见针尖细小的孔洞，其分布或密集，或成行，或分散。

针孔在一定程度上反映了厂家生产板带箔的冶金质量和工艺技术水平。就 0.006～0.007mm 铝箔而言，国际、国内先进水平为不大于 80 个/m^2，国内标准规定：优等水平为不大于 300 个/m^2，良好水平为不大于 600 个/m^2，合格品为不大于 1200 个/m^2。由此可见，国内外先进水平与国内一般企业的生产水平差距是很大的。

针孔形成的原因是多方面的。在熔炼、铸轧（铸造）章节中讨论过的合金成分设计、熔体精炼方法、熔体的变质剂与变质效果、熔体过滤精度、铸轧工艺设计、生产环境等，都与针孔的形成有着密切的关系，这里不再赘述。下面讨论铝箔毛料的晶粒均匀度、毛料表面粗糙度、箔轧时张应力的大小对铝箔针孔形成的影响：

1）毛料晶粒均匀度的影响。铝箔毛料在铸轧过程中如果出现粗细晶区、粗细晶带或两面晶粒不一致；在板带退火过程中发生二次再结晶（晶粒二次长大），由此将引起大晶粒区产生孔洞或针孔，甚至引起断带，使箔轧无法进行。

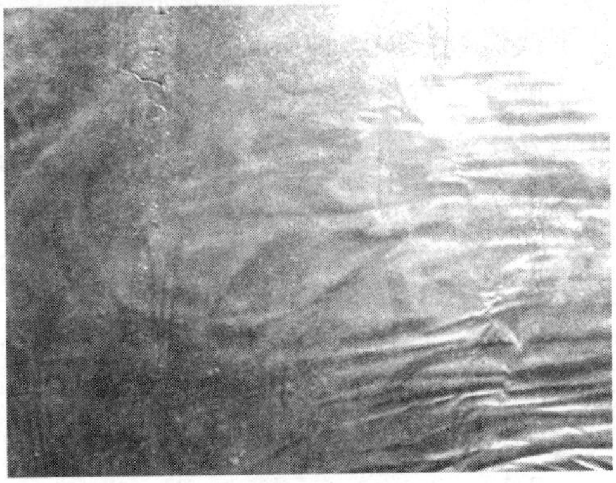
图 10-1 箔毛料退火发生二次长大晶粒压延变形后的组织

图 10-1 为 0.5mm 纯铝带材退火后冷加工至 0.05mm 的组织。由于退火温度偏高，板面发生了二次晶粒长大，即在细小晶粒的基底上出现了由细小晶粒包围的大晶粒。这些大晶粒在加工过程被显著拉长了。细小晶粒区虽然也被拉长，但表面平整光洁；而大晶粒区则表面粗糙，凹凸不平；最大的晶粒区已经出现裂缝和孔洞。

发生这种情况的原因是：金属变形主要是通过晶体中的位错沿滑移系统（滑移面、滑移方向）的滑移引起。而多晶体形变的最大特点是晶粒形变相互协调性。若因某种原因晶粒的形变不能互相协调或协调不好，材料塑性就差，在发生很小的变形量后即可能发生断裂。现在晶粒大小不均，大晶粒被小晶粒包围。根据位错理论推导，材料的屈服强度与晶粒大小的关系为：

$$\sigma_y = \sigma_i + k\frac{1}{\sqrt{d}} \tag{10-1}$$

式中 σ_i——阻止位错滑移的点阵摩擦力；

σ_y——屈服强度；

k——常数；

d——晶粒直径。

由式 10-1 看出，晶粒越大，屈服强度越小，变形越容易发生，因此率先变形。反之，晶粒越小，屈服强度越大，越难变形，变形滞后。这样大小晶粒之间，存在着变形应力差、变形时间差，滑移很难协调。因此，大晶粒区容易发生断裂和孔洞。

此外，根据裂纹和成长理论，塑性材料的断裂主要是剪切断裂。断裂有两个过程：首先，生成裂纹源，或称微裂纹；其次，微裂纹长大。微裂纹的形成见图 10-2[16]。

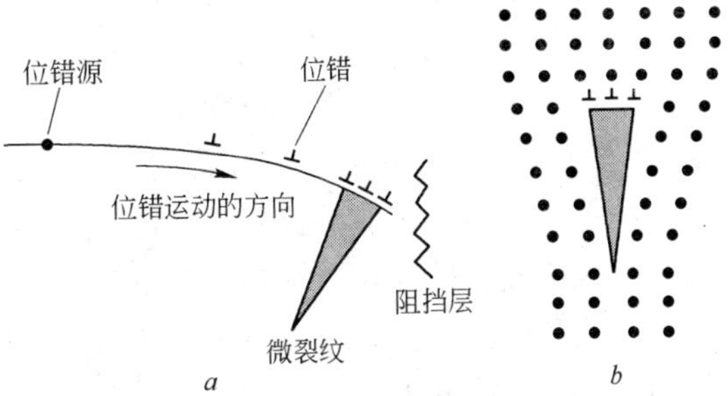

图 10-2 位错移动和微裂纹形成示意图
a—变形时位错源产生的位错在阻挡层塞积；
b—几个塞积位错在晶体内形成微裂纹

在变形过程中，位错源产生的位错

沿滑移面和滑移方向滑移一定距离后，在阻挡层塞积产生微裂纹，或几个塞积的位错在晶体内形成微裂纹。这种微裂纹无论大晶粒还是小晶粒，都会发生，但一般很难察觉，而且是稳定的。只有微裂纹长大发展，才能产生断裂和孔洞。而微裂纹的扩展与材料的屈服强度、晶粒大小、表面能等有关。微裂纹是否扩展的判别式为[20]：

$$\sigma_y K_y \sqrt{R} = \beta GS \tag{10-2}$$

式中 σ_y——外加应力；

R——晶粒大小之半；

G——切变弹性模量；

$\beta \approx 1$；

S——表面能；

$K_y = \sigma_d \sqrt{l}$；

σ_d——使位错滑移之临界应力；

l——某一堆积位错与另一位错源的距离。

将式 10-2 整理得：

$$\sigma_y = \frac{\beta GS}{\sigma_d \sqrt{lR}} \tag{10-3}$$

当 $\sigma_y < \dfrac{\beta GS}{\sigma_d \sqrt{lR}}$ 时，形成稳定裂口，即稳定微裂纹，不发展，不断裂。

当 $\sigma_y > \dfrac{\beta GS}{\sigma_d \sqrt{lR}}$ 时，外加应力比微裂纹发展所需之力大，故微裂纹扩展，引起孔洞和断裂[18]。

由式 10-3 看出，晶粒越大微裂纹扩展所需之力越小，也就是说在形变过程中，在相同的外力作用下，大晶粒区越容易产生孔洞和断裂。生产实践证明，在晶粒大小不均匀的板面中，晶粒细小均匀区尚未见到孔洞，而在大晶粒区，孔洞与断裂已明显出现，且晶粒越大，孔洞、裂纹越大，晶粒较小，孔洞裂纹也较小。由此可以推断，如果箔材毛料晶粒大小不均匀，则可能使箔材的针孔增加。

2）毛料晶粒度和表面粗糙度对针孔的影响。晶粒度与表面粗糙度存在着一定的关系。晶粒尺寸越粗大，轧制后板面粗糙度越高（见图 10-3）。而表面粗糙度与箔材针孔的关系如图 10-4 所示，粗糙度越高，针孔越多。

生产实践证明，铸轧晶粒粗大，达到五级时，其双零箔的针孔与铸轧晶粒为一级的均匀细小晶粒比较，即使在后续相同的生产工艺条件下也要多得多。其原因是：铸轧坯料虽然经过冷轧和中间退火，板带组织有所改善，但是：①晶粒组织有一定的遗传性，即原始晶粒粗大的，在冷轧退火后，相应地比原始细晶粒的组织要粗大；②粗大组织在冷轧过程中，其晶粒与晶粒之间的变形很难协调，板带表面粗糙，存在凹凸不平，甚至存在微小孔洞和小裂口，成为针孔的根源；③箔轧时，润滑剂中存在铝屑和其他污染物，板带表面的凹陷处可能成为铝屑和油污的藏身地，待铝箔厚度小到一定程度时，即成为裂口或针孔。

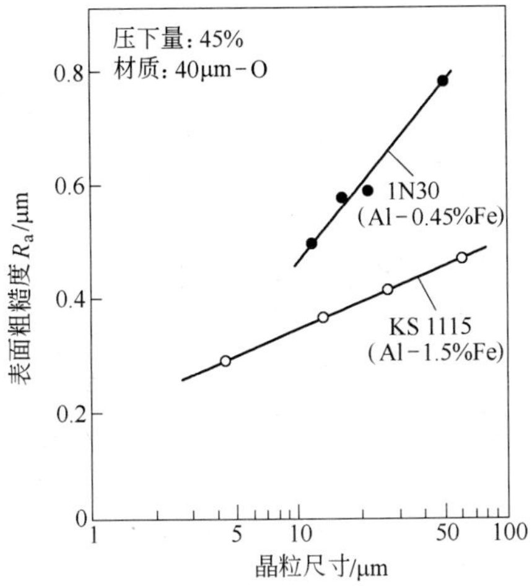

图 10-3 晶粒尺寸对麻面粗糙度的影响

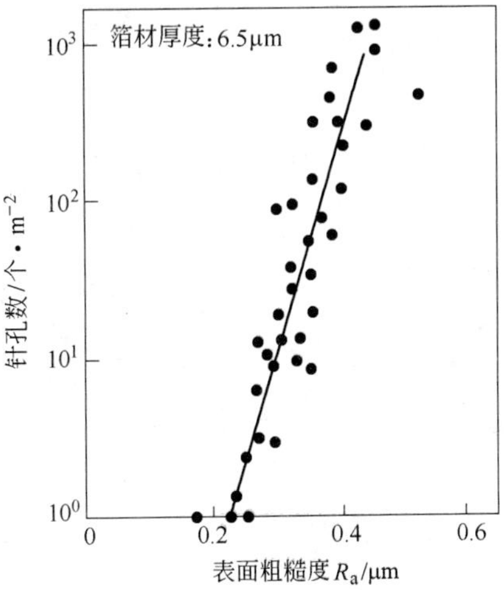

图 10-4 表面粗糙度对箔材针孔的影响

3）轧制张应力对针孔的影响。某厂采用电解铝液铸轧坯料，生产 0.007mm 铝箔时，在其他条件相同的情况下，改变叠轧的张应力，结果是：当张应力为 30MPa 时，针孔为 32 个/m^2；张应力为 50MPa 时，针孔为 70 个/m^2。大量事实证明，随着轧制张应力的增加，针孔度相应增加。

针孔随张应力增加而增加的原因：从微观来说，晶粒的细小均匀是相对的，不均匀是绝对的（见图 10-5）。晶粒与晶粒之间，其大小、形状总是存在着差异，只是绝大多数差异甚微，极少数差异较大。上面已经讨论了大晶粒区比小晶粒区容易出现孔洞与断裂的原因。不难理解，张力小时，虽然晶粒大小存在差异，但其张应力较小，其由位错滑移、堆积引起的大晶粒区的微裂纹，仍然是稳定的，不足以使之扩展成孔洞和裂口；但当张应力增加时，大晶粒区原来处于稳定态的微裂纹被激活了，扩展成了孔洞和裂口，从而使针孔增加。

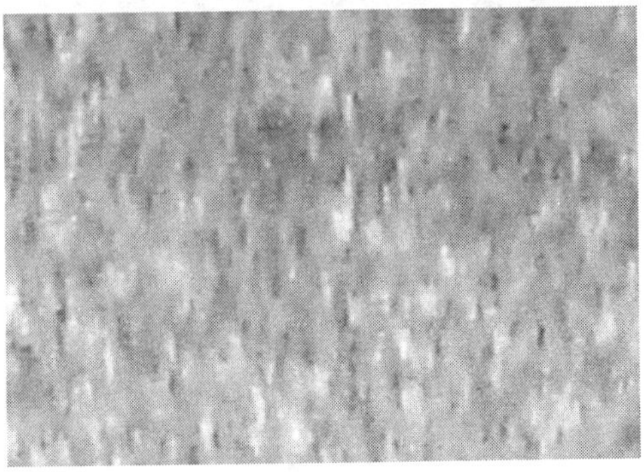

图 10-5 铝箔毛料晶粒组织放大图

影响针孔增加的原因还很多，如润滑剂过滤精度低，存在颗粒夹杂物；环境洁净度差，尘埃颗粒多等，都会对针孔产生影响。这里不再讨论。

（2）轧制条纹。轧制条纹是铝箔叠轧时轧制面（光亮面）沿轧制方向分布着相互平行的条纹（见图 10-6）。白色的明条纹有明显的擦划痕迹；叠合面（暗面）条纹看似凸出表面（见图 10-7），类似于起棱缺陷。

产生原因：轧辊辊面粘铝或某些金属及非金属颗粒物对辊面造成损伤，划出条形或点状伤痕，若伤痕损伤的是支承辊面，或由工作辊传递到支承辊上（见图 10-8、图 10-9），则由于支承辊和工作辊轧制时运转的线速度不同，反馈到工作辊上，时间长了便在工作辊

图 10-6　0. 02mm 铝箔光面的轧制条纹

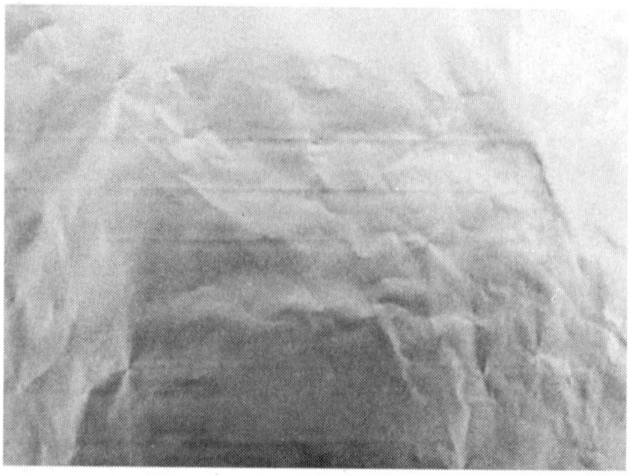

图 10-7　与图 10-6 相对应的暗面的轧制条纹

图 10-8　支承辊中部的细小环状条纹

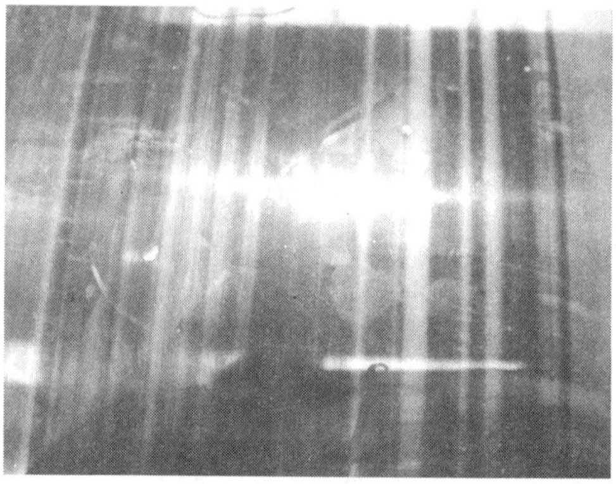

图 10-9　支承辊面上的凹坑和明暗条纹

圆周面上刻下直线伤痕，很显然，这些伤痕压到箔材表面就成了图 10-6、图 10-7 的轧制条纹或擦划痕。

（3）人字纹。人字纹是铝箔表面缺陷花纹呈人字形（见图 10-10）。人字两侧的条纹各自互相平行，两侧条纹相交的夹角略大于 90°，类似于板带材的松树枝纹。一般出现在某一局部区域，整个板面都存在人字纹缺陷的较少见。

图 10-10　人字纹缺陷

形成原因：与板带材松树枝纹相同，即加工率太大、油膜强度低、变形区温度过高引起。

（4）通条孔洞。通条孔洞是沿轧制方向分布的、断断续续的、基本上可连接成一条直线（但又不是严格意义上的如上述轧制线一样的直线）的小孔洞缺陷（见图 10-11）。它可以纵贯一定长度，也可能纵贯整个卷材。

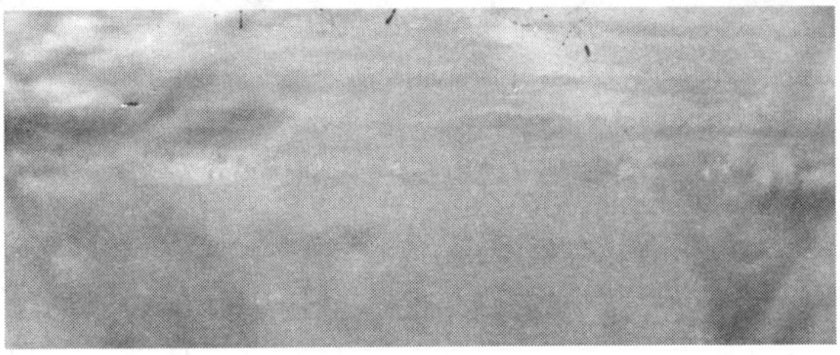

图 10-11　通条孔洞

形成原因：非箔轧本身产生，可能为铝箔坯料存在通条缺陷引起，特别是铸轧板产生的通条小裂口（见铸轧篇）是这种缺陷产生的主要原因。

（5）皱纹。皱纹是铝箔表面形成的局部起皱现象，分为横向皱纹（与轧制方向垂直，见图 10-12）、纵向皱纹（与轧制方向平行）、斜向皱纹（与轧制方向成一定交角，见图 10-13）。

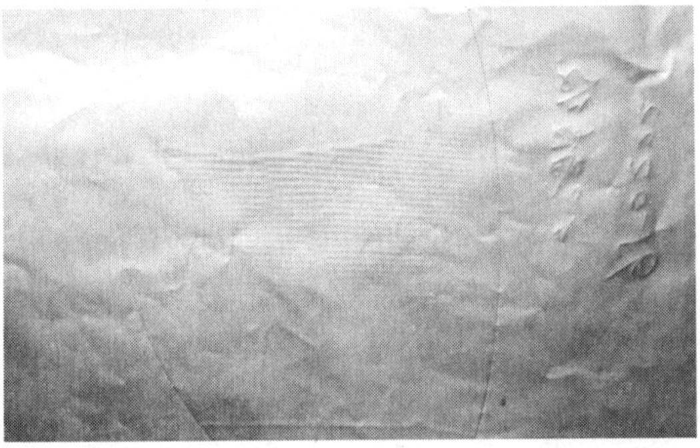

图 10-12　中部横向皱纹

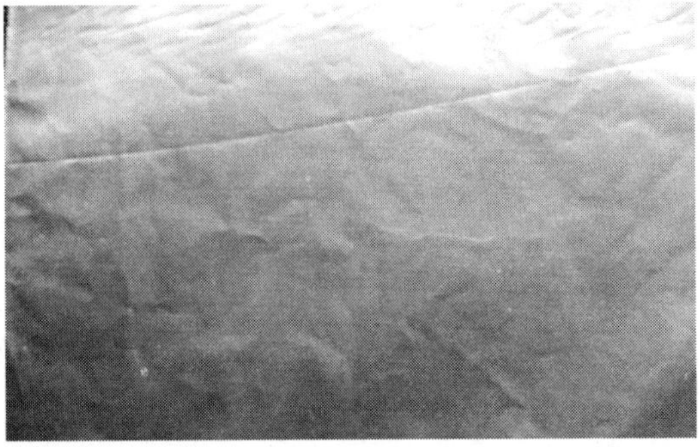

图 10-13　边部斜向皱纹

形成原因：轧制时发生波动，压下量不均匀，箔材板形不好，表面不平整；套筒圆度、圆柱度超差；压平辊与箔卷沿轴线方向未发生全接触，部分区域压平辊不起作用，或在轧制过程中压平辊跳动；分卷卷取轴不正，张力过松，两轴速度不一致；剪切时张力松紧不适当等均可能产生皱纹。

（6）辊眼。辊眼是箔材表面沿轧制方向周期性地出现孔洞或凹陷（见图 10-14）。其对应两辊眼间沿轧制方向的距离与箔轧工作辊的圆周长度大体相等。

形成原因：箔轧辊面粘铝或粘有其他颗粒物引起。

（7）气道。气道是在箔材生产过程中，随着板带厚度的减小，沿轧制方向出现严重的通条缺陷。缺陷长度较长，甚至可能纵贯全卷。缺陷处可分层，分层后缺陷内表面发亮，有的地方还能出现孔洞（见图 10-15 ~ 图 10-17）。

形成原因：铸轧带坯有气道，检验未发现，在箔轧中才暴露。有些微小气孔或气道，在箔轧的前三、四个道次都不能发现，待轧五、六个道次时，即暴露无遗。

（8）起棱。起棱是箔卷表面局部凸起（见图 10-18、图 10-19）。卷径增大，起棱处手感明显。

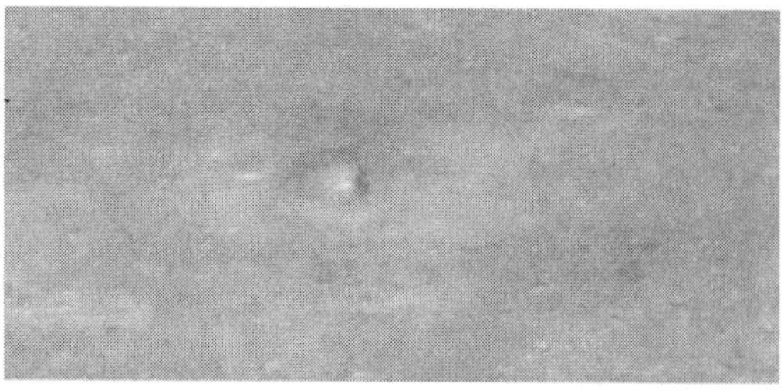

图 10-14　辊眼

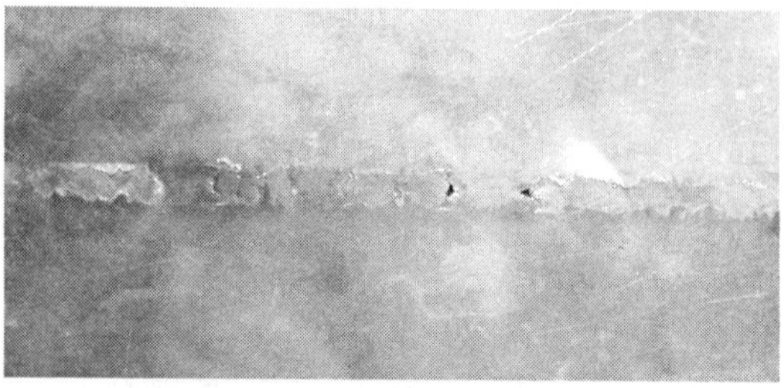

图 10-15　箔材中部气道

图 10-16　箔材边部气道（下边）

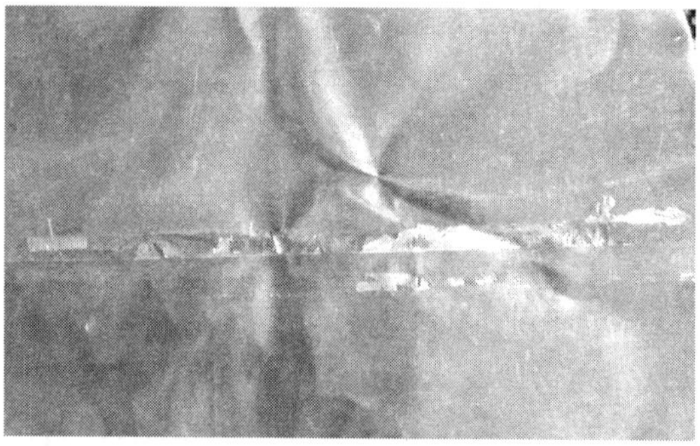

图 10-17　箔材中部双气道

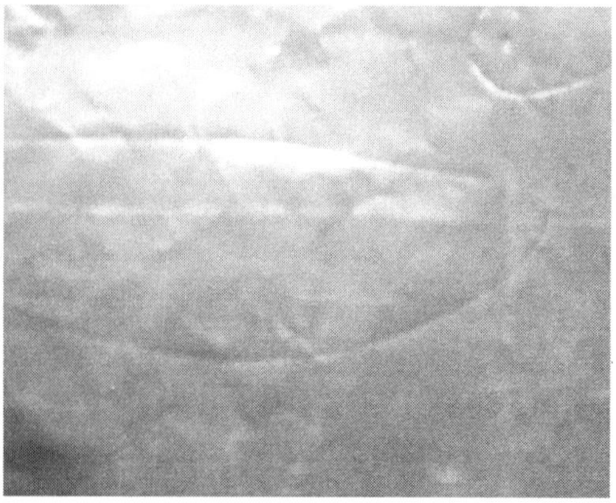

图 10-18　箔材块片的起棱条

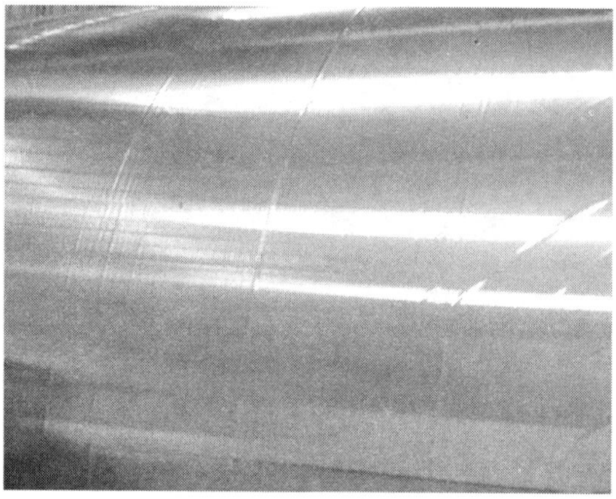

图 10-19　箔卷上的起棱条

形成原因：由于某些原因，轧辊辊面温度沿轴线方向分布不均衡，温度高的地区辊径较大，金属变形量大；轧制和分切时卷取张力过小。

（9）横纹。横纹是与轧制方向垂直、明暗相间的条纹。条纹呈直线，条纹与条纹之间距离相等（见图 10-20）。

形成原因：轧制时轧机发生有规律的振动，随着振动起伏，轧件与轧辊间的油

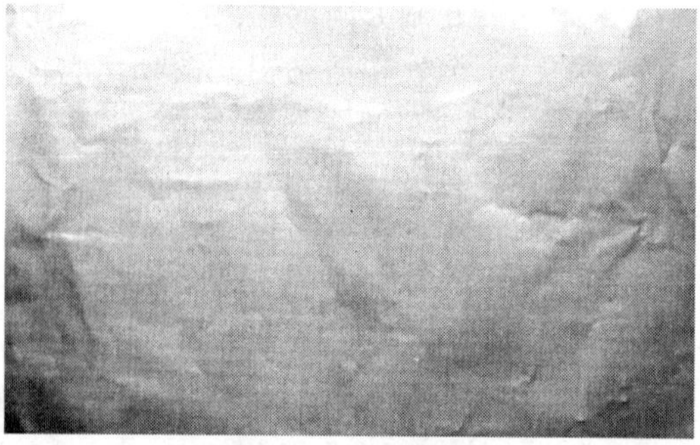

图 10-20　横向条纹

膜厚度发生有规律的改变，引起摩擦系数变化，反映到箔材表面即出现明暗相间的有规律性的横纹。

（10）纵向明暗条纹。纵向明暗条纹是箔材表面沿轧制方向分布着的明暗相间的条纹（见图10-21）或暗条纹（见图10-22）。条纹数量有多有少，分布区域有大有小。

图10-21　箔片上沿轧制方向的明暗条纹

图10-22　箔卷上的暗条纹

形成原因：冷却工艺油脏，喷嘴压力不合适，轧制过程中在轧辊辊面留下比较明显的条纹痕迹（见图10-23）。条纹分布和色差随轧制条件的不同而不同；黑色条纹处与基底的摩擦系数存在着差异，从而轧制板箔材时出现或强或弱、或疏或密的条纹。

（11）亮点。双合轧制铝箔中，在叠合面有时会产生亮点。亮点分布没有规律性，大小不一。大亮点可达数平方毫米，小亮点用肉眼很难观察。上、下两张叠合面的亮点一一对应。亮点从一个角度看为暗黑色（见图10-24），但换一个角度观察却为白色（见图10-25）。其在显微镜下的形貌特征如图10-26所示：亮点边部有较明显的摩擦痕迹；中心部位存在油膜和油痕，表面保留有上一道次轧制的痕迹；亮点部位与正常部位的厚度没有明显差异。

图10-23　工作辊辊面留下的油痕

图10-24　叠轧暗面亮点

形成原因：在双合铝箔轧制过程中，两张铝箔叠合在一起通过辊缝时，铝箔与工作辊接触面上的单位压力很大，同时铝箔与轧辊之间发生摩擦。由于连续喷油和油楔效应，铝箔和辊面之间存在着良好的润滑油膜，油膜具有抗压、抗减缩能力，实际上轧辊所传递的

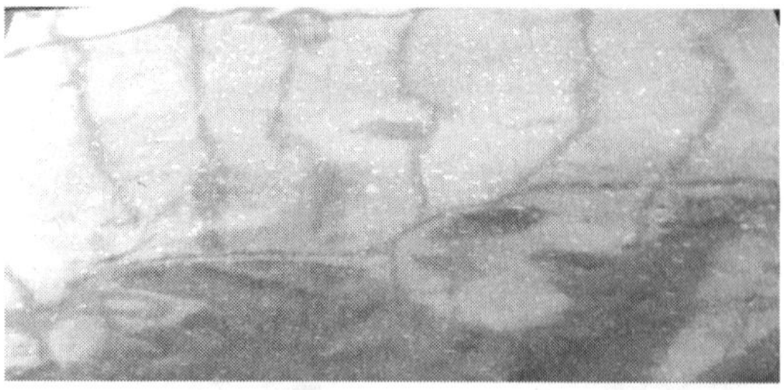

图 10-25 图 10-24 从另一角度拍摄的亮点形貌

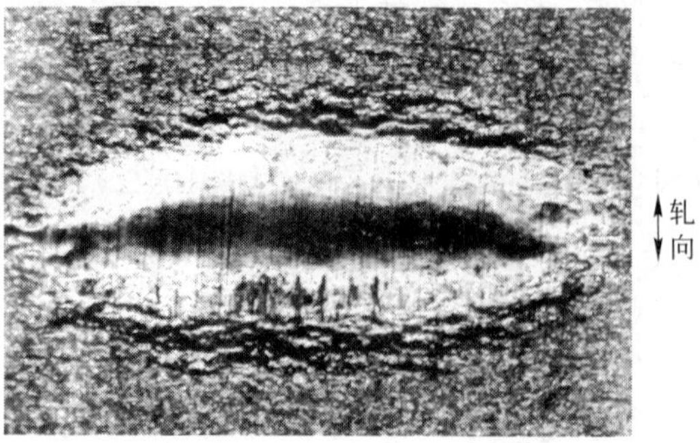

图 10-26 单个亮点的显微形貌

压力是通过油膜施加到铝箔表面上的，使铝箔在压力和摩擦力的作用下发生变形，因此铝箔的外表面质量决定于轧辊的表面状态和润滑剂的性能。但铝箔的叠合面则不同。叠合面只喷涂或滴入少量双合油，在进入轧制变形前，上、下箔叠合紧密，叠合面之间多余的油被挤出，其油楔效应几近于零，油膜厚度远小于叠合箔外表面与轧辊辊面间的膜的厚度。在轧制变形过程中，由于上、下辊径尺寸、两张铝箔的厚度及润滑条件等工艺参数必然存在一定的差异，上、下层铝箔的变形速度也不可能完全一致，因而在变形区中性点两侧形成所谓的搓轧区，产生摩擦。在这种高压和摩擦作用下，油膜不可能及时均匀补充，其强度又不足以抵抗高压，使双合面与轧制的外表面截然不同，呈毛面状态，对可见光产生漫反射，看上去很柔和，不耀眼。但如果毛面中某些区域两叠合面不紧密，被双合油隔离，保留着上一个道次的轧制的光洁表面，就会出现耀眼的亮点。

影响亮点的因素较多，主要有轧辊表面粗糙度、双合油的黏度和来料板形：

1）轧辊表面粗糙度的影响。轧辊表面存在一定的微观凹凸不平现象，即表面粗糙度。在轧辊发生高度压扁的情况下，较小的凹凸不平不会给双合轧制的毛面带来不利影响。当粗糙度较大时，由于随机出现上、下轧辊凹陷部位相应叠合（见图 10-27），两叠合面中的双合油在高压下会聚集于 1、2 处，将叠合面隔离开，使之不产生搓轧现象，而产生流体润滑，出现亮点。叠轧辊面粗糙度越大，出现亮点的几率越大。

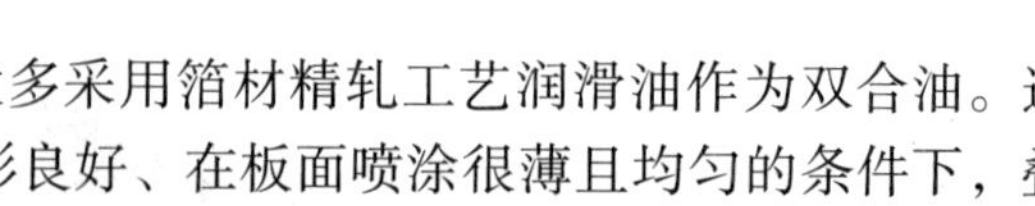

图 10-27 上、下辊面压靠示意图

2）双合油黏度的影响。一般生产厂家大多采用箔材精轧工艺润滑油作为双合油。这种油在辊面粗糙度均匀度差异很小、来料板形良好、在板面喷涂很薄且均匀的条件下，叠轧的箔材不会产生亮点。但是，这种双合油由于黏度较高，对铝的润湿角较大，具有耐压缩性能，若辊面粗糙，或其均匀度欠佳，或来料板形不好，或采用边合边轧工艺，双合油分布不很均匀时，在高压情况下，容易在上下辊面相应叠合的凹陷处形成润滑小池，阻碍小池内铝箔叠合面搓轧的发生，部分保持了原轧制的光亮表面而形成亮点。如果采用比工艺润滑油黏度低、对铝的润湿角小，耐压性能较低的油品作为双合油，在压力下小池的油即发生外泄，不能形成厚油膜，可较好地防止亮点的产生。

3）板形对亮点的影响。显而易见，如果来料板形不好，两箔双合时，贴合不紧密，容易形成气隙和油池。在进入轧制区时，气体被挤出，油池得以保留，于是产生亮点。生产实践表明，来料板形良好，板面平整，很少产生亮点；相反，亮点急剧增加[21]。

（12）油斑、油粘。油斑是箔材退火后轧制油残留的斑痕（见图10-28）。

油粘是由于箔材退火后层与层之间黏结紧密，不能自由展开或分开后表面不平而形成的，呈橘子皮状。

产生原因：轧制油黏度大，高馏点成分多；过滤精度低，油品脏；箔材板形不好，带油太多；箔卷缠绕不紧，层间有气隙；退火工艺不适当，或退火设备存在问题。

（13）腐蚀。腐蚀是箔材表面与外界介质发生化学或电化学反应，引起局部表面破坏。箔卷上下两层接触的表面均有对应形状的腐蚀斑（见图10-29）。

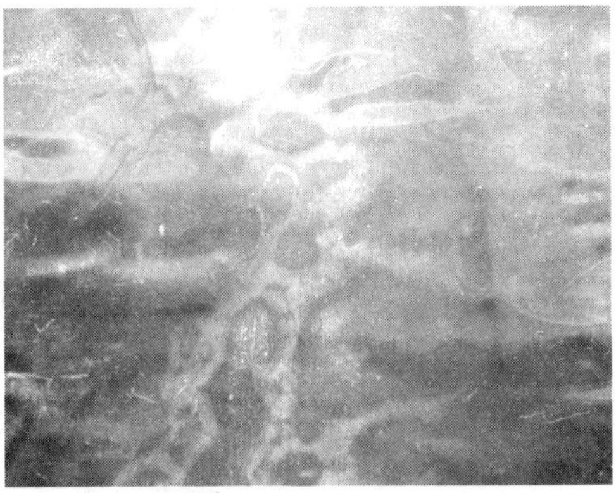

图10-28　箔材退火油斑

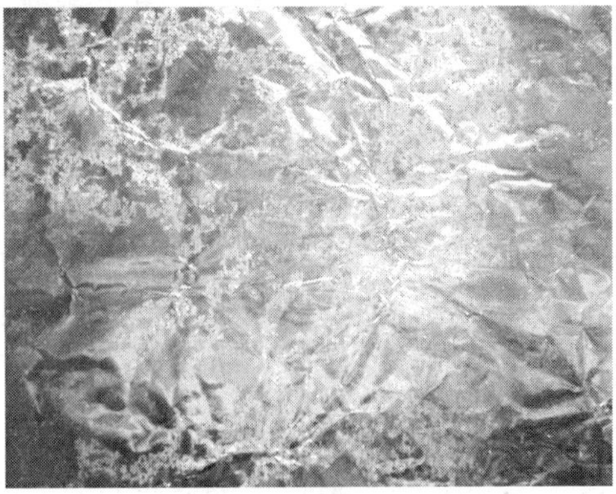

图10-29　箔材腐蚀斑

产生原因：轧制油含水多，酸碱度高；坯料或箔卷保管不当，或保存时间过长，浸水或受潮；经过清洗的成品清洗不净，洗油中含有水分或酸碱。

（14）压折。压折是铝箔表面形成互相折叠层。

形成原因：两端压下量不均；辊型控制不正确，造成严重波浪，下工序轧制时产生压折；后张力小且发生波动；穿带时送头不正，也容易产生压折。

参 考 文 献

[1] 王祝堂，田荣璋．铝合金及其加工手册［M］．长沙：中南工业大学出版社，1989：351～366.
[2] 肖立隆，蔡首军．铸轧工艺对产品质量的影响［J］．轻合金加工技术，1999(7).
[3] 肖立隆，等．压缩空气引流，虹吸密闭转注，喷射氮氯精炼铝熔体［J］．轻金属，1983(11).
[4] 郭士安，肖立隆．铸轧坯料生产高质量铝板带的工艺研究［J］．轻合金加工技术，1997(9，10).
[5] 闵乃本．晶体生长的物理基础［M］．上海：上海科技出版社，1982：189～210，344～359.
[6] 孙斌煜．板带铸轧理论与技术［M］．北京：冶金工业出版社，2002：19～40，80～90.
[7] 毛大恒，肖立隆．电磁场对铸轧带坯质量的影响［J］．轻合金加工技术，1998(3).
[8] 肖立隆，陈建林．电磁场对铸轧铝带坯晶粒的影响［J］．轻合金加工技术，1999(8).
[9] 马连清．铸轧辊套表面龟裂问题初探［J］．轻合金加工技术，1991(3).
[10] 王国栋．板形控制和板形理论［M］．北京：冶金工业出版社，1986：20～40.
[11] 程刚，辛越．正弦函数辊型曲线方程的推导［J］．轻合金加工技术，1992(2).
[12] 姚若浩．金属压力加工中的摩擦与润滑［M］．北京：冶金工业出版社，1990：98～138.
[13] 刘万成．铝合金板带材生产．中国有色金属工业总公司职工教育教材编审办公室，内部资料，1986：33～44，105～120.
[14] 张铁．铝板带矫平原理及浮动弯曲辊矫平法应用探讨［J］．轻合金加工技术，1997(12).
[15] 郎鸿滨，辛寿明．连续拉弯矫正机力能参数的选择［J］．轻合金加工技术，1996(10).
[16] Guy A G，Hren J J. Elements of Physical Metallurgy［M］. Department of Materials Science and Engineering University of Florida，1974：143～145，431～433.
[17] 唐仁正．物理冶金基础［M］．北京：冶金工业出版社，1997：259～279.
[18] 焦苏华，李晓东．负压退火除油原理的研究［J］．轻合金加工技术，1997(4).
[19] 陈林保．铝箔生产工艺的特点和对我国发展铝箔工业的几点意见［J］．轻合金加工技术，1982(6，7).
[20] 张兴钤，等．金属及合金的力学性质［M］．北京：中国工业出版社，1964：58～60.
[21] 陈建林，肖立隆．双合铝箔亮点缺陷产生的条件及机理［J］．轻合金加工技术，2000(4).